环境微生物学实验方法与技术

王兰 主编 王忠 副主编

化学工业出版社

·北京·

内容提要

本书系统地介绍了环境微生物实验研究中所涉及的基本原理和技术，内容注重基础性和实用性。

全书分四部分共十六章，包括基础微生物实验部分、微生物生态学实验部分、环境微生物监测与评价实验部分、污染物微生物处理与资源化实验部分。基础微生物实验部分介绍了显微技术、微生物制片和染色技术、培养基制作和消毒灭菌、微生物接种和培养技术及分离和鉴定技术、菌种保藏技术等；微生物生态学实验部分介绍了环境因素对微生物生长与死亡的影响、土壤微生物生物量的测定技术、土壤微生物群落及其多样性的研究方法等；环境微生物监测与评价实验部分介绍了土壤、水体、空气中微生物的监测方法，微生物毒理学监测方法等；污染物微生物处理与资源化实验部分介绍了废水处理中微生物的测定、废水处理中活性污泥的培养与驯化、微生物对有机物降解性能的研究、固体废物处理及废物的资源化方法技术等。

本书是从事环境微生物教学、科研及工程人员的必备参考用书，也可作为高等院校生物、环境等相关专业的微生物实验教材。

图书在版编目（CIP）数据

环境微生物学实验方法与技术/王兰主编．—北京：化学工业出版社，2009.3（2023.9重印）
ISBN 978-7-122-04305-4

Ⅰ．环…　Ⅱ．王…　Ⅲ．环境生物学-微生物学-实验
Ⅳ．X172-33

中国版本图书馆CIP数据核字（2008）第192114号

责任编辑：满悦芝　　文字编辑：荣世芳
责任校对：周梦华　　装帧设计：尹琳琳

出版发行：化学工业出版社（北京市东城区青年湖南街13号　邮政编码100011）
印　　装：北京虎彩文化传播有限公司
787mm×1092mm　1/16　印张14¼　字数361千字　2023年9月北京第1版第10次印刷

购书咨询：010-64518888　　售后服务：010-64518899
网　　址：http://www.cip.com.cn
凡购买本书，如有缺损质量问题，本社销售中心负责调换。

定　　价：59.80元

前　言

人类利用微生物已有几千年，利用微生物处理由人类产生的各类污染物也有一百多年的历史，随着生物技术的不断发展和人们对环境质量的日益重视，环境微生物学应运而生。环境微生物学是环境科学的一个重要分支，是20世纪60年代末兴起的一门边缘学科，它主要以微生物学的理论与技术为基础，研究有关环境现象、环境质量及环境问题，与其他学科如土壤微生物学、水及污水处理微生物学、环境化学、环境地学、环境工程学等学科互相影响、互相渗透、互为补充。面对当今严峻的资源环境形势，环境微生物学作为一门研究生物与环境相互作用的系统学科，承担着艰巨的历史任务。

随着环境微生物学研究突飞猛进的发展，其科学研究的深度和广度日益得到扩展，与其他学科的交叉渗透也十分频繁，逐渐形成了一个横跨多学科、多方面的庞大的学科体系。由于该学科的综合性、系统性和复杂性，对当前环境微生物学的科学研究和人才培养也提出了严峻的挑战。

一个学科的整体发展水平在很大程度上体现在其基础理论和方法论的发展水平上，近几十年来，环境微生物学无论在理论上还是在方法论上均有长足的进展。然而，目前就其研究方法尚缺乏一些较为系统的著作或教材，大部分的实验教材在不同的研究领域均有所偏重，或者基础性实验占比例过重。目前较为先进的实验研究方法大多仍分散在不同的分支研究领域或其相应的著作和论文中，这给现代环境微生物学科学研究和实验方法的教学带来了很多困难。

本书是一本关于环境微生物学实验与技术方法的综合性教材，编者在阅读了大量国内外实验技术与方法的基础上，汲取众家之长，同时增补了多年科研中的实践经验，突出综合、系统、先进等特点。因此，所选择的内容注重基础性和实用性，目的是使读者掌握环境微生物相关实验的基本技能，在此基础上，还增加了与科研有关的研究性实验。

全书共分四部分，包括基础微生物实验部分、微生物生态学实验部分、环境微生物监测与评价实验部分、污染物微生物处理与资源化实验部分。在基础实验中，突出了基础微生物实验的特点，首先学会制作培养基和消毒灭菌，然后逐渐掌握培养、分离、纯化、观察和检测微生物的基本技能，如各类微生物的形态观察，微生物大小的测定、计数、生理生化测定和鉴定等；在微生物生态学实验部分，集中介绍了微生物培养技术、土壤微生物生物量的测定技术、土壤酶活性的测定方法、土壤微生物群落及其多样性的研究方法等；在环境微生物监测与评价实验部分，介绍了土壤、水体、空气中微生物的监测方法，微生物毒理学监测方法，另外还增加了微生物基因和功能基因组的监测实验方法，如PCR、PLFA、PCR-DGGE等方面的实验原理与实验技术；在污染物微生物处理与资源化实验部分，介绍了废水处理中微生物的测定、废水处理中活性污泥的培养与驯化、微生物对有机物降解性能的研究等。

为进一步巩固提高读者科学研究的技能和水平，对每个实验的内容，都力求较详细地介绍每种方法的技术特点和基本操作要求，涉及了注意事项、问题和思考题等项目，以提示读者要特别注意的操作步骤和注意思考的问题。

本书具有覆盖面广、系统及实用性强的特点，并注意突出对读者独立工作能力的训练和培养。其结构科学合理，体系新颖有特色，取材广泛，内容丰富充实，联系我国实际，反映本学科的当代发展水平。使之既适合作为高等院校环境科学与工程、生物工程专业的教材，也可作为相关专业工程技术人员的参考用书。

由于时间和编者的水平有限，书中疏漏之处在所难免，希望读者能提出宝贵意见，以便我们在今后工作中进一步改正、提高。

编者于南开园

2008 年 12 月

目　录

第一部分　基础微生物实验方法与技术

第二部分 环境微生物生态学实验方法与技术

第三部分 环境微生物监测与评价技术

第四部分　污染物微生物处理与资源化技术

第一部分　基础微生物实验方法与技术

通常人们把一切肉眼看不见或看不清楚的微小生物称为微生物（microbe，microorganism），因此，它不是生物分类学上的专门名词，而是一些个体微小、构造简单的低等生物的总称。原核生物类的细菌、真核生物类的真菌（酵母、霉菌等），原生动物和单细胞藻类等，非细胞型生物类的病毒和亚病毒都是微生物学研究的范围。

微生物的类型多样，但是它们有一定的共性，因此，把它们放在一起研究。它们的五大共性为：体积小，比表面积大；对营养物质吸收多，转化快；生长旺盛，繁殖速度快；对环境适应能力强，易发生变异；分布广泛，种类繁多。为了更好地掌握微生物技术，掌握基础微生物学实验方法与技术是很有必要的。

第一章　显微技术

第一节　常用显微镜的构造

17世纪荷兰人列文·虎克制造了第一台显微镜，首次把微生物世界展现在人类面前，至今已经历300余年。显微镜的问世对微生物学的奠基和发展起到了不可估量的作用。在长期的实践中，显微镜不断推陈出新，已成为微生物学研究的重要工具。

在微生物实验中，常用的显微镜主要有普通光学显微镜、相差显微镜、荧光显微镜和电子显微镜等。

一、普通光学显微镜（general microscope）

普通光学显微镜由机械系统和光学装置两部分组成（图1-1）。

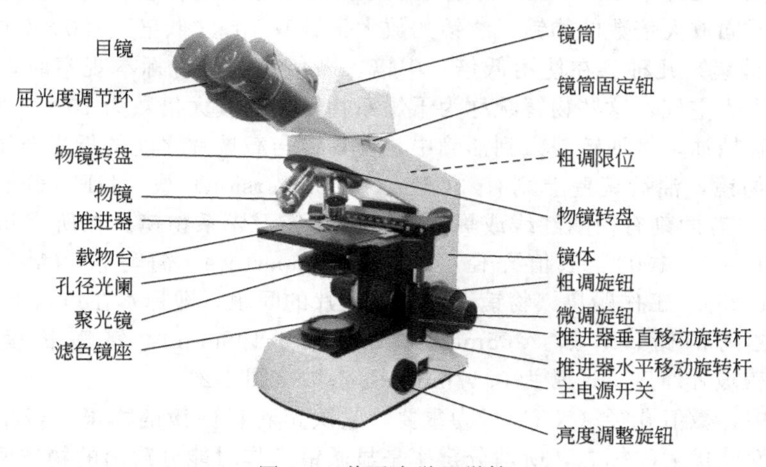

图1-1　普通光学显微镜

1. 机械装置

机械装置是显微镜的主体框架，包括镜座、镜臂、镜筒、物镜转换器、载物台、调节器等。

(1) 镜座 它是显微镜的基座，可使显微镜平稳地放置在平台上。

(2) 镜臂 用以支持镜筒，也是移动显微镜时手握的部位。

(3) 镜筒 它是连接接目镜（简称目镜）和接物镜（简称物镜）的金属圆筒。镜筒上端插入目镜，下端与物镜转换器相接。镜筒长度一般固定，通常是160mm，有些显微镜的镜筒长度可以调节。

(4) 物镜转换器 它是一个用于安装物镜的圆盘，位于镜筒下端，其上装有3～5个不同放大倍数的物镜。为了使用方便，物镜一般按由低倍到高倍的顺序安装。转动物镜转换器可以选用合适的物镜。转换物镜时，必须用手旋转圆盘，切勿用手推动物镜，以免松脱物镜而招致损坏。

(5) 载物台 载物台又称镜台，是放置标本的地方，呈方形或圆形。载物台上装有压片夹，可以固定被检标本，装有标本移动器（推进器），转动螺旋可以使标本前后和左右移动。有些标本移动器上刻有标尺，可指示标本的位置，便于重复观察。

(6) 调节器 调节器又称调焦装置，由粗调螺旋和细调螺旋组成，用于调节物镜与标本间的距离，使物像更清晰。

2. 光学系统

光学系统是显微镜的核心，物镜的光学参数直接影响显微镜的性能，包括目镜、物镜、聚光器、光源等。

(1) 目镜 安装在显微镜镜筒上，供实验者用双眼进行标本观察。它的功能是把物镜放大的物像再次放大。目镜一般由两块透镜组成。上端（近目端）为接目透镜，下端为聚透镜。在两块透镜之间或在物镜下方有一空心圆形光阑。由于光阑空心圆的面积大小决定着视野的大小，光阑的边缘即为视野的边缘，故又称为视野光阑。标本成像于光阑限定的范围之内，在光阑的边缘上固定一小段细发丝可用作指针，指示视野中标本的位置。在进行显微测量时，目镜测微尺被安装在视野光阑上。目镜上刻有5×、10×、15×、20×等放大倍数，不同放大倍数的目镜，其口径统一，与镜筒的口径也一致，可互换使用。

(2) 物镜 在显微镜的光学系统中，物镜是最重要的部件，其性能直接影响显微镜的分辨率，它的功能是把标本放大，产生物像。物镜安装在能手动的物镜转换器上，供实验者观察标本时选用不同放大倍数的物镜，物镜的放大倍数有10×（低倍）、20×（中倍）、40×（高倍）和100×（油镜）几种。在使用低倍、中倍、高倍物镜进行标本观察时，物镜与载玻片之间的折光介质为空气，这些物镜统称为干燥系物镜，而放大倍数为100的油镜在使用时须在玻片上滴加香柏油，将油镜浸入到油滴中，使物镜与载玻片之间的折光介质为油，故油镜被称为油浸系物镜，油镜镜壁上刻有“OI”（oil immersion）或“HI”（homogeneous immersion）字样，有的刻有一圈红线或黑线，以区别于干燥系物镜。在所有物镜上均标有放大倍数（如10、40、100）、数值孔径（numerical aperture，简写为NA，又称镜口率如0.35、0.65、1.25）、工作距离（物镜下端至盖玻片的间距，即标本在焦点上看得最清晰时，物镜与样品之间的距离，如7.65mm、0.5mm、0.198mm）、镜筒长度（如100mm、160mm）以及盖玻片厚度（通常为0.17mm）等参数（图1-2）

这些参数中，数值孔径（NA）最为重要，它决定着显微镜的物镜分辨率，而分辨率的大小是显微镜性能优劣的标志，所谓分辨率是显微镜工作时能分辨出的物体两点间最大距离（D）的能力，D值愈小表明分辨率愈高，用公式(1-1)来表示D值：

$$D=\frac{\lambda}{2\mathrm{NA}} \tag{1-1}$$

式中 λ——可见光的波长，可见光的波长范围约为400～700nm，平均为550nm(0.5μm)；

NA——数值孔径。

NA（数值孔径）是指介质的折射率与镜口角1/2正弦的乘积，用公式(1-2)表示：

$$NA = n \times \sin\frac{\alpha}{2} \tag{1-2}$$

式中 n——物镜与标本间介质的折射率；

α——镜口角（通过标本的光线延伸到物镜前透镜边缘所形成的夹角，见图1-3）。

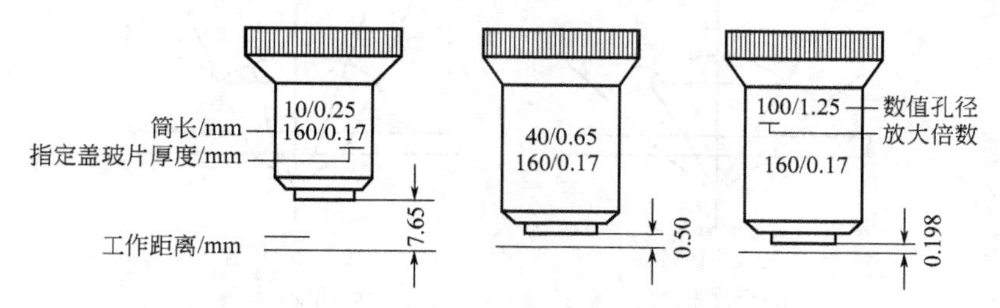

图1-2 显微镜物镜参数示意

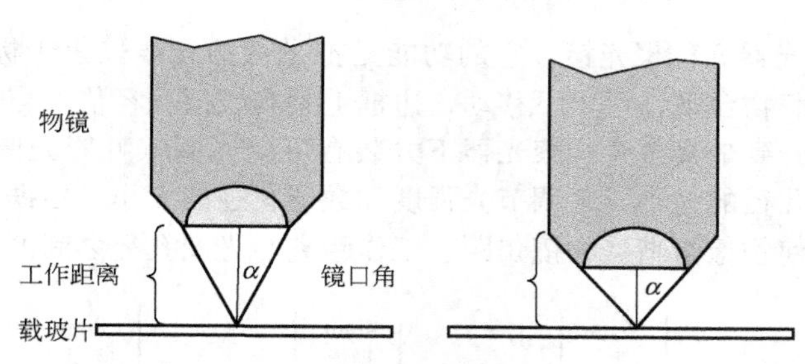

图1-3 物镜的镜口角

有两条途径可提高物镜的分辨率。a. 缩短光的波长。普通光学显微镜早期的产品利用镜座上凹凸两面的反光镜获得自然光，现代产品改用内置照明，但这两种光源的波长均不可能小于可见光波长400～700nm的范围，无法缩短光的波长是提高光学显微镜分辨率不可逾越的障碍，而电子显微镜以波长仅0.01～0.9nm的高压电子束来替代照明光源，使分辨率得以大幅度提高，可达到0.15～0.3nm。b. 增大物镜的数值孔径。由公式(1-1)可以看出，要使 D 值小，在 λ 为定值时，NA值必须要大。

影响NA值的第一个因素是镜口角 α，当 $\sin\alpha$ 增大为最大时，$\alpha=180°$，这意味着进入透镜的光线与光轴呈90°角，但这是不可能的，因为由于介质密度的不同（光从载物台上的样品玻片进入空气，再进入镜头），光线会由于折射或全反射，不能成90°角进入镜头，目前所用的油镜其 $\frac{\alpha}{2}$ 为60°左右，所以 $\sin\alpha$ 的最大值总是小于1。

影响NA的第二个因素是折射率 n，不同介质的折射率有所不同，如 $n_{空气}=1.0$、$n_{水}=1.33$、$n_{玻璃}=1.52$、$n_{香柏油}=1.515$，显微镜中以空气、水、玻璃（水封片标本）作为折光介质的低倍物镜（10×）和高倍物镜（40×），其NA值分别为0.35(10×，低倍镜头）和0.65(40×，高倍镜头），而 D 值则分别为0.78μm(10×，低倍镜头）和0.42μm(40×，高倍镜头），也就是说在这两组物镜下其分辨率不小于0.42～0.78μm，因此，可用10×的低倍和40×的高倍物镜对微生物中个体较大的霉菌（菌丝直径2～10μm)、酵母菌[(1～5)×(5～30)μm]进行观察。但对于大多数细菌来说，其直径为0.5～1μm，低倍和高倍镜的分辨率显然不能满足要求，观察实验表明，在低倍和高倍镜可以看到细菌，但细节不清楚，需要加大放大倍数并提高分辨率。显微镜物镜中的油镜，其镜面很小，标本与镜面间的距离仅为0.14～0.19mm左右，进入镜头的光线较少，视野的照明度低，标本样品暗，不易观察，为克服由于空气与载玻片密度的不同致使光线受到折射，发生散射现象，在镜头与载玻片之间滴加折射率为1.515(与玻璃折射率1.52相近似）的香柏油，则光线通过载玻片后直接经过香柏油进入物镜而几乎不发生折射，其D值为0.22μm，这样，在油镜下可以清晰地观察到细菌的形态及某些结构（如细胞壁、核质、鞭毛、芽孢、荚膜等）（图1-4)。

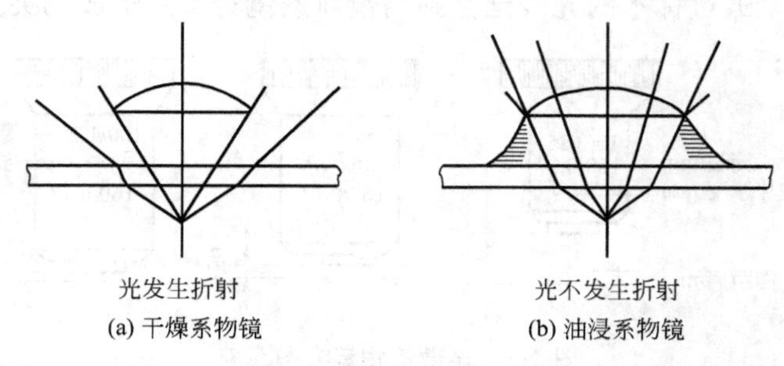

图1-4 干燥系物镜与油浸系物镜光线通路

（3）聚光器 聚光器又称聚光镜，它的功能是把平行的光线聚焦于标本上，增强照明度。聚光器安装在显微镜载物台下，可上下移动，边框上刻有数值孔径值。当用低倍镜时聚光器应下降，用油镜时需上升到最高位置。聚光器下方装有可变光阑（虹彩光圈），由若干金属薄片组成，通过调节光阑孔径的大小，来调节光强度和数值孔径的大小。根据水封片和染色涂片的不同，调节光圈，以使物像清晰。物镜焦距、工作距离与光圈孔径之间的关系见图1-5。

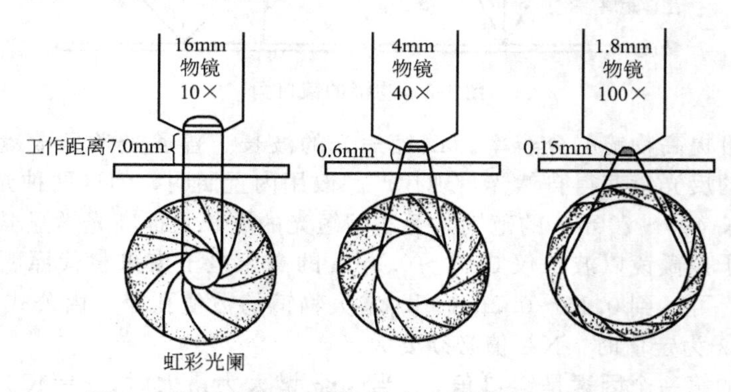

图1-5 物镜焦距、工作距离与光圈孔径之间的关系

（4）光源 现代显微镜均以内置电光源替代采撷自然光的反光镜。镜座电源开关的前方，设有亮度调整旋钮，可调节光强度，选择观察时的最佳亮度。

二、暗视野显微镜（暗场显微镜）(dark-field microscope)

将不经染料染色的活细胞（水封片）在普通光学显微镜（明视野）下进行观察，当光线通过透明的标本时，由于细胞内物质的折光率与水相近，明亮的视野背景与明亮的菌体不易分辨，如果将背景变暗，使标本与背景形成强烈的明暗反差，则菌体在暗背景中会成为明亮的亮点。这正如在暗室中从一狭缝射进一束强光，可明显地看到空气中的尘埃一样。

暗视野显微镜以丁达尔效应为基础，利用特殊的聚光器，不使照射被检物体的光线直接射入物镜。暗视野聚光器具有将视野背景变暗的功能。常用的暗视野聚光器分为抛物面型和心型两种（图1-6）。抛物面型聚光器的顶部平滑，心型聚光器的反射部分呈心脏形。两种聚光器底部的中央均有一块遮光板，其作用是使进入反光镜的中央光柱不能直接射入物镜，

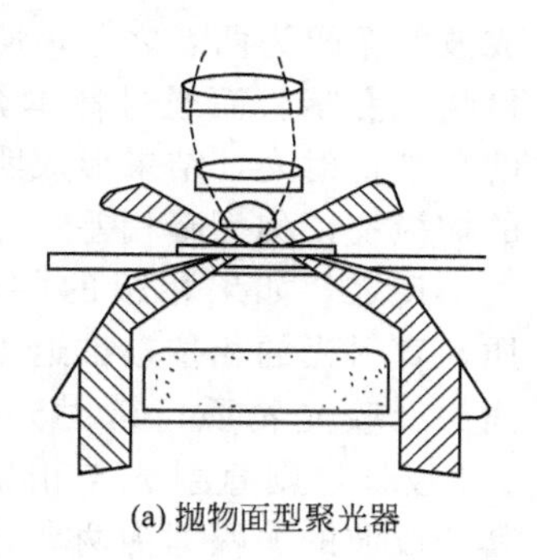

(a) 抛物面型聚光器

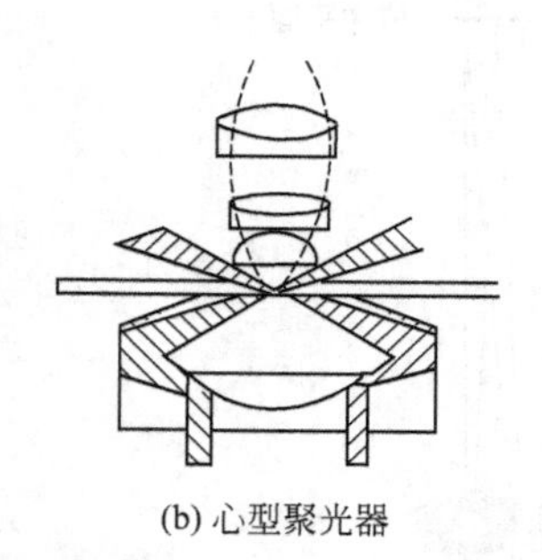

(b) 心型聚光器

图 1-6 暗视野聚光

而仅允许光线从聚光器的边缘部位斜射到标本上。这样只有经物体反射和衍射的光线才能进入物镜成像。因此，视野背景黑暗，需观察的菌体细胞呈明亮的亮点。用暗视野显微镜观察微生物细胞由于背景与菌体的明暗反差大，其细胞轮廓清楚，但内部结构不明。

主要用于观察细菌、螺旋体及其运动。

三、相差显微镜（phase microscope）

用暗视野显微镜可以进行微生物活细胞的形态及其运动性的观察，但不能清晰地观察到细胞内部结构的细节。这是因为当光线通过透明的活细胞后，由于微生物细胞内各类物质密度的差异（从光学角度看为折射率不同），直射光和衍射光的光程就会有差别，随着光程的增加或减少，加快或落后的光波的相位会发生变化，产生相位差。人的视觉只能分辨出可见光光谱内不同的波长（颜色）（在可见光光谱 399～800nm 范围内，其颜色依次为紫、蓝、青、绿、黄、橙、红）和振幅（明暗），而不能分辨出光波产生的相位差异。

相差显微镜根据光波干涉原理，将透过反差极小的标本的光分解成相位不同的直射光和衍射光，使这两种光相互干涉。借助于环状光阑和相板两个特殊部件的作用，把相位转变为人眼睛可分辨的振幅差（明暗差），从而使原来透明的微生物细胞表现出明显的明暗差异，对比度增强，能够比较清楚地观察到活细胞及细胞内的某些细微结构。

相差显微镜与普通光学显微镜基本结构是相同的，所不同的是它有四部分特殊结构：环状光阑、相板、合轴调节望远镜和滤光片。

（1）环状光阑　在相差显微镜聚光器内的环状光阑转盘上镶有宽窄不同的环状光阑。环状光阑上有一透明的亮环，使来自照明光源的直射光只能从透明的环状部分通过，形成一个空心圆筒状的光柱，光柱进入聚光镜再斜射到标本玻片上，产生直射光和衍射光，两部分光经物镜内相板的作用进而改变光的相位和振幅。不同的光阑刻有 10×、20×和 40×等标志，表示当用不同放大倍数的物镜时，必须匹配相应的环状光阑。

（2）相板　相板安装在物镜后焦平面上，带有相板的物镜称为相差物镜，镜头上刻有 PC 或 PH 标识字样。

相板上暗灰色的环状圈，称为共轭面。其上涂有吸光物质，当直射光通过时，可吸收约 80%的直射光，以降低透光度。在共轭面的内外侧部分称为补偿面，面上涂有减速物质，使衍射光的相位发生改变，两者相结合可以分别改变直射光和衍射光的振幅和相位（图1-7）。

在被检物（微生物菌体）的折射率大于介质（如空气、水、玻璃等）的情况下，来自照明光源经环状光阑照射到被检物标本（玻璃载片）后产生的直射光透过共轭面时，被吸收 80%后，亮度变暗，而同时产生的衍射光在通过被检物标本后其相位已推迟 1/4 波长，再通过相板的补偿面时，相位又推迟了 1/4 波长。由于这两束光的相位不同，差 1/2 波长，其合

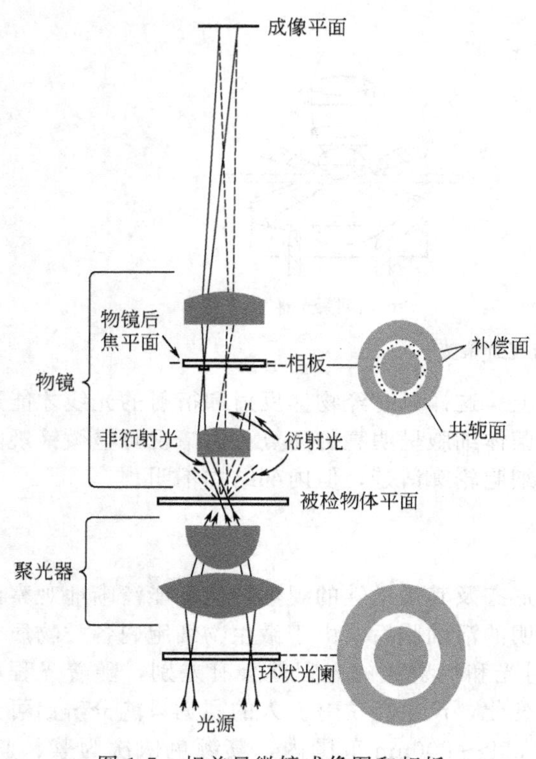

图 1-7 相差显微镜成像图和相板

成波的振幅为两者之差，所以光线变暗，被检物也变暗。而通过标本介质（玻璃载片）的只是直射光，结果形成明亮的背景和黑暗的被检物，称为暗相差（亦称正相差）。

反之，如果相板的共轭面涂以减速物质，直射光的相位被推迟 1/4 波长，而补偿面涂上吸光物质，衍射光的相位也被推迟 1/4 波长，则直射光与衍射光的相位相同，其合成波的振幅即为两者之和，结果形成明亮的被检物和黑暗的背景，称明相差（亦即负相差）。

（3）合轴调节望远镜　由于环状光阑的光环和相差物镜中相板上的环状圈很小，为使两环的环孔相吻合，在合轴调节中必须使用特制的合轴低倍调节望远镜进行调节，使光轴完全一致（图 1-8、图 1-9）。

（4）滤光片　相差显微镜的相差物镜为消色差物镜，只纠正黄、绿光的球差而不纠正红、蓝光的球差，在使用相差显微镜进行微生物活细胞观察时，用绿色滤光效果最好，此外，绿色滤光片具有吸热作用（吸收红、蓝光），对活体观察有利。

四、荧光显微镜（Flurecence Microscope）

当用紫外线照射自然界中的某些物质如萤石、铀玻璃、某些生物体、一些天然色素和某些染料后，紫外线被吸收并放出一部分光波较长的可见荧光，用紫外线作为光源的荧光显微镜可以对带有荧光物质的微小物体或经荧光染料染色后的微生物（如细菌）、抗体进行观察研究（图 1-10）。

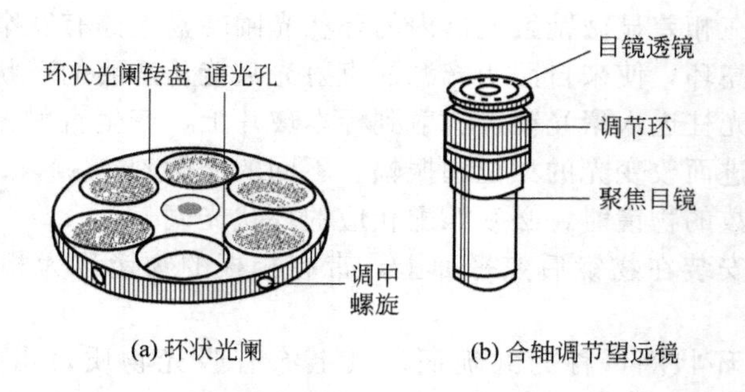

图 1-8 环状光阑和合轴调节望远镜

荧光显微镜与普通显微镜不同之处主要有以下几个方面。

（1）独特的光源系统　现在多采用 200W 的超高压汞灯作光源，它是用石英玻璃制作，中间呈球形，内充一定数量的汞，工作时由两个电极间放电，引起水银蒸发，球内气压迅速升高，当水银完全蒸发时，可达 50～70 个标准大气压（$1atm = 1.01325 \times 10^5 Pa$），这一过程一般约需 5～15min。超高压汞灯的发光是电极间放电使水银分子不断解离和还原过程中

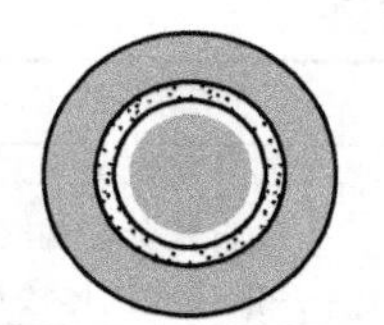
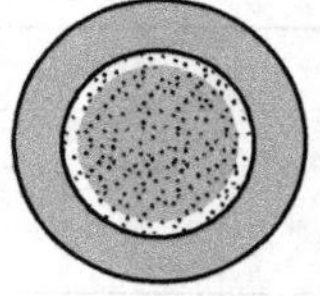
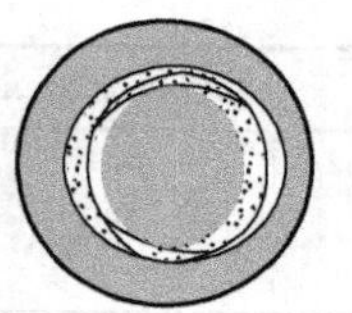

(a) 环状光阑形成的亮环小于相板上暗环　(b) 正确照明，亮环与暗环重合　(c) 环状光阑中心不合轴

图 1-9 相差显微镜照明合轴调节

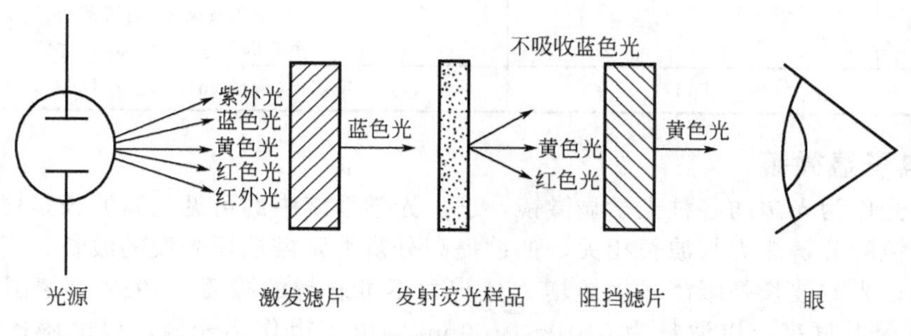

图 1-10 荧光显微镜的光路图解

（蓝色光激发，发出黄色光）

发射光量子的结果。它发射很强的紫外和蓝紫光，足以激发各类荧光物质，因此，为荧光显微镜普遍采用。

（2）激发荧光滤光片　滤色系统是荧光显微镜的重要部位，由激发滤片和阻挡滤片组成。滤片一般都以基本色调命名，后面字母代表玻璃，数字代表型号特点。它安装在显微镜台下的聚光镜与光源之间，主要有两种：一种是紫外光滤片（UG），主要透过275～400nm波段的光；另一种蓝紫光滤片（BG），主要透过330～480nm波段的光，适用于观察细菌标本，但不适用于观察有自发荧光的组织标本。此外尚有一套吸收滤片，放在接目镜的前面或后面，其作用是不让紫外线、蓝紫光通过而允许荧光通过，使标本在暗的背景上出现荧光。吸收滤片有OG（橙黄色）和GG（淡绿色）型，透光波段范围是410～650nm。

（3）荧光显微镜具备明视野及暗视野两种聚光器　专为荧光显微镜设计制作的聚光器是用石英玻璃或其他透紫外光的玻璃制成。明视野聚光器透度大，背景较亮，对比较差，故主要适用于低放大倍数的组织切片；使用暗视野聚光器则背景暗，反差大，高放大倍数的荧光物像清晰，因此放大倍数较高、荧光弱的标本也可观察。聚光器又分为干燥系和油浸系，干燥系不需滴油，使用方便，用于低倍及中倍放大标本的观察，油浸系用于细微结构的高倍观察。

高压汞灯光源发出的光波通过激发滤片后，形成的单色光线透射到分光镜上，经过分光有一部分光线打到载玻片上，另一部分则分到阻挡滤片上，滤掉对人眼有害的光线。样品被激发出的荧光通过黄色滤光片，反射到双目镜，就可以看到有荧光反应的物体。

除观察少数发光和用发光基因标记的微生物外，微生物细胞需用荧光染料或荧光抗体染色后才能进行荧光观察。常用于荧光显微镜检验的荧光染料有金胺（auromine）、中性红、品红、硫代黄素（thioflavines）、吖啶黄、桑色素（morin）、樱草素（primuline）等。

微生物细胞的不同结构对激发光的要求不同，需采用合适的荧光染料和激发滤色镜（表1-1）。

表 1-1 激发光及其应用范围

激发光源	滤色镜波长/nm	应用范围
紫外线	334	细菌异硫氰荧光素染色
	365	自发荧光观察
		一般荧光抗体法观察
紫色光	405	邻苯二酚胺、5-羟基色胺等的观察
	435	四环素染色观察
蓝色光	405、435 和 490 附近的连续光谱	荧光抗体法：免疫学
		吖啶黄(橙)染色：癌细胞、红血球
		金色胺染色：结核菌
		奎吖因染色：染色体的观察
绿色光	546	孚尔根(Feulgen)：细胞内 DNA 观察

五、电子显微镜

用可见光作为光源的各种光学显微镜，进入光学系统中的可见光其波长是恒定的，前已述及，显微镜的分辨能力与波长相关，如欲提高分辨力则需缩短光波的波长，而这是无法实现的，因此，光波波长是限制显微镜增大分辨力不可逾越的障碍。1932 年德国西门子公司的 E. Ruska 及其同事，以波长为 0.01～0.09nm 的电子束作为光源，以电磁透镜替代玻璃透镜研制出第一台透射电子显微镜。电子显微镜的问世为研究者打开了进入极微世界的大门，是 20 世纪最重要的发明之一。1986 年，E. Ruska 与扫描隧道显微镜的发明者 G. Binnig 和 R. Rohrer(1982) 共享诺贝尔物理学奖。几十年来在高科技电子技术的推动下，现代电子显微镜的分辨能力已由最初的几十纳米（nm）提高到 0.1～0.2nm，其放大倍数已达 100 万倍。为适应科学研究的迅猛发展，人们又相继研制出扫描电镜、扫描隧道显微镜和具有 X 射线微区元素分析功能的分析电镜。伴随着电镜性能的日臻完善和样品制备技术的不断提高，人们不仅可以窥知各类细胞生物详尽的细胞器、超显微非细胞生物——病毒的形貌以及生物大分子物质的细微结构，而且还能将生物的形态结构、化学组成和生理活动联系在一起进行综合性的功能研究，使生命科学的研究进入了分子时代，成为现代生命科学研究重要的工具和手段。

1. 透射式电子显微镜（transmission electron microscope）

透射式电子显微镜的工作原理与光学显微镜十分相似，简介如下。

（1）电子显微镜的分辨力和放大率　电子显微镜以高速的电子束替代光学显微镜的光束，通过电磁透镜使被检物放大成像。

在由“V”形钨丝和阳极板组成的电子枪中，加热至白炽程度的钨丝其尖端发射出电子，受阳极板高正电压的吸引，电子被加速，形成高速度的电子束。在高真空的电子枪内加速电压越高，电子束速度越快，其电子波的波长越短，其分辨能力也越强。在加速电压为 100kV 时，电子波波长 λ 为 0.0037nm，其分辨力可达 0.1nm，比光学显微镜 200nm（0.2nm）的分辨力提高了 2000 倍。在射向被检物样品的电子束通路上，当游离气体分子与高速电子碰撞时，会造成电子偏转，导致物像散乱不清，因此，电子束通路须保持高真空状态。

透镜决定显微镜的放大率，电子显微镜的透镜是由人眼不可见的电磁场即电磁透镜构成的。由电子枪发射出的高速电子束通过电磁透镜时，受到磁场力的吸引发生偏转（折射），从而放大被检物，其原理与光学显微镜的光束透过玻璃透镜发生折射使被检物被放大一样。有别于光学显微镜，电子显微镜利用多个电磁透镜的组合而得到逐级放大的电子像。受到玻璃透镜之间产生相差的制约，光学显微镜不能像电子显微镜那样，通过增加透镜的数目无限制地提高放大率。

电磁透镜的磁场强度与焦距有关，磁场越强，焦矩越短，放大倍数也就越大，现代透射电镜的成像均采用短焦距的强磁透镜，其放大倍数不小于50万倍，最高可达100万倍。

（2）电子显微镜的成像原理　电子显微镜的物像形成主要基于电子的散射作用和干涉作用。当电子束中的电子与被检物的原子核和核外轨道上的电子发生碰撞后分别会发生不损失能量只改变运动方向的“弹性散射”与损失部分能量并改变运动方向的“非弹性散射”，由于被检物不同部位的结构不同，散射电子能力强的部位，透过的电子数目少，激发荧光屏上的光就弱，显现为暗区；反之，散射电子能力弱的部位，透过的电子数目多，激发荧光屏上的光就强，显现为亮区。由此，在终像上形成了有亮有暗的区域，出现了人眼可以分辨的反差。这种由电子的散射作用造成的反差以强度的变化显示出来，称为“振幅反差”。人眼不可见的电子束通过电磁透镜将放大了的被检物物象在电子显微镜的荧光屏上呈现出来。电子束中的电子在与被检物发生非弹性碰撞（与被检物原子轨道电子碰撞）时，损失部分能量的电子其运动速度减慢，它们与速度不变的电子会发生干涉，致使电子相位上产生变化，引起“相位反差”，在荧光屏上也会呈现亮暗区，参见图1-11。

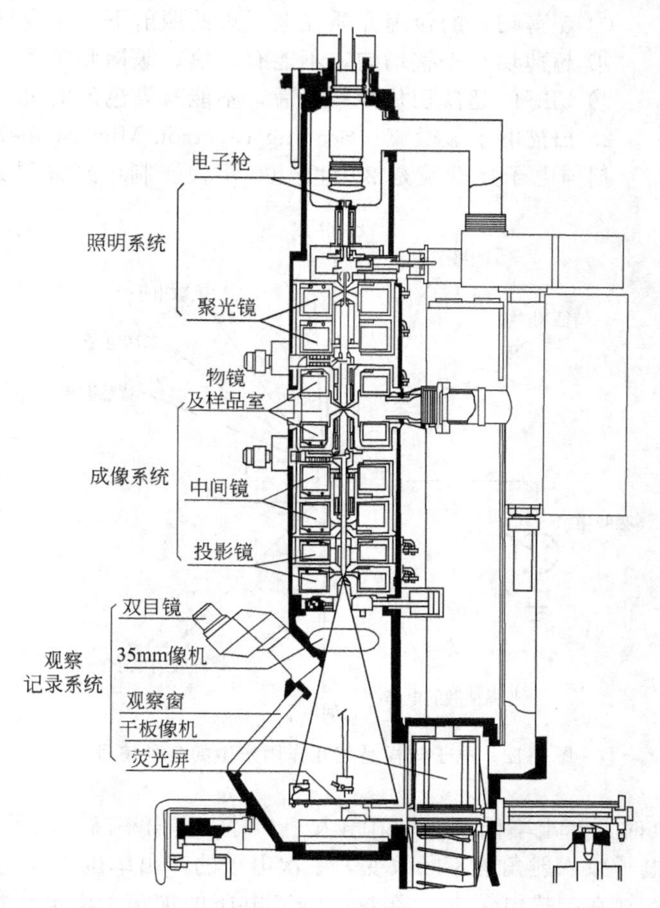

图1-11　透射电镜镜筒剖面图（Philips EM400）

在用电子显微镜低倍观察时，振幅反差是主要的反差源，而在用高倍辨别极小的细微结构（如1nm大小）时，相位反差起主导作用。

（3）样品制备　有别于光学显微镜观察标本的制片，在电子显微镜中须使用200～400目的铜网，这是因为电子束不能穿透玻璃。铜网经乙酸戊酯浸漂，或经硫酸清洗，水洗，无水乙醇脱水方可使用。点样前在铜网加支持膜，火棉胶、聚乙烯醇缩甲醛等塑料膜、碳膜、铍膜等金属膜均可作为铜网的支持膜。用电镜观察的样品其染色也与光镜样品的染色有所不同。由于生物样品主要由C、H、O、N等元素组成，它们散射电子的能力很低，在电镜下反差小，所以在生物样品染色制备时采用重金属盐染色或金属喷镀等方法来增加样品的反差，以提高观察效果。磷钨酸钠或磷钨酸钾这类重金属盐电子密度高，与样品不发生化学反应，是常用的负染色法的“染料”，对样品进行染色。其染色原理为：样品不吸收重金属盐，仅沉积在样品四周并能穿透进入样品表面凹陷的部位，这样，沉积染液的样品周围如细胞的外周散射电子的能力强，成为暗区；而样品本身，即细菌细胞整体散射电子的能力弱，成为亮区，明暗相间，细菌细胞的轮廓和菌体即可清晰地呈现出来。由于电镜的分辨力和放大率远远高于光镜，最适合于用来观察细菌、病毒粒子的形态及生物大分子等。

在透射电镜的生物样品制备方法中，采用超薄切片技术是最基本的常规制样技术，用透射电镜观察生物组织的超薄切片，可以显示细胞的细微结构。要完好地保存生物样品的细微结构，获得清晰的电镜图像，超薄切片必须达到以下几点要求。

① 细胞的超微结构保存良好，没有明显的人工假象。

② 超薄切片的厚度一般为 50nm 左右，较薄的切片分辨率高，但是反差弱；较厚的切片分辨率低，但是反差强。

③ 超薄切片的包埋介质在电子束的照射下，不应该发生变形和升华。

④ 超薄切片平整均匀，不能有刀痕、皱褶和震颤。

⑤ 切好的超薄切片经染色后，不能有染色剂的沉淀污染。

2. 扫描电子显微镜（Scaning Electron Microscope）

扫描电子显微镜是 20 世纪 60 年代研制出来并得到迅速发展和广泛应用的大型精密仪器，因其小于 6nm 的分辨能力和展示样品的三维立体形态，可直接进行样品表面形貌的观察研究。

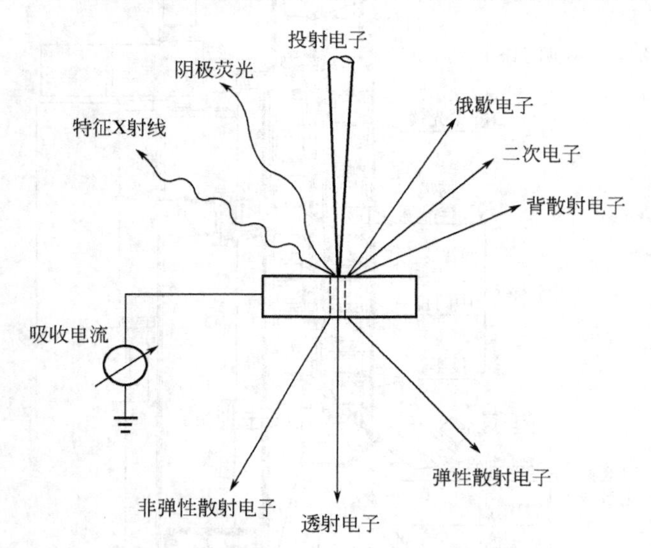

图 1-12 电子与样品相互作用产生的各种信号

扫描电镜的成像原理：当一束电子打到被检物的样品上将会激发出多种信号（图 1-12），包括二次电子、背散射电子、俄歇电子（Augen Electron）、阴极荧光、特征 X 射线、投射电子、弹性散射电子和非弹性散射电子，其中由二次电子形成的二次电子像是扫描电镜最基本的成像方式。所谓二次电子，是当入射电子碰撞被检物样品中原子的核外电子后，核外电子获得能量脱离原子成为二次电子。入射电子打到样品上二次电子的产出率与入射角有关，当入射角为 0 时，产出率低，而入射角大于 0 时，产出率高。电子束打在表面凹凸不平的样品上，由于电子束入射角的不断改变，二次电子的产出率也相应地随之变化。

在扫描电镜中，经 1～30kV 电压的加速，由电子枪发出的电子形成高速电子流，经聚光镜和电磁透镜汇聚成直径小于 4nm 的电子束聚焦于样品表面。物镜中的一组扫描线圈，使电子束在样品表面逐点、逐行地扫描，引起二次电子发射。从遍布样品表面各点发射出的二次电子经收集、加速后打到探测器（由闪跃体、光导管、光电倍增管组成）上，形成二次电子信号电流。由于样品表面形貌不同致使信号电流的强弱发生变化，产生信号反差。视频放大器使信号反差进一步放大后调制显像管的亮度。电子束在被检物样品表面进行的扫描与进入晶体管中的电子束在荧光屏上的扫描严格同步进行，经由探测器检取的来自样品各点的二次电子信号将一一对应地控制着晶体管荧光屏上相应点的亮度，于是，在晶体管荧光屏上呈现的二次电子像就是反映样品表面的图像。背散射电子、透射电子、样品吸收电流、阴极荧光经不同的探测器检取、放大后，可用于成像，而特征 X 射线、俄歇电子等信号可用于样品成分分析。

扫描电子显微镜主要用于观察被检物样品表面的立体结构，具有明显的真实感，如细菌中不同排列方式的四联球菌、八叠球菌、俊片菌、芽孢和真菌孢子的表面脉纹，其图像清晰、逼真。扫描电镜的分辨力小于6nm，放大倍数可调，从20倍到10万倍。与只能进行超薄切片二维图像显微观察的透射式电子显微镜相比，用扫描电镜进行观察的样品只需固定、脱水、干燥及表面等处理后，可以直接进样。许多电子无法穿透的较厚样品，用扫描电镜进行表面形貌观察研究十分方便，因此，扫描电镜在生命科学的众多研究领域中获得越来越广泛的应用。

3. 扫描隧道显微镜（Scanning Tunneling Microscope）

1982年由国际商业机器公司苏黎世实验室的 G. Binning 和 H. Rohrer 研制出世界上第一台新型的表面分析仪器——扫描隧道显微镜。用于观察原子在物质表面的排列状态，研究与表面电子行为有关的物理化学性质。在表面科学、材料科学、生命科学和微电技术的研究领域内具有广阔的应用前景。扫描隧道显微镜其横向分辨能力为0.1～0.2nm，深度分辨能力为0.01nm，可放大数千万倍。由于它克服了电镜中高能电子束对被检物样品的辐射损伤、样品必须处于高真空状态的限制，所以在常压大气中甚至在液体状态中也可以毫无损伤地直接对样品的表面结构进行观察，这就为生命科学领域的研究提供了极大的方便，目前已有用扫描隧道显微镜进行 ϕ29 噬菌体、生物膜、细菌细胞壁及 DNA 分子结构的研究报告。观察到 DNA 分子的右手螺旋、戊糖链的双螺旋，识别出 DNA 的大沟和小沟，获得了 DNA 内碱基对水平的高分辨率图像。

扫描隧道显微镜的成像原理是利用直径仅为原子尺度的尖锐探针在被检物样品表面进行扫描，通过测定流过探针的隧道电流获得具有超高分辨率的样品三维形貌。扫描时探针与样品表面之间的距离小于1μm，当施加2mV～2V的电压时，电子可因量子隧道效应由针尖转移到样品，或由样品转移到针尖，从而在针尖与样品之间形成隧道电流。由于隧道电流与探针和样品的间距呈指数关系，若间距增加0.1nm，隧道电流就会减少一个数量级，通过反馈回路控制间距以保持隧道电流值不变，则反馈的信号即可反映出样品的表面形貌。

扫描隧道显微镜的探针，其曲率半径约为0.1μm，极其尖锐。进入隧道状态后针尖尖端处会自动形成一个单原子尖，可通过压电陶瓷管控制针尖在样品表面的扫描。x 轴（横轴）和 y 轴（纵轴）方向上的扫描范围为（1μm×1μm）～（50μm×50μm），探针在垂直于样品表面方向上的高低变化反映出样品表面的起伏。所获得的样品表面信号被送至图像显示器，经处理可在荧光屏上呈现出扫描隧道显微图像。

第二节　常用显微镜的使用方法及注意事项

显微镜属于精密仪器，必须严格按照使用方法进行操作，以获得最佳的观察效果。

一、普通光学显微镜的使用方法及注意事项

1. 使用方法

（1）显微镜从显微镜箱或柜内拿出时，要用一手紧握镜臂，一手托住镜座，直立平移，平稳地将显微镜放置在实验台上，检查各部件是否齐全，镜头是否清洁。

（2）接通电源。

（3）低倍镜观察　观察任何标本都必须先用低倍镜观察，因为低倍镜视野范围大，容易发现观察目标，确定观察部位。操作步骤如下。

① 用10×物镜对焦。调粗调旋钮降低载物台，旋转物镜转换器，将10×物镜移入光路，对准载物台孔（当旋转到位时，物镜会自动卡位）。

② 光亮度调节。打开电源开关，旋转亮度调节钮来调节视场亮度。同时调节聚光镜的

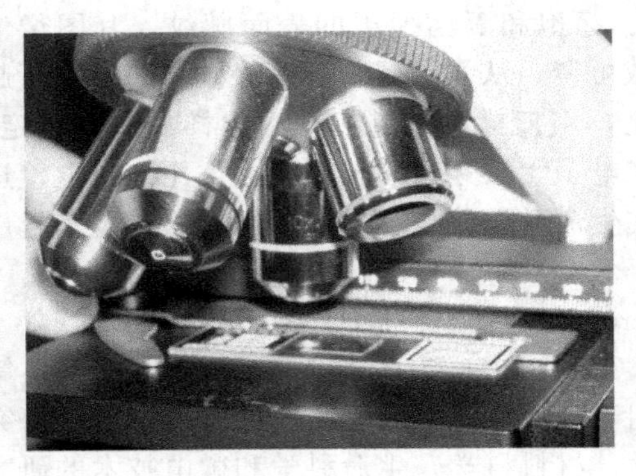
图 1-13 标本的安放

位置等，直到整个视野中得到均匀、明亮的光度为止。在以上光度调节中，要体会调节不同结构对光亮度的作用。

③ 标本的安放。将制成的玻片标本置于载物台上，用推进器夹紧（图 1-13），调节推进器使标本对准台孔。

④ 焦距的调节。转动粗调旋钮，从侧面观察将载物台上玻片标本调至物镜下约 5mm 处，然后从目镜观察，左手调粗调旋钮使载物台缓慢下降，右手调节推进器寻找观察标本的物像，找到物像后调微调旋钮，直到看清物像为止。如一次找不到的话，重复以上步骤。

⑤ 瞳距的调节。通过向内或向外移动双目镜筒，使左、右目镜中的图像合并成一。利用这一功能可以测一下你的瞳距（图 1-14）。

⑥ 视度的调节。a. 旋转屈光度调节环，使其下端面与刻线（沟槽）对齐，此时是零视度位置；b. 将物镜转换器旋至 40×物镜，调节微调旋钮，对标本准确调焦；c. 转换至 4×和10×物镜，不动调焦旋钮，分别旋转左右目镜的屈光度调节环，使每个目镜中的图像分别调节清楚。重复上述步骤两次，正确调节视度。

（4）高倍镜观察

① 用低倍镜找到标本并调节清晰后，将欲放大的观察部位用推进器调到视野中央。

② 转动物镜转换器（图 1-15），将高倍镜转到载物台中央对准载物台孔，用微调旋钮慢慢调节焦距，直到物像清晰为止。

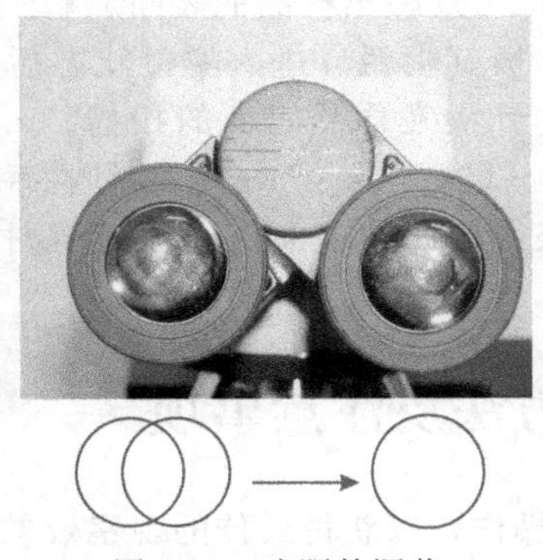
图 1-14 瞳距的调节

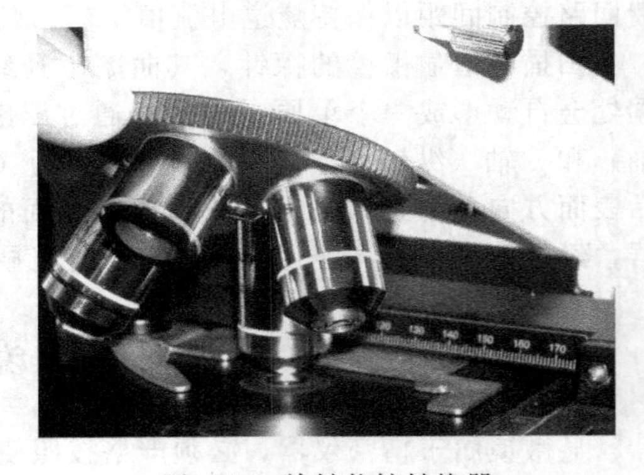
图 1-15 旋转物镜转换器

③ 从低倍镜换到高倍镜观察时，视野变小、变暗，此时可调节扩大光亮度。

（5）油镜观察 油镜的工作距离很小，所以要防止载玻片和物镜上的透镜损坏。使用时，一般是经低倍、高倍到油镜。

① 用低倍镜及高倍镜找好观察部位并将此部位调到视野中心后，用粗调旋钮将载物台向下调离物镜，在观察部位的标本玻片上滴加一小滴香柏油。

② 转动物镜转换器，使油镜对准载物台孔。

③ 从侧面观察，将载物台向上调节至载物台上标本玻片的油滴与油镜头刚刚接触为止。

④ 从目镜中观察，用微调旋钮（一般 1～2 圈即可）缓缓向上调节镜台至物像清晰为止，如果观察不到标本，要注意是否调过了焦距，可以重复步骤③、④，使用油镜观察时一

般也要适当扩大光亮度。

⑤ 用油镜观察结束后，先用小片镜头纸将镜头上的油擦去，再以蘸有擦镜液（乙醚：乙醇＝7：3，浓度可以根据空气干燥程度调整为6：4）的擦镜纸反复将镜头上的油擦干净，最后用干镜头纸擦拭。

2. 注意事项

① 不要擅自拆卸显微镜的任何部件，以免损坏设备。

② 拭擦镜而请用擦镜纸，不要用手指或粗布，以保持镜面的光洁度。

③ 观察标本时，请依次用低倍、中倍、高倍镜，最后再用油镜。在使用高倍镜和油镜时，请不要转动粗调旋钮降低镜筒，以免物镜与载玻片碰撞而压碎玻片或损伤镜头。

④ 取显微镜时，请用一手紧握镜臂，一手托住镜座，切不可单手拎镜臂，更不可倾斜拎镜臂。

⑤ 沾有有机物的镜片会滋生霉菌，请在每次使用后，用擦镜纸擦净所有的目镜和物镜，并将显微镜存放在阴凉干燥处。

二、暗视野显微镜的使用方法及注意事项

1. 使用方法

① 由于暗视野显微镜与明视野显微镜的机械部分和成像的光学系统是一致的，其区别仅由于聚光器的不同，在普通光学显微镜的底座上取下聚光器换上暗视野聚光器即可，观察前上升聚光器，使其透镜顶端与镜台平齐。

② 将聚光器的聚光镜光圈调至1.4，光源的光圈孔调至最大。

③ 在聚光镜顶端的平面上滴一滴香柏油，再将水封片标本放在镜台上，使载玻片的下表面与聚光镜上的油滴相接触，切勿产生气泡。

④ 调节聚光器的高度，用低倍物镜进行配光对准物体，通过目镜可见到一个中间有黑点的光圈，仔细调节聚光器的高度（上升或下降），最后成为一光亮的光点（图1-16），光点愈小愈好，由此点将聚光器上下移动时，均使光点增大。

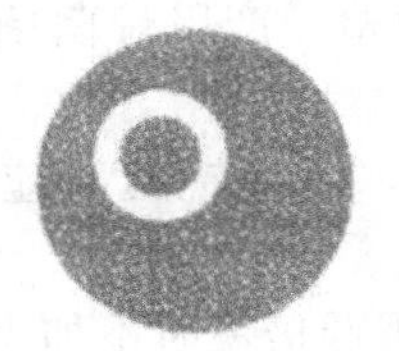

(a) 聚光镜光轴与显微镜光轴不一致

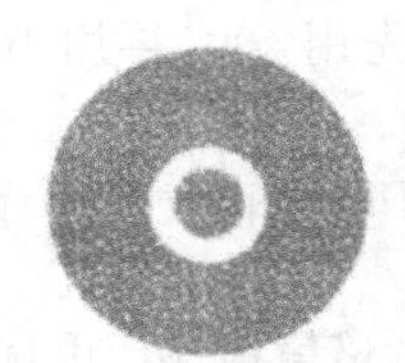

(b) 虽然经过中心调节，但聚光镜焦点仍与被检物体不一致

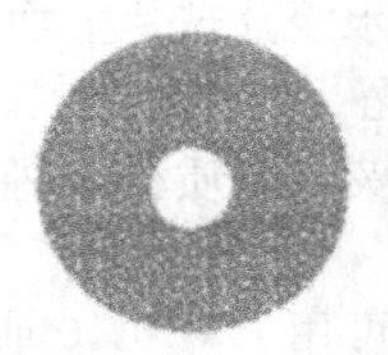

(c) 聚光镜升降焦点与被检物体一致

图1-16　暗视野聚光镜的中心调节及调焦

⑤ 转移高倍物镜，调整焦距至视野中心出现发光的菌体。

⑥ 在标本水封片的盖玻片上滴加香柏油，进行油镜观察。

2. 注意事项

① 在样品玻片和聚光镜之间的香柏油加量要大些，使之充满，不然，照明光将在聚光镜表面进行全面反射，光线达不到被检物体而不能形成暗视野照明。

② 进行聚光镜的中心调节和调焦，使焦点与被检物体一致，是进行暗视野观察的关键，否则被检物不能形成明亮的亮点。

③ 用于暗视野聚光器的聚光镜，其数值孔径（*NA*）均为1.2～1.4，焦点较浅，过厚的载玻片使被检物无法聚焦在聚光镜的焦点外，适宜的载玻片厚度为1.0mm，盖玻片厚度为0.16mm以下。载玻片，盖玻片应十分干净，无油、无划痕，否则将会严重干扰显微镜

形成的物像，与被检物的物像混淆。

三、相差显微镜的使用方法及注意事项

1. 使用方法

① 根据观察标本的性质及要求，挑选相差合适的物镜。

② 将标本片放到载物台上，用 10×物镜对 10×环状光阑聚焦。

③ 取下一侧目镜，换上合轴调节望远镜，调整环状光阑的物像与相板上的共轭面圆环完全重叠吻合，然后取下合轴调节望远镜，换回目镜。在使用中，如需要更换物镜倍数时，必须重新进行环状光阑与相板共轭面圆环吻合的调整。

④ 放上绿色滤光片，即可进行镜检，镜检操作与普通光学显微镜方法相同。

2. 注意事项

① 视场光阑必须全部开大，光源要强。因环状光阑遮掉大部分光，物镜相板上共轭面又吸收大部分光。

② 不同型号的光学部件不能互换使用。

③ 载玻片、盖玻片的厚度应遵循标准，不能过薄或过厚。

④ 切片不能太厚，一般以 5～10μm 为宜，否则会引起其他光学现象，影响成像质量。

四、荧光显微镜的使用方法及注意事项

1. 使用方法

下面以观察产甲烷菌为例说明荧光显微镜的使用。

① 用 1mL 注射器取少量产甲烷菌培养液制成水浸片。

② 将水浸片放在载物台上。

③ 开启荧光显微镜稳压器，然后按下启动钮点燃紫外灯（注意：汞灯启动 15min 内不得关闭，关闭后 3min 内不得再启动）。

④ 将激发滤光片转至 V，分色片调到 V，选用 495nm 或 475nm 阻挡滤光片。

⑤ 选用 UVFL40、UVFL100 荧光物镜镜检。

⑥ 在水浸片玻片上加无荧光油，先用 40×再用 100×调焦镜检，产甲烷菌菌体呈现淡黄绿色荧光。

⑦ 因荧光物质受紫外光照射时随时间的增长荧光逐渐变弱，因此镜检时应经常变换视野。

⑧ 亦可用 UVFL10 或 UVFL20 低倍镜镜检产甲烷菌菌落（用低倍镜时不加无荧光油）。

2. 注意事项

① 在用透射式荧光显微镜时，使用暗视野聚光器。

② 荧光镜检应在暗室观察。

③ 高压汞灯启动后需等 15min 左右才能达到稳定，亮度达到最大，此时方可使用。高压汞灯不要频繁开启，若开启次数多、时间短，会使汞灯寿命大大缩短。

④ 镜检标本时，宜先用普通明视野观察，当准确检查到物像后，再转换荧光镜检，这样可减轻荧光消褪现象。

⑤ 观察与摄影应尽量争取在短时间内完成。

⑥ 根据被检标本荧光的色调，选择恰当的滤光片。

⑦ 紫外线易伤害人的眼睛，必须避免直视激发光。

⑧ 光源附近不可放置易燃品。

⑨ 镜检完毕，应将显微镜做好清洁工作后，方可离开工作室。

第二章　微生物制片及染色技术

第一节　微生物的制片方法

在显微镜下观察微生物时，必须首先以适当的方法将微生物制成装片（即制片）。制片技术是显微观察技术的一个重要环节，直接影响着显微镜观察效果的好坏。在制片时，除了考虑所用显微镜的特点以外，还要考虑生物样品的生理结构保持稳定，并通过各手段提高其反差。常用的方法有以下几种。

一、压滴标本制作无菌操作制片

① 取一清洁载玻片，放在酒精灯的右侧桌面上，用记号笔在玻片右侧注明观察菌体名称。

② 点燃酒精灯，取一小滴清洁的无菌水放于玻片中央。

③ 用无菌操作取出少许菌苔，于玻片水中涂匀。

1.接种环火焰灼烧灭菌　2.在火焰3cm处拔出硅胶泡沫塞(或棉塞)　3.斜面管口火焰灼烧灭菌　4.挑取菌苔

5. 从斜面试管中取出接种环，管口火焰灼烧再次灭菌　6. 在火焰3cm处塞上硅胶泡沫塞(或棉塞)　7. 涂片　8. 再次火焰灼烧接种环灭菌

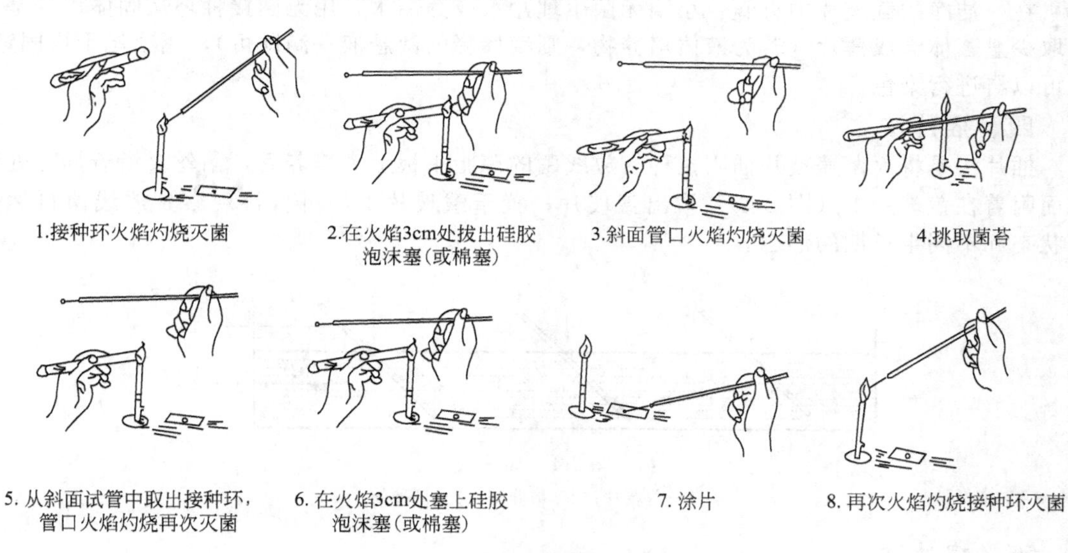

图 2-1　无菌操作制片示意图

④ 用镊子取清洁的盖玻片。由一端与玻片的菌液接触，徐徐放下盖玻片，注意避免产生气泡（图 2-2）。

⑤ 将压滴标本放于显微镜下观察。

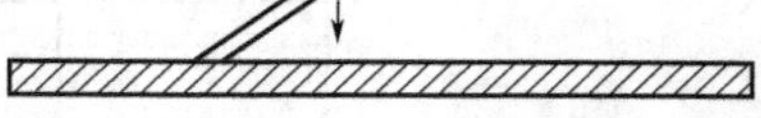

图 2-2　压滴标本

二、悬滴标本制作

悬滴标本制作过程见图 2-3。

① 取清洁的凹玻片和盖玻片各一片。

② 用火柴杆取少许凡士林涂于盖玻片的四角。

③ 在盖玻片中央用接种环蘸取一小滴无菌水，然后用无菌接种环取少许菌苔在水滴上轻沾一下，注意水滴大小要适宜，放菌苔时不要使水滴破散。

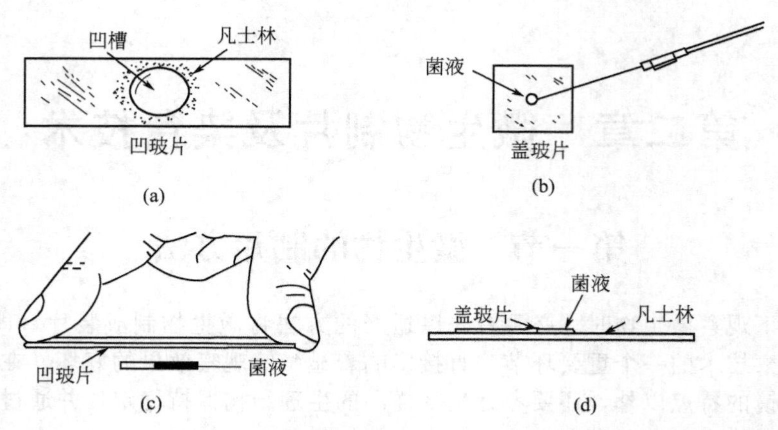

图 2-3 悬滴标本制作过程

④ 将凹玻片翻转向下，使凹窝中央对准盖玻片中央液滴，然后轻压，使凹玻片与盖玻片粘合紧密，以免蒸发，然后很快将凹玻片翻转，使盖片向上。

⑤ 将制作好的悬滴片置于显微镜下观察。

三、涂片法

在一洁净的载玻片中央滴一小滴无菌生理盐水或蒸馏水，用无菌接种环从固体培养基表面取少量菌体涂成薄片（若为液体培养物，则滴稀释的菌悬液一滴即可），用火焰干燥固定，也可以再进行染色。

四、插片法

插片法是将灭菌盖玻片插入接种有放线菌的琼脂平板上，培养后，菌丝会沿着插片处生长而附着在盖玻片上（图 2-4）。取出盖玻片，置于载玻片上，可直接观察到放线菌自然生长状态和不同生长期的形态。

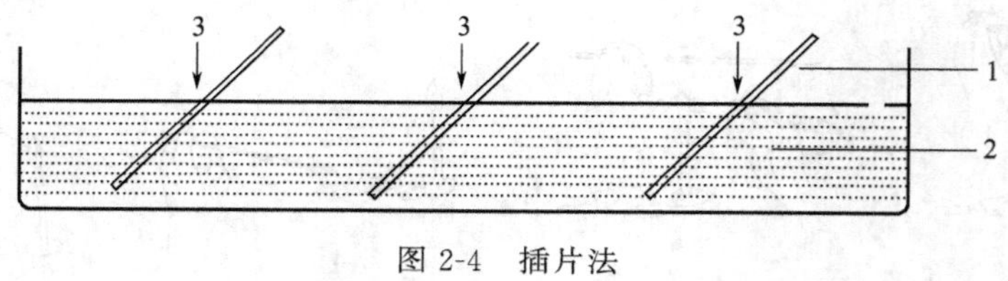

图 2-4 插片法

1—盖玻片；2—培养基；3—接种处

五、搭片法

搭片法如图 2-5 所示。

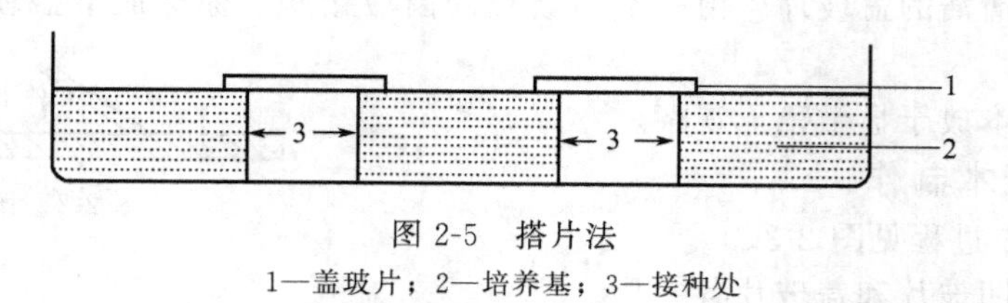

图 2-5 搭片法

1—盖玻片；2—培养基；3—接种处

（1）开槽及接种　用无菌打孔器在凝固后的平板培养基上打洞数个，并将单胞菌孢子划线接种至洞内边缘。

（2）搭片及培养　在接种后的洞面上放一无菌盖玻片，平板倒置于 28℃，培养 3～7d。

六、玻璃纸法

透明的玻璃纸是一种半透膜。该法是将灭菌的玻璃纸覆盖在琼脂平板表面，将放线菌接种于玻璃纸上，经培养后放线菌在玻璃纸上长成菌苔。取出此玻璃纸，固定于载玻片上，可直接观察放线菌的自然生长状态和不同生长期的形态。

七、压片法（也称印片法）

用接种铲挖去连有培养基的小块培养物，对准培养物轻轻一压（不要移动），再染色，就可以镜检了。也可以用洁净的盖玻片在培养物表面轻轻一压，置于有染色液的载玻片上镜检。

八、透明薄膜培养法

将小块无菌玻璃纸平铺于平板内固体培养基表面，在玻璃纸上点种放线菌或霉菌孢子或涂布放线菌或霉菌孢子悬液，经培养后，取下玻璃纸置于载玻片上，用显微镜对菌丝的形态进行观察。

九、单细胞菌块

对于细菌、酵母菌和霉菌孢子，可收集所要观察的培养物直接加入戊二醛或锇酸固定液（10mL 培养物加 0.5～1.0mL 固定液），立即离心，收集菌体。然后再悬浮在新鲜的固定液中备用。为了便于固定后继续进行脱水、包埋等操作，可将固定后的细胞包埋在琼脂块里。其方法是将固定后的细胞用缓冲液充分洗涤，然后弃去最后离心的上清液，滴进在 45℃左右保温的 2%～4%的琼脂溶液中并加以搅拌，直接冷却，使之凝固好。将凝固的琼脂取出切成 0.5m^3 大小的小块，这样就可以采用与普通组织切片完全相同的方法染色处理，最后用显微镜观察。假如通过离心处理的细胞结成粒状且不会分散，也可以不必包埋到琼脂块中。

十、其他方法

如载片培养法、埋片法等。

第二节 微生物染色技术及形态观察

一、染色基本原理及染料种类的选择

由于微生物细胞含有大量水分（一般在 80%～90%以上），对光线的吸收和反射与水溶液的差别不大，与周围背景没有明显的明暗差。所以，除了观察活体微生物细胞的运动性和直接计算菌数外，绝大多数情况下都必须经过染色后，才能在显微镜下进行观察。但是，任何一项技术都不是完美无缺的。染色后的微生物标本是死的，在染色过程中微生物的形态与结构均会发生一些变化，不能完全代表其生活细胞的真实情况，染色观察时必须注意。

1. 染色的基本原理

微生物细胞染色的基本原理是根据物理因素和化学因素的作用。物理因素包括染料通过细胞及细胞物质对染料的毛细现象、渗透、吸附、吸收作用等方式渗入细胞。化学因素是根据细胞物质和染料性质不同而发生的化学反应，如细胞物质为酸性成分与碱性染料进行结合，使其着色，而且较为稳定。在实际中，细胞内的一些成分为两性物质，与 pH 值的改变密切相关，可以通过改变 pH 值使它们的离解情况改变，这样就可以让酸性成分吸着碱性成分或碱性成分吸着酸性成分，从而达到着色作用。

染色过程除受上述因素影响外，还要受到细胞通透性、培养基组成、菌龄、染色液中的电解质含量、pH 值、温度、药物作用等因素的影响。

2. 染料的一般性质

微生物学中使用的染色剂大多是苯的衍生物，由三部分组成，一是苯环，二是发色基团，三是助色基团。苯环上若只连接发色基团，它能着色，但是由于它溶解性很小，不能电离、与细胞的亲和力差，着色后容易除去。一般为了使它们易于电离、带有一定的电荷而与相应物质结合，通常在苯环上再连接助色基团，使之具有电离性质，就能与有关物质结合成盐类，这样与细胞有较牢固的结合，使其呈牢固的颜色。如三硝基苯不易染色，而作为一种染料，这时硝基就是发色基团，羟基就是助色基团。

3. 染料的种类和选择

染料分为天然染料和人工染料两种。天然染料有胭脂虫红、地衣素、石蕊和苏木素等，它们多从植物体中提取得到，其成分复杂，有些至今还未搞清楚。目前主要采用人工染料，也称煤焦油染料，多从煤焦油中提取获得，是苯的衍生物。多数染料为带色的有机酸或碱类，难溶于水，而易溶于有机溶剂中。为使它们易溶于水，通常制成盐类。

染料可按其电离后染料离子所带电荷的性质，分为酸性染料、碱性染料和中性（复合）染料等。

（1）酸性染料　这类染料电离后染料离子带负电，如伊红、刚果红、藻红、苯胺黑、苦味酸和酸性复红等，可与碱性物质结合成盐。例如当培养基因糖类分解产酸使 pH 值下降时，细菌所带的正电荷增加，这时选择酸性染料，易被染色。

（2）碱性染料　这类染料电离后染料离子带正电，可与酸性物质结合成盐。微生物实验室一般常用的碱性染料有亚甲基蓝、甲基紫、结晶紫、碱性复红、中性红、孔雀绿和番红等。例如细菌在一般情况下易被碱性染料染色。

（3）中性（复合）染料　酸性染料与碱性染料的结合物叫做中性（复合）染料，如瑞脱氏（Wright）染料和基姆萨氏（Gimsa）染料等，后者常用于细胞核的染色。

4. 染色方法

微生物的染色方法一般分为单染色法、复染色法、特殊染色法和负染色法。单染色法是指一种染料使微生物染色，但不能鉴别微生物。复染色法则采用两种或两种以上染料，有协助鉴别微生物的作用，故亦称鉴别染色法。常用的复染色法有革兰染色法和抗酸性染色法。特殊染色法可鉴别细胞各部分结构（如芽孢、鞭毛、细胞核等）。负染色法则使微生物背景着色。

实验 2.1　细菌单染色法及形态的观察

一、实验目的

1. 学习微生物的涂片染色的操作技术。
2. 掌握微生物简单染色的基本原理。
3. 观察细菌的形态和结构特征。

二、实验原理

细菌体积小，较透明，未经染色常不易识别。而经着色后，它与背景形成鲜明的对比，易于在显微镜下进行观察。

细菌细胞的蛋白质等电点较低，在溶液中时常带负电荷，因此，通常采用碱性染料进行细菌染色。

三、实验材料和用具

1. 菌种

大肠杆菌（*Escherichia*）

金黄色葡萄球菌（*Staphylococcus aureus*）

枯草芽孢杆菌（*Bacillus subtilis*）

2. 染色液和试剂

（1）吕氏（Loeffler）碱性亚甲基蓝染液

溶液A：亚甲基蓝（methylene blue）0.3g；95%酒精30mL。

溶液B：KOH 0.01g；蒸馏水100mL。

分别配制溶液A和溶液B，配好后混合即可。

（2）齐氏（Ziehl）石炭酸复红染色液

溶液A：碱性复红（basicfuchsin）0.3g；95%酒精10mL。

溶液B：石炭酸5.0g；蒸馏水95mL。

将碱性复红在研钵中研磨，逐渐加入95%的酒精，继续研磨使之溶解，配成溶液A。将石炭酸溶解在蒸馏水中，配成溶液B。将溶液A和溶液B混合即成。通常将此混合液稀释5～10倍使用。因稀释液易变质失效，故一次不宜多配。

（3）显微镜擦镜液（或二甲苯）

（4）香柏油

（5）无菌水

3. 用具

普通光学显微镜，酒精灯，载玻璃片，接种针（环），擦镜纸，吸水纸等。

四、实验方法

1. 涂片：取保存在酒精溶液中的洁净载玻片1块，在酒精灯上烧去残留酒精，待凉，用记号笔在右侧注明菌名、染色类型。在载玻片中央滴加一小滴无菌水，再用接种环以无菌操作的方法取少量菌苔，在载玻片的水滴中涂布均匀，成一薄层。若用菌悬液（或液体培养物）涂片，可用接种环挑取2～3环直接涂于载玻片上。

2. 风干：在室温中自然干燥，切勿在火焰上烘烤。

3. 固定：将已干燥的涂片菌面朝上，在微火上迅速通过2～3次，使得菌体与玻片结合牢固。

4. 染色：将已制好的涂片平放，加1～2滴染色液覆盖在细菌薄膜上，亚甲基蓝染色2～3min，齐氏石炭酸复红染液1～2min。

5. 水洗：将染色液倒掉，涂片斜拿，用水由上至下冲洗，直到冲下的水无色为止。

6. 干燥：室温干燥，或用吸水纸吸干。

7. 镜检：可以观察到不同形状的菌体。

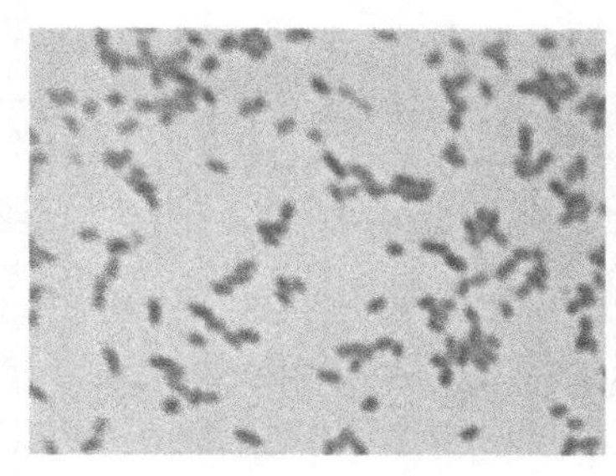

图2-6 大肠杆菌

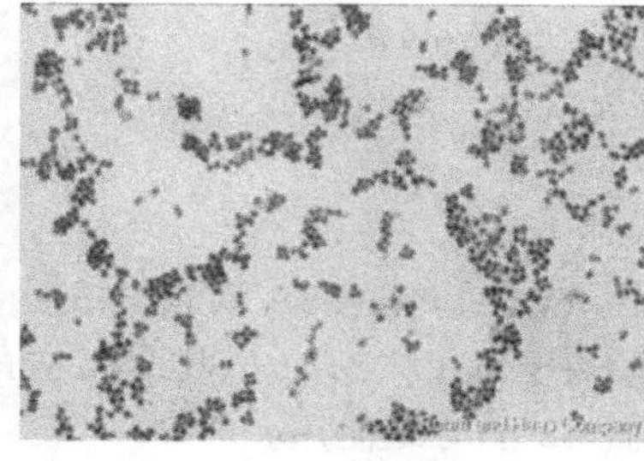

图2-7 葡萄球菌

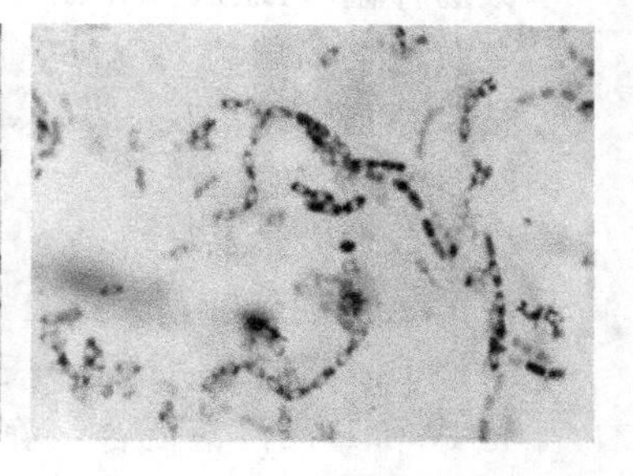

图2-8 枯草芽孢杆菌

五、实验报告

1. 绘图说明观察到的细菌形态特征。

2. 简述单染色法操作要点。

六、注意事项

1. 涂片过程中，取生理盐水和细菌不宜过多，涂菌要均匀，不宜过厚。

2. 固定时温度不宜过高，以载玻片背面不烫手背为宜，因为如果温度太高会破坏细胞的形态。

3. 染色过程中勿使染色液干涸，水洗后应吸干载玻片上的残水，以免染色液被稀释而影响染色效果。

4. 水洗时，不应直接冲洗细菌涂面，水流不应过大、过急，以免细菌涂面被冲掉。

七、思考题

1. 染色时间的长短与哪些因素有关？

2. 为什么细菌染色时所用的染料多属于碱性染料？为什么涂片需要固定？为什么要完全干燥后才能进行镜检？

实验 2.2 细菌的革兰染色法

一、实验目的

1. 学习并初步掌握革兰染色法。

2. 了解革兰染色法的原理及其在细菌分类鉴定中的重要性。

二、实验原理

革兰染色反应是细菌的重要特征之一，通过革兰染色除可观察细菌的形态外，还可以根据染色反应及着色的深浅对细菌加以初步分类和鉴定，因而应用较广。

革兰染色法是 1884 年由丹麦病理学家 C. Gram 创立的。通过革兰染色反应可以将所有细菌分为革兰阳性（G^+）菌和革兰阴性（G^-）菌两大类，G^+ 菌呈蓝紫色，G^- 菌呈淡红色。之所以反应会呈现不同颜色，是由细菌细胞壁的结构和成分的不同所决定的。G^- 菌细胞壁中含有较多易被乙醇溶解的类脂质，而且肽聚糖层较薄、结构较疏松，因此用乙醇脱色时，溶解了类脂质，增加了细胞壁的通透性，使初染的结晶紫和碘的复合物易于渗出，结果细菌就被脱色，再经过复染呈淡红色；G^+ 菌细胞壁中类脂质含量少，肽聚糖层较厚且与其特有的磷壁酸交联构成了三维网状结构，经过脱色处理后反而使肽聚糖层的孔径缩小，因此细菌仍保留初染时的颜色。

三、实验材料和用具

1. 菌种

大肠杆菌（*Escherichia*）

金黄色葡萄球菌（*Staphylococcus aureus*）

枯草芽孢杆菌（*Bacillus subtilis*）

2. 染色液和试剂

（1）草酸铵结晶紫染液

溶液 A：结晶紫（crystal violet）2.0g；95%酒精 20mL。

溶液 B：草酸铵[$(NH_4)_2C_2O_4 \cdot H_2O$] 5.0g；蒸馏水 80mL。

将 A 和 B 两溶液混合，静置 48 小时后使用。

（2）卢戈氏（Lugol）碘液 I_2 1.0g；KI 2.0g；蒸馏水 300mL。

先将 KI 溶解在少量蒸馏水中，再将 I_2 溶解于 KI 溶液中，然后加水至 300mL 即成。

（3）番红染液 番红（safranine 亦名沙黄）2.5g；95%酒精 100mL；蒸馏水 90mL。

（4）95%的酒精

（5）显微镜擦镜液（或二甲苯）

（6）香柏油

（7）无菌水。

3. 用具

普通光学显微镜，酒精灯，载玻片，接种针（环），擦镜纸，烧杯等。

四、实验方法

1. 制作涂片标本

涂片，干燥，固定（方法同实验 2.1）。

2. 革兰染色

革兰染色和显微镜观察程序如图 2-9 所示。

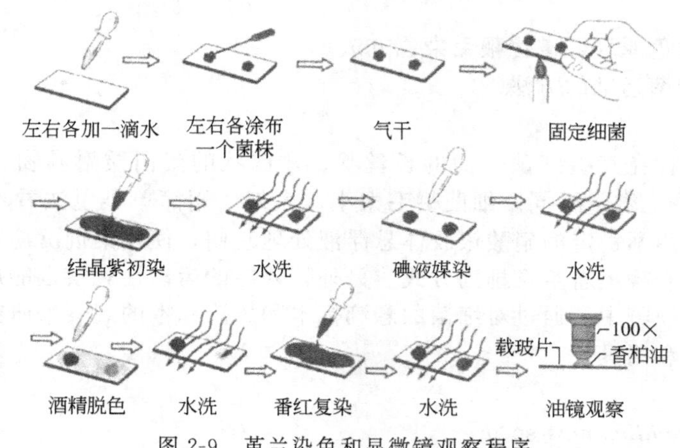

图 2-9　革兰染色和显微镜观察程序

（1）初染　将已固定的涂片平放，用草酸铵结晶紫染液染色约 1min，水洗。

（2）媒染　加卢戈氏碘液媒染 1min，水洗。用滤纸吸干残存水滴。

（3）脱色　将涂片倾斜斜置于烧杯上端，在白色背景下滴加体积分数为 95% 的酒精，直到流下的染液刚刚不出现紫色时即停止（约 0.5～1min），脱色完毕后，水洗，用滤纸吸干。

（4）复染　加番红（沙黄）染液 2 滴，染色 1～2min，水洗，用滤纸吸干。

3. 镜检

若被染成蓝紫色则为革兰阳性菌（枯草芽孢杆菌、金黄色葡萄球菌），若被染成淡红色则为革兰阴性菌（大肠杆菌）（图 2-10）。

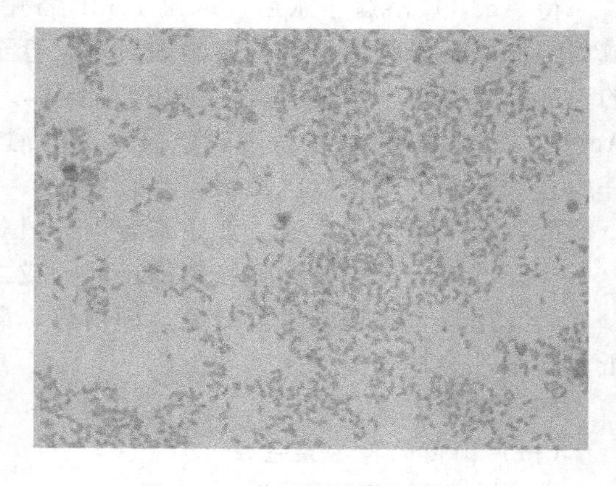

图 2-10　革兰阴性菌（红色）

五、实验结果

1. 绘制所观察菌种的革兰染色视野图。

2. 记录革兰染色法步骤，并进行结果分析。

六、注意事项

1. 最好选用幼龄菌（处于活跃生长期的细菌）染色，G^+ 菌应培养 12～16h，大肠杆菌（G^- 菌）应培养 24h。若菌龄过老，则由于菌体死亡或自溶常会发生 G^+ 菌转阴反应。

2. 体积分数为95%的酒精脱色是革兰染色是否正确的关键。脱色过度，G^+菌被误染成G^-菌，造成假阴性；脱色不完全，G^-菌被误染成G^+菌，造成假阳性。如果涂片过厚也会造成假阳性。

3. 初染试剂的着色能力较强，复染试剂的着色能力较弱。

4. 涂片务求均匀，切忌过厚。在染色过程中，不可使染液干涸。

七、思考题

1. 革兰染色过程中，哪些因素是成败的关键，为什么？

2. 革兰染色过程中，为什么特别强调菌龄不能太老，用老龄细菌染色会出现什么问题？

实验 2.3 细菌鞭毛染色及运动的观察

一、实验目的

1. 了解鞭毛染色原理，掌握鞭毛染色方法。

2. 学习观察细菌运动的方法。

二、实验原理

鞭毛是一种生长在某些细菌表面的长丝状、弯曲状的蛋白质附属物，是细菌的“运动器”，不同细菌的鞭毛数量不同。细菌鞭毛太小、太细，用简单染色法看不见，通常只能用电镜观察。然而，用不稳定的硝酸银胶体悬浮液处理它们，使媒染剂沉淀在鞭毛上，从而可以确认鞭毛的存在和鞭毛着生及排列方式。另外，鞭毛的运动性观察也能用来判断细菌是否有鞭毛。通常在暗视野中，通过对细菌的悬滴标本和压滴标本的观察来研究细菌的运动性。

三、实验材料和用具

1. 菌种

假单胞菌（*Pseudomonas* sp.）

苏云金芽孢杆菌（*Bacillus thuringiensis*）

金黄色葡萄球菌（*Staphylococcus aureus*）

变形杆菌（*Proteus vulgaris*）

2. 染色液和试剂

（1）硝酸银染色液

溶液A：单宁酸5.0g；$FeCl_3$ 1.5g；蒸馏水100mL；15%甲醛2mL；1%NaOH 1mL。配成后，只供当日使用。

溶液B：$AgNO_3$ 2.0g；蒸馏水100mL。

待$AgNO_3$溶解于水后，取出10mL备用。向其余的90mL $AgNO_3$中滴入浓氨水，使之成为很浓厚的悬浮液，再继续滴加氨水，直至新形成的沉淀又重新刚刚溶解为止。再将备用的10mL $AgNO_3$慢慢滴入，则出现薄雾，但轻轻摇动后，薄雾状沉淀又消失，再滴入$AgNO_3$，直至摇动后仍呈现轻微而稳定的薄雾状沉淀为止。如所呈雾不重，此染剂可使用一周；如雾重，则银盐沉淀出，不宜使用。

（2）亚甲基蓝染色液　亚甲基蓝（methylene blue）0.05%；硼砂1%；蒸馏水100mL。

（3）试剂　凡士林，显微镜擦镜液（或二甲苯），香柏油，无菌水。

（4）用具　普通光学显微镜，酒精灯，载玻片，凹玻片，盖玻片，接种针（环），擦镜纸，滤纸，烧杯等。

四、实验方法

（一）细菌的鞭毛染色法

方法1. 硝酸银染色

(1) 制片

① 取保存在酒精溶液中的洁净载玻片，在酒精灯上烧去残留酒精，待凉，视玻片无水迹、光滑即可用，注明菌名。

② 从已移接3～5代、带有冷凝水的斜面菌种的冷凝水处，以无菌操作，用接种环取一环菌液。

③ 将载玻片倾斜，在带有菌液的菌环上滴下一滴无菌水让水从玻片上端自然流向下端，切勿用接种环涂抹，以免损伤鞭毛。

④ 自然风干。

(2) 染色

① A染液染3～5min，用蒸馏水冲洗净A液（注意：一定要充分洗净A液后再加B液，否则残留的A液与B液反应后，使背景呈棕褐色，不易分辨鞭毛）。

② 用B液冲洗残水，使B液充满玻片，在火焰上轻轻加热至冒气后，维持30～60s，然后用蒸馏水冲洗，滤纸吸干。

(3) 镜检 观察到的菌体为黑褐色，鞭毛为深褐色。

也可采用不加热的方法，但染色时间要长些，一般A液染6～7min，B液染5min，镜检菌体及鞭毛都呈褐色。

方法2. 亚甲基蓝染色

(1) 制片同硝酸银染色。

(2) 染色

① 使用硝酸银染色的A染液染色8min，蒸馏水冲洗（约30s，需充分，否则背景不洁净，影响观察），滤纸吸干残留水分。

② 亚甲基蓝染色液染色6min，蒸馏水冲洗约20s。

③ 用pH2.0的HCl溶液冲洗玻片，至冲洗液变蓝色即可（盐酸冲洗过度，鞭毛会脱落），再用蒸馏水冲洗20s，滤纸吸干残留水分。

(3) 镜检 观察到的菌体及鞭毛均呈蓝色。

(二) 鞭毛的运动性观察

1. 涂凡士林

取洁净盖玻片，在四周涂少许凡士林。

2. 加菌液

在盖玻片中央滴一小滴菌液。

3. 盖凹玻片

将凹玻片的凹槽向下，使凹槽中心对准盖玻片中央的菌液，轻轻地盖在盖玻片上，凹玻片便与盖玻片粘在一起，然后轻轻翻转凹玻片（注意液滴不得与凹玻片接触）。

4. 镜检

变形杆菌鞭毛如图2-11所示。

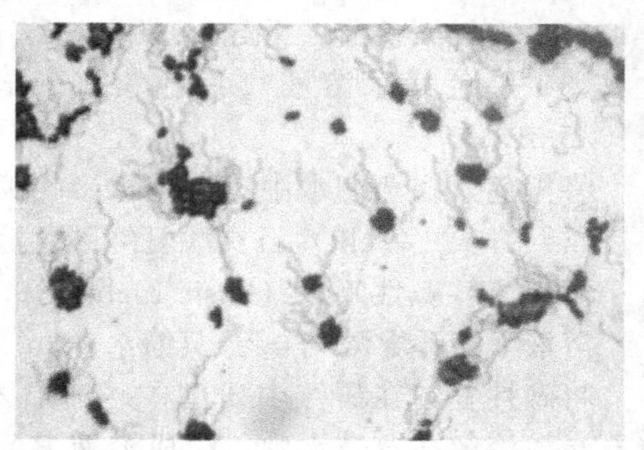

图2-11 变形杆菌鞭毛

五、实验报告

绘出你所观察到的细菌的形态及鞭毛着生情况。

六、注意事项

1. 鞭毛染色液最好当时配置，放置过久，鞭毛染色浅，观察效果差。

2. 载玻片和盖玻片都要求光滑、洁净、无油，否则会影响观察细菌的运动情况，有些细菌温度太低时不能运动。

3. 必须要挑选处于活跃生长期的菌种，这是鞭毛染色成功的基本条件。

4. 观察细菌的运动时，菌液不宜过多，如果菌液滴到凹玻片上会影响观察效果。观察时光线应稍强。

七、思考题

1. 细菌的鞭毛是由哪些结构组成的？鞭毛的类型有几种？

2. 根据你的实验体会，哪些因素影响鞭毛的染色效果？如何控制？

3. 试描述你所观察的细菌有无运动性，是如何运动的？

实验 2.4 细菌芽孢、荚膜的染色及观察

一、实验目的

1. 学习并掌握芽孢染色技术，了解芽孢的形态特征。

2. 学习并掌握荚膜染色技术，了解荚膜的形态特征。

二、实验原理

芽孢染色法是利用细菌的芽孢和菌体对染料亲和力不同的原理，用不同的染料着色，使芽孢和菌体呈不同的颜色而便于区别，芽孢壁厚，透性低，着色、脱色均较困难。因此，当先用一弱碱性染料——孔雀石绿在加热条件下进行染色，此染料不仅可以进入菌体，而且也可以进入芽孢，进入菌体的染料可经水洗脱色；而进入芽孢的染料则难以透出，若再用复染液（沙黄）进行复染色，此时菌体即被染成红色，而芽孢难着色，仍呈绿色。使之显示出不同的颜色，以便显微镜观察。

荚膜是包围在细菌细胞外面的一层黏液性物质，其主要成分是多糖类，不易被染色，故常用衬托染色法，即将菌体和背景染色而把不着色透明的荚膜衬托出来，荚膜很薄，易变形，因此制片时一般不用热固定。

三、实验材料和用具

1. 菌种

苏云金芽孢杆菌（*Bacillus thuringiensis*）

枯草芽孢杆菌（*Bacillus subtilis*）

圆褐固氮菌（*Azotobacter chroococcum*）

硅酸盐细菌（*Bacillus mucilaginosus subsp silicus*）

2. 染色液和试剂

（1）孔雀绿染色液　孔雀绿（malachite green）5.0g；蒸馏水 100mL。

（2）番红染色液　番红（safranine，或沙黄）2.5g；95%酒精 100mL；蒸馏水 90mL。

（3）黑色素水溶液　黑色素（nigrosin）5.0g；蒸馏水 100mL；福尔马林（40%甲醛）0.5mL。

将黑色素在蒸馏水中煮沸 5min，然后加入福尔马林作防腐剂，用玻璃棉过滤。

（4）齐氏（Ziehl）石炭酸复红染色液

溶液 A：碱性复红（basic fuchsin）0.3g；95%酒精 10mL。

溶液 B：石炭酸 5.0g；蒸馏水 95mL。

将碱性复红在研钵中研磨，逐渐加入 95%的酒精，继续研磨使之溶解，配成溶液 A。将石炭酸溶解在蒸馏水中，配成溶液 B。将溶液 A 和溶液 B 混合即成。通常将此混合液稀释 5～10 倍使用。因稀释液易变质失效，故一次不宜多配。

（5）显微镜擦镜液（或二甲苯）

（6）香柏油

（7）无菌水

3. 用具

普通光学显微镜，酒精灯，载玻片，凹玻片，盖玻片，接种针（环），擦镜纸，滤纸，烧杯等。

四、实验方法

（一）芽孢染色法

1. 方法一

① 取 37℃培养 18～24h 的菌体作涂片，并干燥、固定（方法同实验 2.1）。

②于载玻片上滴加 3～5 滴 5%孔雀绿水溶液。

③ 用试管夹夹住载玻片在火焰上用微火加热，自载玻片上出现蒸汽时，开始计算时间约 4～5min。加热过程中切勿使染料蒸干，必要时可添加少许染料。

④ 倾去染液，待玻片冷却后，用自来水冲洗至孔雀绿不再褪色为止。

⑤ 用 0.5%沙黄水溶液（或 0.05%碱性复红）复染 1min，水洗。

⑥ 制片干燥后用油镜观察，芽孢呈绿色，菌体呈红色。

2. 方法二

① 加 1～2 滴无菌水于小试管中，用接种环从斜面上挑取 2～3 环培养 18～24h 的菌苔于试管中，并充分均匀打散，制成浓稠的菌液。

② 加 5%孔雀绿水溶液 2～3 滴于小试管中，用接种环搅拌使染料与菌液充分混合。

③ 将此试管浸于沸水浴（烧杯）中，加热 15～20min。

④ 用接种环从试管底部挑数环菌于洁净的载玻片上，并涂成薄膜，将涂片经过微火 3 次固定。

⑤ 水洗，至流出的水中无孔雀绿颜色为止。

⑥ 加沙黄水溶液，染 2～3min 后，倾去染液，不用水洗。

⑦ 干燥后用油镜观察，芽孢呈绿色，菌体呈红色（图 2-12）。

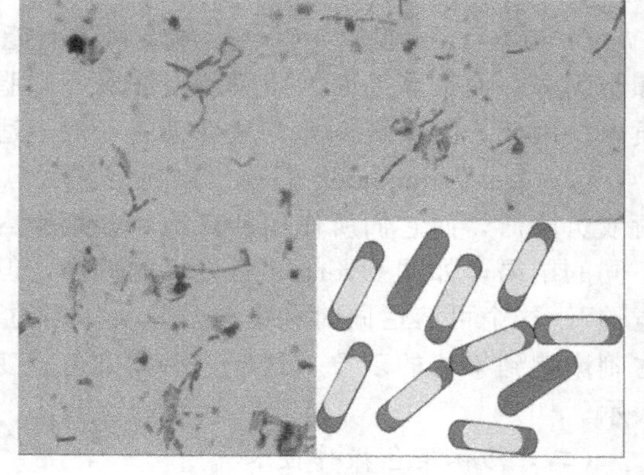

图 2-12　芽孢染色（绿色）

（二）荚膜染色法

1. 石炭酸复红染色

① 取培养了 72h 的菌体制成涂片，自然干燥（荚膜是多糖类物质，不可用火焰烘干）。

② 滴入 1～2 滴 95%乙醇固定（不可加热固定）。

③ 加石炭酸复红染液染色 1～2min，水洗，自然干燥。

④ 在载玻片一端加一滴墨汁，另取一块边缘光滑的载玻片与墨汁接触，再以匀速推向另一端，涂成均匀的一薄层，自然干燥。

⑤ 干燥后用油镜观察，菌体红色，荚膜无色，背景黑色。

2. 背景染色

① 先加 1 滴墨水于洁净的玻片上，并挑少量菌苔与之充分混合均匀。

② 放一清洁盖玻片于混合液上，然后在盖玻片上放一张滤纸，向下轻压，吸收多余的菌液。

③ 干燥后用油镜观察，背景灰色，菌体较暗。在其周围呈现一明亮的透明圈即荚膜。

五、实验报告

1. 绘图说明所观察到的菌体及荚膜的形态。

2. 绘图说明所观察到的菌体和芽孢的形态及芽孢的着生位置。

六、注意事项

1. 供芽孢染色用的菌种应控制菌龄，使大部分芽孢仍保留在菌体上为宜。

2. 荚膜染色涂片不要用加热固定，以免荚膜皱缩变形。

七、思考题

1. 说明芽孢染色法的基本原理。

2. 如果只用简单染色法，能否观察到细菌的芽孢？为什么？

3. 组成荚膜的成分是什么？涂片一般用什么固定方法，为什么？

八、活体染色机制及染色技术

（一）活体染色的机制

活体染色最重要的特征是染料的堆集，就是染料的胶粒固定、集聚在细胞内某种特殊的构造里面。这种堆集主要受染料分子的电荷的影响。绝大部分带电荷的染料能够全部地或部分地被集聚、固定，碱性染料的胶粒表面带有正电荷，酸性染料的胶粒表面带有负电荷，而被染的部分本身也只有负电荷或正电荷，这样，它们彼此之间就发生了吸附作用。所以并不是任何染料都能作为活体染色剂。应该选择那些对于细胞无毒性或毒性极小的染料而且要配制成稀淡的溶液来使用。因此，普遍以碱性染料最为适用，酸性染料染色效果很差，一般很少使用它们来进行活体染色。

关于解释这些现象的假说有二。

(1) Overton 假说　碱性活体染料具有能溶解于拟脂质的特性，尤其更易溶解于卵磷脂和胆固醇，而细胞表面的质膜就浸润着卵磷脂和胆固醇。酸性染料恰好很少溶解在这些拟脂质内。因此，除少数例外，酸性染料一般不适合作为活体染色之用。

(2) De. Beauchamp 假说　染料溶解后总是呈胶体状态，染料的分子（胶粒）具有正电荷或负电荷，而它们所作用的环境（如细胞内）也是胶体状态。活体染色虽然是染料可溶性不同的结果，如同 Overton 所设想的那样，但是这种可溶性不仅仅是物理的，而且也是“静电的”，这个可溶性同时和染料及其所作用的环境皆有关系，这种环境只要稍微有些改变就立刻影响到染色的现象。这样，活体染色就变成了细胞内的胶体电介物之间相互平衡的一种表示。

（二）活体染色操作技术

实验 2.5　放线菌活体染色及形态观察

一、实验目的

学会并掌握酵母菌的活体染色方法。

二、原理

活的微生物，由于不停的新陈代谢，使细胞内氧化还原值（rH）低，且还原能力强。当某种无毒的染料进入活细胞后，可以被还原脱色；当染料进入死细胞及代谢缓慢的老细胞后，这些细胞因无还原能力或还原能力差而被着色。在中性和弱酸性条件下，活的细胞原生质不能被染色剂着色，若着色则表示细胞已经死亡，故可以此来区别活菌与死菌。实验室常用亚甲基蓝等低毒性的、易与细胞结合的染料进行活体染色。染色必须在高于细胞等电点的pH值下进行，否则细胞吸收碱性染料量很少，易造成观察误差。

三、实验材料和用具

1. 菌种

酿酒酵母（*Saccharomyces cerevisiae*）28℃下恒温培养48h的液体试管一只。

2. 试剂

以pH 6.0的0.02mol/L磷酸缓冲液配制的0.05%亚甲基蓝染色液。

四、实验方法

取0.05%亚甲基蓝液一滴，置于载玻片中央，然后取酵母液少许加入亚甲基蓝液中混匀，染色2～3min，加盖玻片，于高倍镜下进行观察，并计数已变蓝的细胞与未变蓝的细胞（可计5～6个视野的细胞数）。

五、实验报告

酵母死亡率一般用百分数表示，即死亡细胞占总细胞的百分数。在显微镜下数一定视野的死、活细胞数，记录并计算。

$$死亡率=\frac{死细胞总数}{死、活细胞总数}\times 100\%$$

六、思考题

简述酵母菌活体染色原理。

实验 2.6 霉菌的活体染色及形态观察

一、实验目的

学习并掌握霉菌的活体染色方法。

二、原理

通常酵母菌和细菌制片时，用水做菌悬液最好。但是因为水分蒸发太快，菌丝在水中常因渗透作用而膨胀使细胞变形，水还易使菌丝、孢子和气泡混合成团从而难以观察到孢子的着生（霉菌孢子的着生状态是分类学上的重要指标），因此水对于大多数霉菌是不适用的。在霉菌的活菌染色时，最简单的方法是将染料与适宜的介质混合，理想的介质是乳酸-苯酚液（Lacto-Pheol）。

霉菌的菌丝染色往往不均匀，因为菌丝对染料的亲和力不一样。幼龄菌丝易着色，老龄菌丝不易着色。

三、实验材料和用具

1. 菌种

黑曲霉(*Aspergillus* sp.)、产黄青霉（*Penicillium chrysogenum*）于米曲汁培养基上培养2～3天。

2. 试剂

0.05%棉蓝乳酚油染色液：石炭酸10g；乳酸（相对密度1.21）10mL；甘油（相对密度1.25）20mL；蒸馏水10mL；棉蓝（Cotton blue）0.02g。

将石炭酸加在蒸馏水中加热溶解，然后加入乳酸和甘油，最后加入棉蓝，使之溶解。

3. 米曲汁培养基

① 将大米加适量的水做成大米饭，待冷后备用。

② 将米曲霉菌接种入大米饭中（接时应尽量避免杂菌污染），拌匀，装入木盘或者搪瓷盘中，置28～30℃中培养30～40h，待米饭表面长出白色菌丝，可见少量分生孢子即终止培

养，而后即可用于糖化或35～45℃烘干备用。

③ 将大米饭曲按1∶3的比例加水（即1kg大米饭曲加水3L），保温60℃糖化至无淀粉反应为止（检查方法是取糖化液0.5mL加碘液2滴，如无蓝紫色出现，即可停止糖化）。

④ 将糖化液加2～3个鸡蛋清（有助于米曲汁的澄清）搅拌均匀，让其自然沉淀，用2层纱布过滤，将滤液煮沸后再过滤一次，取滤液备用。

⑤ 将上述滤液加水稀释至10°～15°BX（一种表示糖液浓度的比重单位，用糖锤度计测定）备用。

⑥ 若需配成固体培养基，则取上述稀释液加2%的琼脂煮沸，待琼脂完全熔化后再分装入所需的容器中。

四、实验方法

先于洁净的载玻片中央滴一滴乳酚油染色液，再用接种钩挑取少量的培养物，置于液滴中。用两根接种针小心地撕开菌丝，直到全部浸湿，1～2min后，加一盖玻片，尽量避免气泡产生。在显微镜下观察菌丝的形态、分生孢子的着生等（用低倍镜、高倍镜、油镜）。

五、实验报告

1. 显微观察：菌丝呈蓝色，深度随菌龄的增加而减弱。

2. 绘出菌丝的形态、分生孢子的着生情况等。

六、注意事项

制片应选择孢子成熟前的培养物。该方法可用于工业中液体曲的培养程度检查。

第三章　灭菌与除菌

采用强烈的理化因素使任何物体内外所有的微生物永远丧失其生长繁殖能力的措施称之为灭菌（sterilization）。消毒（disinfection）则是用较温和的物理或化学方法杀死物体上绝大多数微生物（主要是病原微生物和有害微生物的营养细胞），实际上是部分灭菌。

在微生物学实验、生产和科学研究工作中，需要进行微生物纯培养，不能有任何外来杂菌。因此，对所用器材、培养基要进行严格灭菌，对工作场所进行消毒，以保证工作顺利进行。

第一节　实验室常用灭菌方法

实验室最常用的灭菌方法是利用高温处理达到杀菌效果。高温的致死作用，主要是使微生物的蛋白质和核酸等重要生物大分子发生变性。高温灭菌分为干热灭菌和湿热灭菌两大类。湿热灭菌的效果比干热灭菌好。这是因为湿热下热量易于传递，更容易破坏保持蛋白质稳定性的氢键等结构，从而加速其变性。此外，过滤除菌、射线灭菌和消毒、化学药物灭菌和消毒等也是微生物学操作中不可缺少的常用方法。

一、热灭菌

（一）火焰灭菌

微生物接种工具如接种环、接种针或其他金属用具等，可直接在酒精灯火焰灼烧进行灭菌。这种方法灭菌迅速彻底。此外，接种过程中，试管或三角瓶口也可通过火焰灼烧灭菌。

（二）干热灭菌

用干燥热空气杀死微生物的方法称为干热灭菌。通常将灭菌物品置于电热恒温干燥箱内（图3-1），在160℃～170℃加热1～2h。灭菌时间可根据灭菌物品性质与体积作适当调整，以达到灭菌目的。玻璃器皿（如吸管、培养皿等）、金属用具等凡不适于用其他方法灭菌而又能耐高温的物品都可用此法灭菌。但是，培养基、橡胶制品、塑料制品等不能使用干热灭菌。

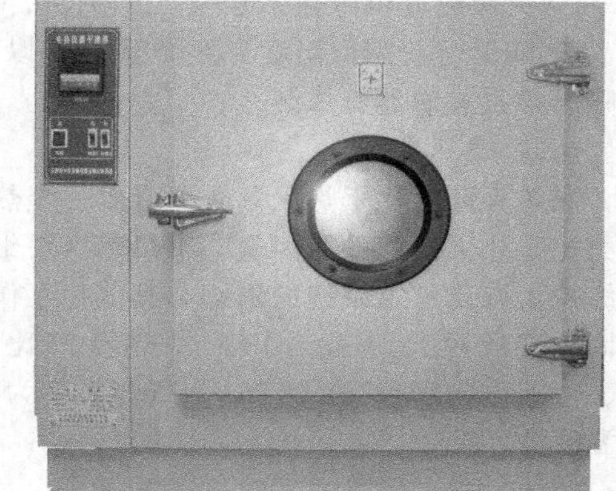

图3-1　电热恒温干燥箱

1. 干热灭菌操作步骤

（1）装箱　将准备灭菌的玻璃器材［如培养皿（图3-2）或移液管（图3-3）］洗涤干净、晾干，用牛皮纸或报纸包裹好放入灭菌专用的不锈钢筒（或铜筒）内，放入电热恒温干燥箱，关好箱门。

（2）灭菌　接通电源，打开电热恒温干燥箱，设定温度为160℃～170℃。达到温度后，开始计时，恒温1～2h。

（3）灭菌结束后，断开电源，自然降温至60℃，打开电热恒温干燥箱箱门，取出物品放置备用。

2. 注意事项

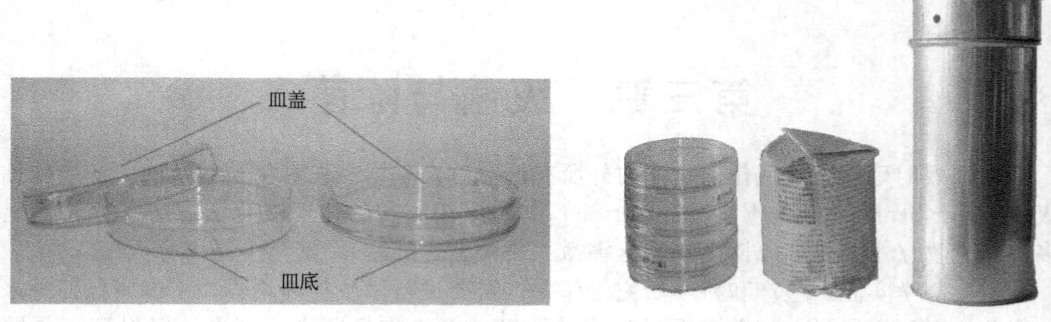

图 3-2 培养皿的包装灭菌

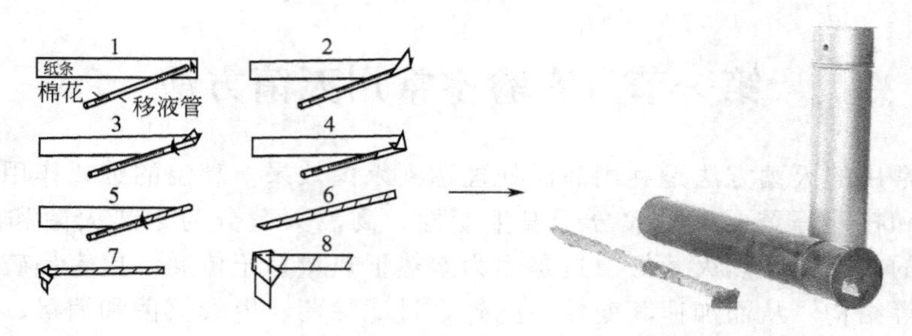

图 3-3 移液管的包装灭菌

① 灭菌的玻璃器皿切不可有水，有水的玻璃器皿在干热灭菌中容易炸裂。

② 灭菌物品不能堆得太满、太紧，以免影响温度均匀上升。

③ 灭菌物品不能直接放在电热恒温干燥箱底板上，以防止包装纸或棉花被烤焦。

④ 灭菌温度恒定在 160～170℃为宜，温度超过 180℃，棉花、报纸会烧焦甚至燃烧。

⑤ 降温时，需待温度自然降至 60℃以下才能打开箱门取出物品，以免因温度过高而骤然降温导致玻璃器皿炸裂。

（三）湿热灭菌

湿热灭菌法比干热灭菌法更有效。湿热灭菌是利用热蒸汽灭菌。在相同温度下，湿热的效力比干热灭菌好的原因是：①热蒸汽对细胞成分的破坏作用更强，水分子的存在有助于破坏维持蛋白质三维结构的氢键和其他相互作用弱键，更易使蛋白质变性。蛋白质含水量与其凝固温度成反比（表 3-1）。②热蒸汽比热空气穿透力强，能更加有效地杀灭微生物（表 3-2）。③蒸汽存在潜热，当气体转变为液体时可放出大量热量，故可迅速提高灭菌物体的温度。

表 3-1 菌体蛋白质的凝固温度与其含水量的关系

蛋白质含水量/%	30min 内凝固所需的温度/℃	蛋白质含水量/%	30min 内凝固所需的温度/℃
50	56	6	145
25	74～80	0	160～170
18	80～90		

多数细菌和真菌的营养细胞在 60℃左右处理 15min 后即可杀死，酵母菌和真菌的孢子要耐热些，要用 80℃以上的温度处理才能杀死，而细菌的芽孢更耐热，一般要在 120℃下处理 15min 才能杀死。湿热灭菌常用的方法有常压蒸汽灭菌和高压蒸汽灭菌。

表 3-2 干热、湿热穿透力及灭菌效果比较

温度/℃	时间/h	透过布层的温度/℃			灭 菌
		20 层	10 层	100 层	
干热 130～140	4	86	72	70.5	不完全
湿热 105.3	3	101	101	101	完全

1. 常压蒸汽灭菌

常压蒸汽灭菌是湿热灭菌的方法之一，在不能密闭的容器里产生蒸汽进行灭菌。在不具备高压蒸汽灭菌的情况下，常压蒸汽灭菌是一种常用的灭菌方法。此外，不宜用高压蒸煮的物质如糖液、牛奶、明胶等，可采用常压蒸汽灭菌。这种灭菌方法所用的灭菌器有阿诺氏（Aruokd）灭菌器或特制的蒸锅，也可用普通的蒸笼。由于常压蒸汽的温度不超过 100℃，压力为常压，大多数微生物的营养细胞能被杀死，但芽孢细菌却不能在短时间内死亡，因此必须采取间歇灭菌或持续灭菌的方法，以杀死芽孢细菌，达到完全灭菌。

（1）巴氏消毒法　是用于牛奶、啤酒、果酒和酱油等不能进行高温灭菌的液体的一种消毒方法，其主要目的是杀死其中的无芽孢病原菌（如牛奶中的结核分枝杆菌或沙门菌），而又不影响其特有风味。巴氏消毒法是一种低温消毒法，具体的处理温度和时间各有不同，一般在 60～85℃下处理 15～30min。具体的方法可分两类，第一类是较老式的，称为低温维持法，例如在 63℃下保持 30min 可进行牛奶消毒；另一类是较新式的，称为高温快速法，用于牛奶消毒时只要在 85℃下保持 5min 即可。但是巴氏消毒法不能杀灭引起 Q 热的病原体——伯氏考克斯氏体（一种立克次氏体）。

（2）间歇灭菌法　又称分段灭菌法，适用于不耐热培养基的灭菌。方法是：将待灭菌的培养基在 100℃下蒸煮 30～60min，以杀死其中所有微生物的营养细胞，然后置室温或 20～30℃下保温过夜，诱导残留的芽孢萌发，第二天再以同法蒸煮和保温过夜，如此连续重复 3 天，即可在较低温度下达到彻底灭菌的效果。例如，培养硫细菌的含硫培养基就应用间歇灭菌法灭菌，因为其中的元素硫经常规的高压灭菌（121℃）后会发生熔化，而在 100℃的温度下则呈结晶状。

（3）蒸汽持续灭菌法　微生物制品的土法生产或食用菌菌种制备时常用这种方法，在容量较大的蒸锅中进行。从蒸汽大量产生开始，继续加大火力保持充足蒸汽，待锅内温度达到 100℃时，持续加热 3～6h，杀死绝大部分芽孢和全部营养体，达到灭菌目的。

灭菌过程中应注意以下几点。

① 使用间歇法或持续法灭菌时必须在灭菌物里外都达到 100℃后，算灭菌时间，此时锅顶上应有大量蒸汽冒出。

② 为利于蒸汽穿透灭菌物，锅内或蒸笼上堆放物品不宜过满过挤，应留有空隙。固体曲料大量灭菌时，每袋以 1.5～2.0kg 为宜，料袋在锅内用篦子分层隔开，不能堆压在一起。

③ 火大水足才能保证汽足，蒸锅里应先把水加足。一次持续灭菌时，如锅内盛水量不能维持到底，应在蒸锅侧面安装加水口，以便在蒸煮过程中添水。添水应用开水，以防骤然降温。

④ 间歇法灭菌时应在每次加热后，迅速降温，然后在室温放置 24h，再第二次加热。如果降温慢，往往使未杀死的杂菌大量滋长，反而导致灭菌物变质，特别是固体曲料包装过大时，靠近中心部分更易发生这种情况。

⑤ 从使用效果看，分装试管、三角瓶或其他容器的培养基，因其体积小，透热快以用

间歇法为佳。固体曲料，因其包装较大，透热慢，用间歇法容易滋生杂菌变质或者水分蒸发过多，曲料变得不新鲜，影响培养效果，因此使用一次持续灭菌法较好。

2. 高压蒸汽灭菌

高压蒸汽灭菌法是微生物学研究和教学中应用最广、效果最好的湿热灭菌法。其原理是：将待灭菌的物体放置在盛有适量水的高压蒸汽灭菌锅内。把锅内的水加热煮沸，并把其中原有的冷空气彻底驱尽后将锅密闭。再继续加热就会使锅内的蒸汽压逐渐上升，从而温度也随之上升到100℃以上。为达到良好的灭菌效果，一般要求温度应达到121℃（压力为0.1MPa），时间维持15～30min。也可采用在较低的温度（115℃，即0.075MPa）下维持35min的方法。此法适合于一切微生物学实验室、医疗保健机构或发酵工厂中对培养基及多种器材、物品的灭菌。

在使用高压蒸汽灭菌器进行灭菌时，蒸汽灭菌器内冷空气的排除是否完全极为重要，因为空气的膨胀压大于水蒸气的膨胀压，所以当水蒸气中含有空气时，压力表所表示的压力是水蒸气压力和部分空气压力的总和，不是水蒸气的实际压力，它所对应的温度与高压灭菌锅内的温度是不一致的。这是因为在同一压力下的实际温度，含空气的蒸汽低于饱和蒸汽（见表3-3）。

表3-3 高压蒸汽灭菌器中留有不同体积空气时，压力与温度的关系

压力数			全部空气排出时的温度/℃	2/3排出时的温度/℃	1/2排出时的温度/℃	1/3排出时的温度/℃	空气全不排出时的温度/℃
兆帕（MPa）	公斤力/平方厘米（$kgf \cdot cm^{-2}$）	磅/平方英寸（$1bf \cdot in^{-2}$）					
0.03	0.35	5	108.8	100	94	90	72
0.07	0.70	10	115.6	109	105	100	90
0.10	10.5	15	121.3	115	112	109	100
0.14	1.40	20	126.2	121	118	115	109
0.17	1.75	25	130.0	126	124	121	115
0.21	2.10	30	134.6	130	128	126	121

由上表看出：如不将灭菌锅中的空气排除干净，即达不到灭菌所需的实际温度。因此，必须将灭菌器内的冷空气完全排除，才能达到完全灭菌的目的。

在空气完全排除的情况下，一般培养基只需在0.1MPa下灭菌30min即可。但对某些物体较大或蒸汽不易穿透的灭菌物品，如固体曲料、土壤等，则应适当延长灭菌时间，或将蒸汽压力升到0.15MPa保持1～2h。

高压蒸汽灭菌的主要设备是高压蒸汽灭菌器，有立式（图3-4）、卧式（图3-5）及手提式（图3-6）等不同类型。

实验室中以手提式最为常用。

手提式灭菌器使用要点如下。

① 加水。使用前在锅内加入适量的水，加水不可过少，以免引起炸裂事故，加水过多有可能引起灭菌物积水。

② 装锅。将灭菌物品放在灭菌桶中，不要装得过满。盖好锅盖，按对称方法旋紧四周固定螺旋，打开排气阀。

③ 加热排汽。加热后待锅内沸腾并有大量蒸汽自排气阀冒出时，维持2～3min以排除冷空气。如灭菌物品较大或不易透气，应适当延长排气时间，务必使空气充分排除，然后将排气阀关闭。

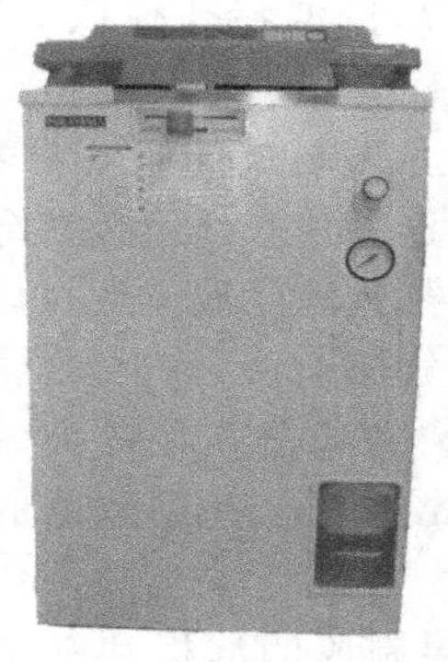

图 3-4 立式高压蒸汽灭菌器

图 3-5 卧式高压蒸汽灭菌器

图 3-6 手提式高压蒸汽灭菌器

④ 保温保压。当压力升至 0.1MPa 时，温度达 121℃，此时应控制热源，保持压力，维持 30min 后，切断热源。

⑤ 出锅。当压力表降至“0”处，稍停，使温度继续降至 100℃以下后开排气阀，旋开固定螺旋，开盖，取出灭菌物。注意：切勿在锅内压力尚在“0”点以上，温度也在 100℃以上时开启排气阀，否则会因压力骤然降低，而造成培养基剧烈沸腾冲出管口或瓶口，污染棉塞，以后培养时引起杂菌污染。

⑥ 保养。灭菌完毕取出物品后，将锅内余水倒出，以保持内壁及内胆干燥，盖好锅盖。

二、过滤除菌

过滤除菌法是指将带菌的液体或气体通过一个称为滤器的装置，利用机械阻留和静电吸附等原理除去介质中的微生物。此法适用于一些对热不稳定的、体积小的液体培养基及气体除菌。它的最大优点是不破坏培养基的化学成分。

（一）过滤器的种类

1. 空气滤菌器

常用棉纤维或玻璃纤维作介质，棉纤维直径为 16～20μm，形成的棉花网格大约为 20～50μm，虽然微生物比网格小得多，但菌体尘埃微粒随气流经过棉花网格通道时受到阻拦，并无数次改变速度与方向，引起带菌体的尘埃微粒对滤层纤维产生惯性冲击，因阻拦、重力沉降、布朗扩散、静电吸附等作用而被截留在纤维表面上。

实验室中经常使用的空气过滤器是棉滤管过滤器，长 10～15cm，直径 2cm，两端在煤气灯上吹成球形，形状如图 3-7 所示。

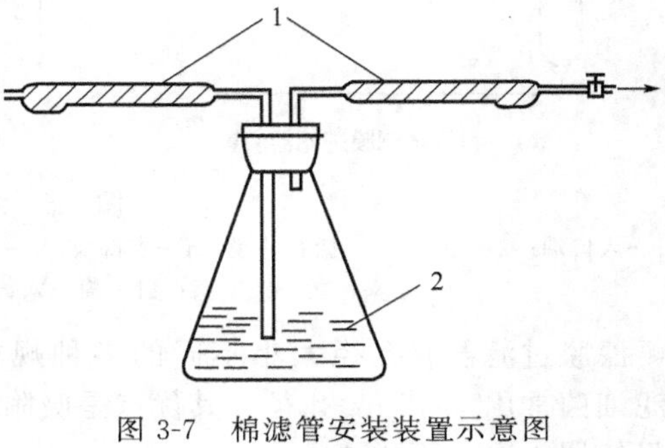

图 3-7 棉滤管安装装置示意图

1—棉滤管；2—培养液

2. 液体滤菌器

液体除菌器种类较多，有瓷制的、玻璃制的、石棉制的以及火胶棉一类胶体制的，在每个种类滤菌器中又有许多型号，但不论是哪一种类的滤菌器，都可以按它们过滤孔径的大小，归并为几种不同的型号。

常用的滤菌器有以下几种。

（1）姜伯朗（Chamberland）氏滤菌器 这种滤菌器是用未上釉的陶瓷制成的空心圆柱体，一端开口，被滤的液体由漏斗灌入柱心，因负压（抽气瓶连有抽气装置）作用，液体慢慢被滤过，而细菌被截留，不能通过滤器。姜伯朗氏滤菌器按滤孔的大小分为 L_1、L_1 bis、L_2、L_3、L_5、L_7、L_9、L_{11} 及 L_{13} 9 级，其中

L_1 孔径最大，细菌可以通过，L_3 滤器孔径较小，能截留细菌，之后的滤器孔径依次减小，L_{13} 的孔径最小。

(2) 伯克菲尔 (Berkefeld) 氏滤菌器　这种滤菌器是用硅藻土压制成的空心圆柱体，因此又称硅藻土过滤器，由于空心柱体为圆蜡烛形，又称烛式过滤器。其底部连接在金属托板上，中央有金属导管导出圆柱体外，圆柱体外装有玻璃套筒，将待过滤的液体放在玻璃套筒和圆柱体之间，圆柱体底的金属导管上插有橡皮塞，可安装于抽气瓶上。

伯克菲尔氏滤菌器按滤器孔径大小可分为 V、N、W 三种。V 型滤器孔径最大，大约 8～12μm，与姜伯朗氏滤菌器的 L_1 相当；N 型滤器孔径在 5～7μm 之间；W 型滤器的孔径在 3～4μm 之间，与姜氏的 L_3～L_{13} 相当。

(3) 赛 (Seifa) 氏滤菌器　它是由金属制成的滤器，包括石棉制成的滤板和一个特制的漏斗，分上、下两节，滤板放在下节金属筛板上，灭菌后拧紧三个活动螺旋即可过滤。

赛氏过滤器按孔径大小可分为 K 型（孔径最大，澄清用）、EK 型（孔径较小，能除去一般细菌）和 EK-S 型（孔径最小，可阻截大病毒通过）三种规格，其中 EK-S 型是目前滤器中孔径最小的一种。

(4) 玻璃滤菌器　整个滤菌器全是由玻璃制成的，滤板系用玻璃细砂在一定温度下加压而成，滤板和漏斗黏合在一起。滤菌器孔径大小不等，可分为 G_1（80～120μm）、G_2（40～80μm）、G_3（15～40μm）、G_4（5～15μm）、G_5（2～5μm）、G_6（小于 2μm），G_5 和 G_6 可阻截细菌通过。

(5) 滤膜过滤器 (Membrane filter)　滤膜是火胶棉、醋酸纤维素、硝酸纤维素等物质做成的薄膜，将薄膜放在类似布氏漏斗的特制滤器上或代替石棉滤板放在赛氏过滤器上进行过滤（图 3-8）。

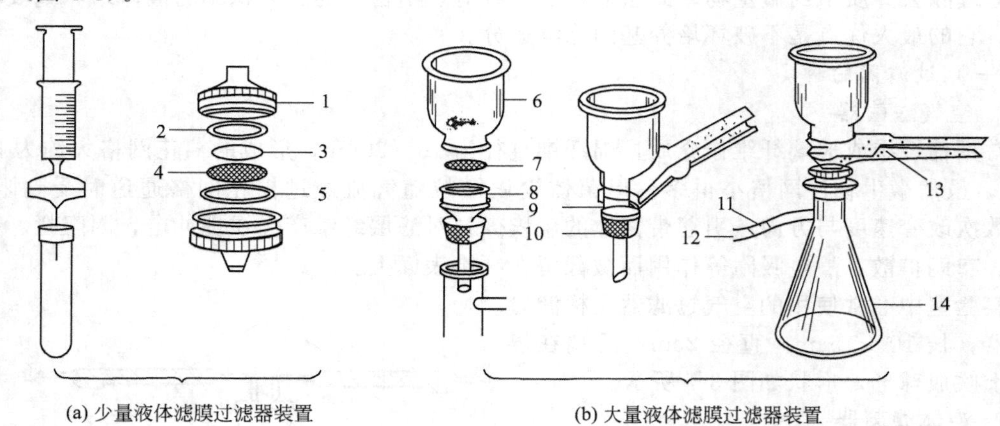

图 3-8　滤膜过滤器装置

1—入口端；2—垫圈；3—微孔滤膜；4—支持板；5—出口端；6—漏斗；7—滤膜；8—多孔滤板（熔合在基座上）；9—基座；10—橡皮塞；11—棉花塞；12—接真空泵；13—夹子；14—灭菌三角瓶

滤膜过滤器有孔径大小不同的多种规格（如 0.1μm、0.22μm、0.3μm、0.45μm 等），过滤细菌常用 0.45μm 孔径。其优点是吸附性小，即溶液中的物质损耗少，滤速快，每张滤膜只使用 1 次，不用清洗。

(二) 过滤装置

1. 按图 3-9 进行安装，为阻止空气中细菌进入滤瓶而在接管处塞入棉花，外用纸包好进行 121℃湿热灭菌 20min。

2. 为加快过滤速度，一般用负压抽气过滤，可接真空泵进行抽滤。

过滤除菌可用于对热敏感液体的除菌，如含有酶或维生素的溶液、血清等。有些物质即使加热温度很低会失活，也有些物质辐射处理也会造成损伤，此时过滤除菌就成了惟一的可供选择的灭菌方法。

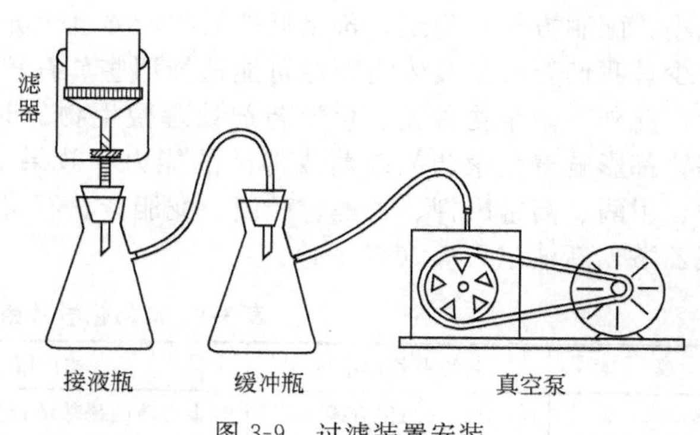

图 3-9 过滤装置安装

有些微生物学研究工作需要收集或浓缩细菌细胞，诸如进行细菌三亲本杂交、抗性筛选和同步生长实验等都需要利用滤膜注射器进行操作。这是一个在阴板中带有 0.22μm 孔径的微孔滤膜的注射装置。在菌液注射过程中，细菌细胞由于不能通过滤膜而被收集在膜表面。

使用 0.22μm 孔径滤膜虽然可以滤除溶液中存在的细菌，但病毒或支原体等仍可通过。必要时需使用小于 0.22μm 孔径的滤膜，但滤孔容易阻塞。

三、紫外线杀菌

波长为 200～300nm 的紫外线都有杀菌能力，其中波长在 260nm 左右的紫外线杀菌作用最强。紫外灯是人工制造的低压水银灯，能辐射出波长主要为 253.7nm 的紫外线，杀菌能力强而且较稳定。紫外光杀菌作用是因为它可以被蛋白质（波长为 280nm）和核酸（波长为 260nm）吸收，造成这些分子的变性失活。例如，核酸中的胸腺嘧啶吸收紫外光后，可以形成二聚体，导致 DNA 合成和转录过程中遗传密码阅读错误，引起致死突变。紫外光穿透能力很差，不能穿过玻璃、衣物、纸张或大多数其他物体，但能够穿透空气，因而可以用作物体表面或室内空气的杀菌处理，在微生物学研究及生产实践中应用较广。紫外灯的功率越大效能越高。紫外线的灭菌作用随其剂量的增加而加强，剂量是照射强度与照射时间的乘积。如果紫外灯的功率和照射距离不变，可以用照射的时间表示相对剂量。紫外线对不同的微生物有不同的致死剂量。根据照射定律，照度与光源光强成正比而与距离的平方成反比。在固定光源情况下，被照物体越远，效果越差，因此，应根据被照面积、距离等因素安装紫外灯。由于紫外线穿透力弱，一薄层普通玻璃或水均能滤除大量的紫外线。因此，紫外线只适用于表面灭菌和空气灭菌。在一般实验室、接种室、接种箱、手术室和药厂包装室等，均可利用紫外灯杀菌。以普通小型接种室为例，其面积若按 $10m^2$ 计算，在工作台上方距地面 2m 处悬挂 1～2 只 30W 紫外灯，每次开灯照射 30min，就能使室内空气灭菌。照射前，适量喷洒石炭酸或煤酚皂溶液等消毒剂，可加强灭菌效果。紫外线对眼黏膜及视神经有损伤作用，对皮肤有刺激作用，所以应避免在紫外灯下工作，必要时需穿防护工作衣帽，并戴有色眼镜进行工作。

四、化学药剂消毒与杀菌

某些化学药剂可以抑制或杀死微生物，因而被用于微生物生长的控制。依作用性质可将化学药剂分杀菌剂和抑菌剂。杀菌剂是能破坏细菌代谢机能并有致死作用的化学药剂，如重金属离子和某些强氧化剂等。抑菌剂并不破坏细菌的原生质，而只是阻抑新细胞物质的合成，使细菌不能增殖。化学杀菌剂主要用于抑制或杀灭物体表面、器械、排泄物和周围环境中的微生物。抑菌剂常用于机体表面，如皮肤、黏膜、伤口等处防止感染，也有的用于食品、饮料、药品的防腐作用。杀菌剂和抑菌剂之间的界线有时并不很严格，如高浓度的石炭酸（3%～5%）用于器皿表面消毒杀菌，而低浓度的石炭酸（0.5%）则用于生物制品的防腐抑菌。理想的化学杀菌剂和抑菌剂应当是作用快、效力高但对组织损伤小，穿透性强但腐蚀小，配制方便且稳定，价格低廉易生产并且无异味。但真正完全符合上述要求的化学药剂很少，我们要根据具体需要尽可能选择那些具有较多优良性状的化学药剂。

此外，微生物种类、化学药剂处理微生物的时间长短、温度高低以及微生物所处环境等，都影响着化学药剂杀菌或抑菌的能力和效果。微生物实验室中常用的化学杀菌剂有升汞、甲醛、高锰酸钾、乙醇、碘酒、龙胆紫、石炭酸、煤粉皂溶液、漂白粉、氧化乙烯、过氧乙酸、新洁尔灭等（表 3-4）。

表 3-4 常用化学杀菌剂和抑菌剂

类 型	名称及使用浓度	作 用 机 制	应 用 范 围
重金属类	0.05%～0.1%升汞	与蛋白质的巯基结合使失活	非金属物品，器皿
	2%红汞	同上	皮肤，黏膜，小伤口
	0.01%～0.1%硫柳汞	同上	皮肤，手术部位，生物制品防腐
	0.1%～1%$AgN0_3$	沉淀蛋白质，使其变性	皮肤，滴新生儿眼睛
	0.1%～1%$CuSO_4$	与蛋白质的巯基结合使失活	杀植物真菌与藻类
酚类	3%～5%石炭酸	蛋白质变性，损伤细胞膜	地面，家具，器皿
	2%煤酚皂（来苏儿）	同上	皮肤
醇类	70%～75%乙醇	蛋白质变性，损伤细胞膜，脱水，溶解类脂	皮肤，器械
酸类	5～10mL 醋酸/m^3（熏蒸）	破坏细胞膜和蛋白质	房间消毒（预防呼吸道传染）
	0.331.0mol/L 乳酸	同上	空气消毒
碱类	1%～3%石灰水	破坏蛋白质和核酸	粪便或地面消毒
醛类	0.5%～10%甲醛	破坏蛋白质氢键或氨基	物品消毒，接种箱、接种室消毒
	10%福尔马林	同上	厂房熏蒸，接种箱、接种室消毒
	2%戊二醛（pH8）	破坏蛋白质氢键或氨基	精密仪器等的消毒
气体	600mg/L 环氧乙烷	有机物烷化，酶失活	手术器械，毛皮，食品，药物
氧化剂	0.1%$KMnO_4$	氧化蛋白质的活性基团	皮肤，尿道，水果，蔬菜
	3%H_2O_2	同上	污染物件的表面
	0.2%～0.5%过氧乙酸	同上	皮肤，塑料，玻璃，人造纤维
	2mg/L 臭氧	同上	食品
卤素及化合物	0.2～0.5mg/L 氯气	破坏细胞膜、酶、蛋白质	饮水，游泳池水
	10%～20%漂白粉	同上	地面，厕所
	0.5%～1%漂白粉	同上	饮水，空气（喷雾），体表
	0.2%～0.5%氯氨	同上	室内空气（喷雾），表面消毒
	4mg/L 二氯异氰尿酸钠	同上	饮水
	3%二氯异氰尿酸钠	同上	空气（喷雾），排泄物，分泌物
	二氧化氯	同上	饮用水，食品器械，场地消毒
	2.5%碘酒	酪氨酸卤化，酶失活	皮肤
表面活性剂	0.05%～0.1%新洁尔灭	蛋白质变性，破坏细胞膜	皮肤，黏膜，手术器械
	0.05%～0.1%杜灭芬	同上	皮肤，金属，棉制品，塑料
染料	2%～4%龙胆紫	与蛋白质的羧基结合	皮肤，伤口
其他	6%～20%食盐	高渗使细胞脱水	食品
	50%～80%蔗糖	同上	食品

第二节 各类培养基常采用的灭菌方法及注意事项

一、各类培养基的灭菌法

1. 液体及琼脂固体培养基

一般在121℃(即0.1MPa) 下灭菌20min即可，但也要视容器大小及内容物的特性及蒸汽与容器的接触面积而定，若容器大、内容物量多、黏度大，则灭菌时间应适当延长。

2. 明胶培养基

以采用间歇常压灭菌法为宜，即100℃连续间歇灭菌三次，每日一次；或高压112℃左右（0.05MPa）灭菌25min。但注意最高温度不应超过此温度，否则凝胶凝固能力就会丧失。

3. 马铃薯培养基

因含有抵抗能力甚强的马铃薯杆菌，所以其灭菌应特别注意，宜用间歇常压灭菌法连续灭菌4～5次，或在121℃下，灭菌30min。

二、培养基灭菌的注意事项

培养基灭菌时常常发生有害的变化，只有极少数的培养基对热是完全稳定的，通常培养基成分、pH值及物理状态等都对灭菌或消毒效果有直接的影响。

1. 培养基成分

（1）糖类　大多数的糖类对加热杀菌均发生某种程度的改变，并且可能形成对微生物有毒害作用的产物。常见的糖类中葡萄糖最稳定，但高温度、长时间的灭菌，也会使其被破坏，特别是低pH值时更甚，这种情况下，常将糖与无机盐分别装瓶灭菌。含高糖分的培养基，加压灭菌颜色变深，时间越长，颜色越深。这是因为还原糖的羰基与一些氨基酸以及蛋白质中的氨基形成氨基糖所致，同时糖在高温时易形成焦糖，影响微生物的培养效果，所以含糖成分高的培养基最好不要用高压灭菌。糖在不同温度下湿热灭菌的破坏情况见表3-5。

表3-5　糖在不同温度下湿热灭菌的破坏情况

分析方法	糖液(10%)	灭菌条件							
		0.103MPa (121℃)		0.069～0.083MPa (115.6～118℃)		0.055～0.069MPa (113～115.6℃)		0.010MPa (100℃)	
		15min		20min		20min		30min	
		含量/%	破坏/%	含量/%	破坏/%	含量/%	破坏/%	含量/%	破坏/%
旋光法	葡萄糖	76.0	24.0	81.8	18.2	99.4	0.6	92.0	8.0
	乳　糖	67.9	32.1	85.7	14.3	95.3	4.7	81.9	18.1
	麦芽糖	94.0	16.0	84.7	15.3	86.5	13.5	78.8	21.2
	蔗　糖	87.7	12.3	97.7	2.3	98.7	1.3	96.3	3.7

（2）蛋白质　培养基中蛋白质含量越高，杀灭杂菌的速度越慢。这是由于蛋白质加热凝固，在菌体的外面形成一层膜，能增强菌体对外界不良条件的抵抗力。

（3）植物性原料　大部分用植物性原料调制的培养基，不但能提供微生物全部所需的营养物质，而且还提供生长素。但当加热灭菌时，其中很多成分不同程度地被破坏。例如酿酒工业上常用的麦芽汁、米曲汁等自然培养基灭菌后，常有沉淀发生，这是由于大分子物质加热后凝集而产生的沉淀。一般没有特殊要求，不影响微生物的生长。

2. pH值

pH值对微生物的耐热性影响很大。pH值在6～8之间，微生物最不易死亡，pH值小于6，氢离子就极易渗入微生物细胞中，从而改变细胞的生理反应，促使微生物死亡。所以培养基pH值越低，灭菌时间越短，一般麦芽汁或米曲汁就比牛肉汤培养基容易灭菌。但是，在一般情况下，微生物对培养基的pH值都有一定的要求，在不允许调节pH值的情况下，pH值较高的培养基就应适当延长灭菌时间或提高灭菌温度。

3. 物理状态

一般固态的培养基要比液态的培养基灭菌时间长，这是因为液体培养基除热传导作用外，还有对流作用产生；而固体培养基则只有热传导一种作用。当块状或粒状固体一经加热，外表亦会形成一层胶状层，使水分、热量难以透过，造成灭菌不彻底的死角，如液体培养基100℃需灭菌1h，面麸皮、小米等固体物将需2～3h才能完全灭菌。

培养基中含有泡沫时，对灭菌工作极为有害，因为泡沫中空气能形成一层不易传热的隔热层，使热量难以渗透到培养基的各个部位，造成灭菌不彻底，所以在将培养基加入容器中时，尽量不要使其产生泡沫，这样才能使灭菌工作达到预期的效果。

第四章　培养基的配制

第一节　培养基的配制原则

培养基（medium）是用人工的办法将多种营养物质按微生物生长代谢的需要配制成的一种营养基质，用以培养、分离、鉴定、保存各种微生物或其代谢产物。由于微生物种类繁多，对营养物质的要求各异，加之实验和研究的目的不同，所以培养基在组成成分上也各有差异。但是，在不同种类或不同组成的培养基中，均应含有满足微生物生长发育且比例合适的水分、碳源、氮源、无机盐、生长因子以及某些特需的微量元素等。配制培养基时不仅需要考虑满足这些营养成分的需求，而且应该注意各营养成分之间的协调。此外，培养基还应具有适宜的酸碱度（pH 值）、缓冲能力、氧化还原电位和渗透压。

一、选择适宜的营养物质

总体而言，所有微生物生长繁殖均需要培养基含有碳源、氮源、无机盐、生长因子、水及能源，但由于微生物营养类型复杂，不同微生物对营养物质的需求是不一样的，因此首先要根据不同微生物的营养需求配制针对性强的培养基。自养型微生物能从简单的无机物合成自身需要的糖、脂类、蛋白质、核酸、维生素等复杂的有机物，因此培养自养型微生物的培养基完全可以（或应该）由简单的无机物组成。例如，化能自养型的培养基配制过程中并未专门加入其他碳源物质，而是依靠空气中和溶于水中的 CO_2 为自养菌提供碳源。

对光能自养型微生物而言，除需要各类营养物质外，还需光照提供能源。培养异养型微生物需要在培养基中添加有机物，而且不同类型异养型微生物的营养要求差别很大，因此其培养基组成也相差很远。例如，培养大肠杆菌的培养基组成比较简单，而有些异养型微生物的培养基的成分非常复杂，如肠膜明串珠菌需要生长因子，若配制培养它的合成培养基时，需要在培养基中添加的生长因子多达 33 种，因此通常采用天然有机物来为它提供生长所需的生长因子。

就微生物主要类型而言，有细菌、放线菌、酵母菌、霉菌、原生动物、藻类及病毒之分，培养它们所需的培养基各不相同。在实验室中常用牛肉膏蛋白胨培养基（或简称普通肉汤培养基）培养细菌，用高氏 1 号合成培养基培养放线菌，培养酵母菌一般用麦芽汁培养基。麦芽粉组成复杂，能为酵母菌提供足够的营养物质；培养霉菌则一般用查氏合成培养基。

原生动物也可用培养基培养，有的原生动物需要较多的营养物质，例如梨型四膜虫（*Tetrahymena pyriformis*）的培养基含有 10 种氨基酸、7 种维生素、鸟嘌呤、尿嘧啶及一些无机盐等，而有些变形虫可在较简单的蛋白胨肉汤（peptone broth）中生长。大多数藻类可以利用光能，只需要 CO_2、水和一些无机盐就可生长，而某些藻类如眼虫藻（*Euglena*）中的一些种可在黑暗条件下利用有机物质生长。有些藻类需要在培养基中补加土壤浸液，培养海洋藻类时可直接利用海水，但如果在特殊情况下需要用合成培养基培养海洋藻类时，则必须在培养基中加入海水中含有的各种盐。

二、营养物质浓度及配比合适

培养基中营养物质浓度合适时微生物才能生长良好，营养物质浓度过低时不能满足微生物正常生长所需，浓度过高时则可能对微生物生长起抑制作用，例如高浓度糖类物质、无机盐、重金属离子等不仅不能维持和促进微生物的生长，反而起到抑制或杀菌作用。另外，培养基中各营养物质之间的浓度配比也直接影响微生物的生长繁殖和（或）代谢产物的形成和积累，其中碳氮比（C/N）的影响较大。严格地讲，碳氮比指培养基中碳元素与氮元素的摩尔数比值，有时也指培养基中还原糖与粗蛋白之比。例如，在利用微生物发酵生产谷氨酸的过程中，培养基碳氮比为 4：1 时，菌体大量繁殖，谷氨酸积累少；当培养基碳氮比为 3：1 时，菌体繁殖受到抑制，谷氨酸产量则大量增加。再如，在抗生素发酵生产过程中，可以通过控制培养基中速效氮（或碳）源与迟效氮（或碳）源之间的比例来控制菌体生长与抗生素的合成。

三、控制 pH 值条件

培养基的 pH 值必须控制在一定的范围内，以满足不同类型微生物的生长繁殖或产生代谢产物。各类微生物生长繁殖或产生代谢产物的最适 pH 值条件各不相同，一般来讲，细菌与放线菌适于在 pH 值 7～7.5 范围内生长，酵母菌和霉菌通常在 pH 值 4.5～6 范围内生长。值得注意的是，在微生物生长繁殖和代谢过程中，由于营养物质被分解利用和代谢产物的形成与积累，会导致培养基 pH 值发生变化，若不对培养基 pH 值条件进行控制，往往导致微生物生长速度或（和）代谢产物产量降低。因此，为了维持培养基 pH 值的相对恒定，通常在培养基中加入 pH 值缓冲剂，常用的缓冲剂是一氢和二氢磷酸盐（如 K_2HPO_4 和 KH_2PO_4）组成的混合物。K_2HPO_4 溶液呈碱性，KH_2PO_4 溶液呈酸性，两种物质的等克分子混合溶液的 pH 值为 6.8。当培养基中酸性物质积累导致 H^+ 浓度增加时，H^+ 与弱碱性盐结合形成弱酸性化合物，培养基 pH 值不会过度降低；如果培养基中 OH^- 浓度增加，OH^- 则与弱酸性盐结合形成弱碱性化合物，培养基 pH 值也不会过度升高。

但 K_2HPO_4/KH_2PO_4 缓冲系统只能在一定的 pH 值范围（pH 值 6.4～7.2）内起调节作用。有些微生物，如乳酸菌能大量产酸，上述缓冲系统就难以起到缓冲作用，此时可在培养基中添加难溶的碳酸盐（如 $CaCO_3$）来进行调节，$CaCO_3$ 难溶于水，不会使培养基 pH 值过度升高，但它可以不断中和微生物产生的酸，同时释放出 CO_2，将培养基 pH 值控制在一定范围内。

在培养基中还存在一些天然的缓冲系统，如氨基酸、肽、蛋白质都属于两性电解质，也可起到缓冲剂的作用。

第二节 培养基的种类及配置过程

一、培养基的种类

1. 按照配制培养基的营养物质来源分类

可将培养基分为天然培养基、合成培养基和半合成培养基三类。使用培养基时，应根据不同微生物种类和不同的实验目的，选择需要的培养基。

（1）天然培养基　这是指一些利用动植物或微生物产品或其提取物制成的培养基。培养基的主要成分是复杂的天然物质，如马铃薯、豆芽、麦芽、牛肉膏、蛋白胨、鸡蛋、酵母膏、血清等，一般难以确切知道其中的营养成分。实验室常用的培养各种细菌所用的牛肉膏蛋白胨培养基，培养酵母菌的麦芽汁培养基等均属天然培养基。这类培养基的优点是营养丰富、种类多样、配制方便；缺点是化学成分不甚清楚。因此，天然培养基多适合于配制实验室用的各种基础培养基及生产中用的种子培养基或发酵培养基。

（2）合成培养基　是一类采用多种化学试剂配制的各种成分〔包括微量元素）及其用量

都确切知道的培养基。例如培养细菌的葡萄糖铵盐培养基，培养放线菌的淀粉硝酸盐培养基（即高氏一号培养基），培养真菌的蔗糖硝酸盐培养基（即察氏培养基）等。合成培养基一般用于营养、代谢、生理、生化、遗传、育种、菌种鉴定和生物测定等要求较高的研究工作。

（3）半合成培养基　既含有天然物质又含有纯化学试剂的培养基称为半合成培养基。这类培养基的特点是其中的一部分化学成分和用量是清楚的，而另一部分的成分还不十分清楚。例如，培养真菌用的马铃薯蔗糖培养基，其中蔗糖及其用量是已知的，而马铃薯的成分则不完全清楚。在微生物学研究中，半合成培养基是应用最广泛的一类培养基。

2. 按培养基外观的物理状态分类

可将培养基分成液体培养基、固体培养基和半固体培养基。

（1）液体培养基　液体培养基是指呈液体状态的培养基。微生物在液体培养基中生长时，可以更均匀地接触和利用营养物质，有利于微生物的生长和代谢产物的积累。在微生物学的研究和生产中，液体培养基的应用极其广泛。在实验室中主要用于各种生理、代谢研究和获得大量菌体。在生产实践中，绝大多数发酵培养基都采用液体培养基。目前，微生物发酵工业或微生物制品工业大多采用液体培养基在发酵罐中进行深层培养或深层通气培养进行生产。在实验室中，多用液体培养基培养微生物以观察其生长特性，如好气或兼性厌气微生物，常使液体培养基变得混浊或产生沉淀、絮凝等。液体培养基还用于研究微生物的某些生理生化特性，如糖类发酵、V.P. 反应、吲哚产生、硝酸盐还原等。此外，进行土壤微生物区系分析时，也常应用液体培养基进行稀释培养计数以反映各生理类群的数量关系。

（2）固体培养基　外观呈固体状态的培养基，称为固体培养基。根据固体的性质又可把它分为凝固培养基和天然固体培养基。如在液体培养基中加入1%～2%琼脂或5%～12%明胶作凝固剂，就可以制成加热可熔化、冷却后则凝固的固体培养基，此即凝固培养基。微生物培养时常用的凝固剂有琼脂（agar）、明胶、硅酸钠等，其中琼脂是应用最广的凝固剂。琼脂是由海洋红藻中的石花菜、须状石花菜等加工制成，其成分主要为多糖类物质（琼脂糖约70%，琼脂果胶约30%），其化学性质较稳定，一般微生物不能分解利用，故用作凝固剂不致引起化学成分的变化。就物理性质而言，琼脂在95℃以上温度中开始由凝胶熔化为溶胶。熔化后的琼脂，冷却到45℃时重新开始凝固。加热后可熔化，冷却后又可凝固，反复多次凝熔后性质不变。因此，用琼脂制成的固体培养基理化性质稳定，且在一般微生物的培养温度范围内（25～37℃）不会熔化而保持良好的固体状态。此外，琼脂溶于水冷凝后，形成透明的胶冻，在用琼脂制成的固体培养基上培养微生物，便于观察和识别微生物菌落的形态。微生物实验中，琼脂培养基正广泛应用于微生物的分离、纯化、培养、保存、鉴定等工作。实验室中，琼脂的使用量一般可控制在1.5%～2.0%。此外，明胶也可作凝固剂，但其化学成分是动物蛋白质，一般在25℃以上即熔化，20℃以下凝固，因而难以作为常用的凝固剂。由于有的微生物能够分解利用明胶而使之液化，所以用明胶制成的固体培养基多用于穿刺培养，用以观察不同微生物对明胶液化的能力。明胶在配制固体培养基时的用量为10%～12%或更多。除琼脂和明胶可作为凝固剂外，研究土壤微生物，特别在分离自养菌时，常用硅酸钠作为凝固剂，其常用量约在5%～6%。

天然固体培养基是由天然固体状基质直接制成的培养基，例如培养各种真菌用的由麸皮、米糠、本屑、纤维、稻草粉等配制成的固体培养基，由马铃薯片、胡萝卜条、大米、麦粒、面包、动物或植物组织制备的固体培养基等。这类培养基在微生物生产中具有特殊的重要意义，其制法大都是直接用固体原料加水拌成的，酿造工业上用于制曲。

（3）半固体培养基　在凝固性固体培养基中，如凝固剂含量低于正常量，培养基呈现出在容器倒放时不致流动、但在剧烈振荡后则能破散的状态，这种固体培养基即称半固体培养基。它一般加0.5%的琼脂作凝固剂。半固体培养基在微生物学实验中有许多独特的用途，如细菌运动性的观察（在半固体琼脂柱中央进行细菌的穿刺接种，观察细菌的运动能力）、噬菌体效价测定（双层平板法）、微生物趋化性的研究、各种厌氧菌的培养以及菌种保藏等。

3. 按照培养基的功能和用途分类

可将其分为基础培养基、加富培养基、选择培养基、鉴别培养基等。

（1）基础培养基　代谢类型相似的微生物所需要的营养物质比较接近。除少数次要成分外，其大多数营养物质是相同的，例如牛肉膏蛋白胨琼脂培养基，其中含有多数有机营养型细菌所需的营养成分，是适用于培养细菌的基础培养基。同样，马铃薯葡萄糖琼脂培养基、麦芽汁琼脂培养基可作为酵母和霉菌的基础培养基。另外，在实际工作中可根据某些微生物种类要求的大部分营养物相同这一原则，也可先配制一种基础培养基，再根据某种微生物的特殊需求，在基础培养基内加入所需要的其他物质。

（2）加富培养基　也称增殖培养基。此类培养基是在培养基中加入有利于某种或某类微生物生长繁殖所需的营养物质，使这类微生物增殖速度快于其他微生物，从而使这类微生物能在混有多种微生物的培养条件下占有生长优势。培养基中加富的营养物质通常是被加富的对象专门需求的碳源和氮源。例如加富石油分解菌时用石蜡油，加富固氮菌时用甘露醇。自然界中数量较少的微生物，经过有意识的加富培养后再进行分离，就增多了分离到这种微生物的机会。

（3）选择培养基　选择培养基是在一定的培养基中加入某些物质或除去某些营养物质以阻抑其他微生物的生长，从而有利于某一类群或某一目标微生物的生长。有时也可在培基中加入某些药剂（如染料、有机酸、抗生素等）以抑制某些微生物的生长而造成有利于特定微生物种类优先生长的条件。这种培养基是在19世纪末由荷兰学者M. W. Beijerinck和俄国的S. N. Winogradsky发明的。我国在12世纪（宋代）时，根据红曲霉有耐酸和耐高温的特性，采用明矾调节酸度和用酸米抑制杂菌的方法，培养出纯度很高的红曲，实际上就是采用了选择性培养基。混合样品中数量很少的某种微生物，如直接采用平板稀释或划线法进行分离，必难以奏效。这时，如果利用该分离对象对某种抑菌物质的抗性，在混合培养物中加入该抑制物质，经培养后，由于原来占优势的它种微生物的生长受到抑制，而分离对象却可大大增殖，使之在数量上占据优势，通过这种办法，可选择性分离和培养多种微生物。用于抑制它种微生物的选择性抑制剂有染料（如结晶紫等）、抗生素和脱氧胆酸钠等，有利于选择培养的理化因素有温度、氧气、pH值或渗透压等。

（4）鉴别培养基　此类培养基主要用来检查微生物的某些代谢特性。一般是在基础培养基中加入能与某一微生物的无色代谢产物发生显色反应的指示剂，从而能使该菌菌落容易与外形相似的它种菌落相区分开来。常见的鉴别性培养基是伊红亚甲基蓝乳糖培养基，即EMB（eosin methylene blue）培养基。它在饮用水、牛乳的大肠杆菌等细菌学检验以及遗传学研究上有着重要的用途。其中的伊红和亚甲基蓝两种苯胺染料可抑制革兰阳性细菌和一些难培养的革兰阴性细菌。在低酸度时，这两种染料结合形成沉淀，起着产酸指示剂的作用。有些细菌在EMB培养基上产生容易区分的特征菌落，因而易于辨认。尤其是大肠杆菌（*Escherichia coli*），因其强烈分解乳糖而产生大量的混合酸，菌体带H^+，故可染上酸性染料伊红，又因伊红与亚甲基蓝结合，所以菌落被染上深紫色。

此外，测定微生物其他生理生化特性用的培养基，也是应用类似的原理。例如，醋酸铅培养基可用于鉴别细菌是否产生硫化氢；明胶培养基可用来观察细菌是否有液化明胶的能力等。

二、培养基的配制方法

配制培养基的流程如下：原料称量—溶解—(加琼脂熔化)—调节 pH 值—分装—加塞和包扎—灭菌。

1. 原料称量、溶解

根据培养基配方，准确称取各种原料成分，在容器（常用铝锅或不锈钢锅）中加所需水量的一半，然后依次将各种原料加入水中，用玻璃棒搅拌使之溶解。某些不易溶解的原料如蛋白胨、牛肉膏等可事先在小容器中加少许水，加热溶解后再冲入容器中。有些原料需用量很少，不易称量，可先配成高浓度的溶液按比例换算后取一定体积的溶液加入容器中。待原料全部放入容器后，加热使其充分溶解，并补足需要的全部水分，即成液体培养基。

配制固体培养基时，预先将琼脂称好（琼脂粉可直接加入，琼脂条用剪刀剪成小段，以便熔化)，然后将液体培养基煮沸，再把琼脂放入，继续加热至琼脂完全熔化。在加热过程中应注意不断搅拌，以防琼脂沉淀在锅底烧焦，并应控制火力，以免培养基因暴沸而溢出容器。待琼脂完全熔化后，再用热水补足因蒸发而损失的水分。

2. 调节 pH 值

液体培养基配好后，一般要调节至所需的 pH 值。常用盐酸及氢氧化钠溶液进行调节。调节培养基酸碱度最简单的方法是用精密 pH 试纸进行测定。用玻璃棒沾少许培养基，点在试纸上进行对比。如 pH 值偏酸，则加 1mol/L 氢氧化钠溶液，偏碱则加 1mol/L 盐酸溶液，经反复几次调节至所需 pH 值。此法简便快速，但毕竟较为粗放，难以精确。要准确地调节培养基 pH 值，可用酸度计进行。

固体培养基酸碱度的调节与液体培养基相同，一般在加入琼脂后进行。进行调节时，应注意将培养基温度保持在 80℃以上，以防因琼脂凝固影响调节操作。

3. 分装

培养基配好后，要根据不同的使用目的，分装到各种不同的容器中。不同用途的培养基，其分装量应视具体情况而定，要做到适量、实用，分装量过多、过少或使用容器不当，都会影响随后的工作。培养基是多种营养物质的混合液，大都具有黏性，在分装过程中，应注意不使培养基沾污管口和瓶口，以免污染棉塞，造成杂菌生长。

分装培养基，通常使用大漏斗（小容量分装）或医用灌肠器（大容量分装）。两种分装装置的下口都连有一段橡皮软管，橡皮管下面再连一小段末端开口处略细的玻璃管或 1mL 塑料 Tip 头。在橡皮管上夹一个弹簧夹。分装时，将玻璃管或 Tip 头插入试管内。不要触及管壁，松开弹簧夹，注入定量培养基，然后夹紧弹簧夹，止住液体，再抽出试管，仍不要触及管壁或管口（图 4-1)。

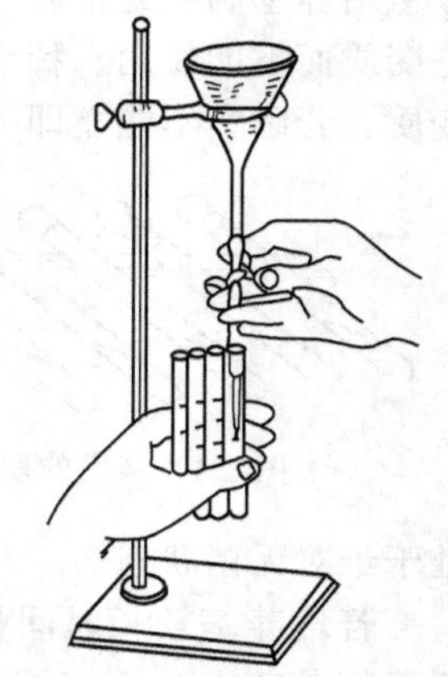

图 4-1 培养基的分装

如果大量成批定量分装，可用定量加液器。即将培养基盛入 1000mL 或 500mL 定量加液器中，调好所需体积，然后通过抽吸、压送即可将定量培养基分装到试管中（注意加有琼脂的培养基不宜使用定量加液器分装)。

培养基分装至试管的量，视试管大小及需要而定，若使用 15×150mm的试管时，液体培养基宜分装至试管高度的 1/4 左右；如果分装固体培养基或半固体培养基，在琼脂完全融化后，应趁热分装于试管中，用于制作斜面的固体培养基的分装量一般为试管高度的 1/5；半固体培养基分装量宜为试管高度的 1/3 左右。分装至三角瓶的量，以不超过 1/2为宜。

4. 加塞和包扎

培养基分装到各种规格的容器（试管、克氏瓶等）后，应按管口或瓶口的不同大小分别塞以大小适度、松紧适合的塞子。目前，有条件的实验室已使用硅胶泡沫塞代替了棉塞，现介绍棉塞的制作（如图 4-2、图 4-3 所示），以备不时之需。

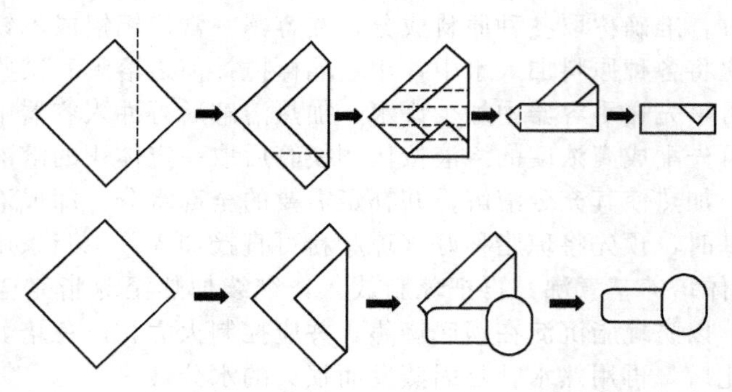

图 4-2 棉塞的制作

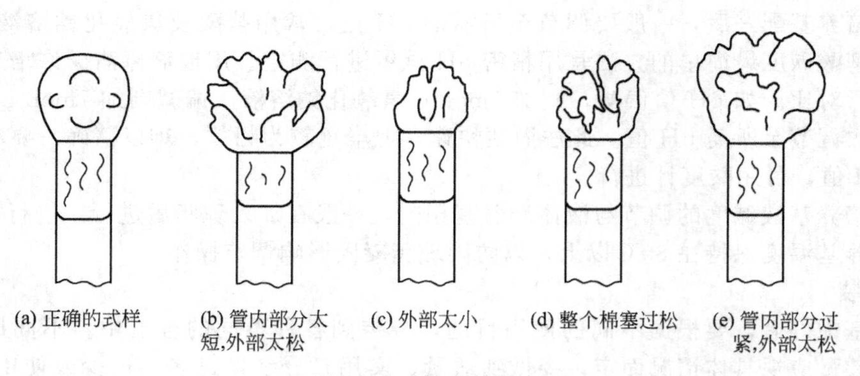

图 4-3 对棉塞的要求

加塞后，可将若干支试管用牛皮纸扎在一起，并用绳子扎好。在三角瓶瓶塞外包一层牛皮纸或双层报纸，并用绳子扎好，然后用记号笔注明培养基名称、制作人、日期等。

培养基制备完毕后应立即进行高压蒸汽灭菌。如延误时间，会因杂菌繁殖生长导致培养基变质而不能使用。特别是在气温高的情况下，如不及时进行灭菌，数小时内培养基就可能变质。若确实不能立即灭菌，可将培养基暂放于 4℃冰箱或冰柜中，但时间也不宜过久。

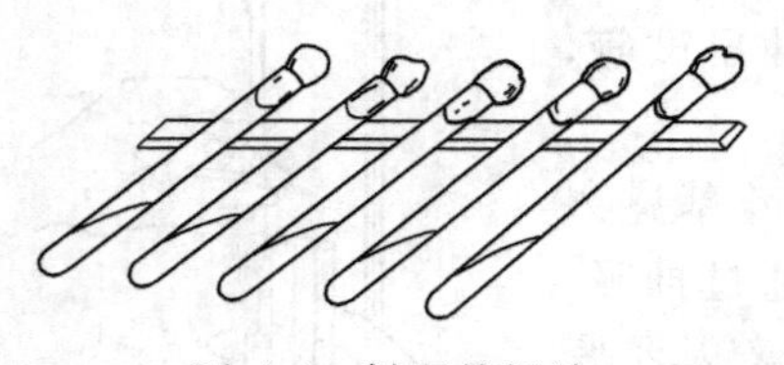

图 4-4 斜面的摆放

灭菌后，需做斜面的试管，应趁热及时摆放斜面（图 4-4）。斜面的斜度要适当，使斜面的长度不超过试管长度的二分之一。摆放时注意不可使培养基沾污塞子，冷凝过程中勿再移动试管，待斜面完全凝固后，再进行收存。灭菌后的培养基，最好置 28℃保温检查，如发现有杂菌生长，应及时再次灭菌，以保证使用前的培养基处于绝对无菌状态。

若培养基较长时间搁置不用或存储不当，往往会因污染、脱水或光照等因素而变质。所以培养基一次不宜配制过多，最好是现配现用。因工作需要或一时用不掉的培养基应放在低温、干燥、避光而洁净的地方保存。储放过程中，不要取下包扎纸，以减少水分蒸发。对含有染料或其他对光敏感的培养基，要特别注意避光保存，特别是避免阳光长时间直接照射。

实验 4.1　常用培养基的配置

一、实验目的

掌握微生物培养基的配制程序。

二、实验原理

培养基是按照微生物生长繁殖所需要的各种营养物配制而成的基质。其中除含有水分、碳水化合物、含氮化合物和无机盐外，有的还需要维生素，以提供微生物新陈代谢所需要的能源、碳源、N 源和其他化合物。由于不同微生物对营养物质的要求不同，因此，需提供不同种类的培养基。一般培养细菌常用牛肉膏蛋白胨培养基，培养放线菌常用淀粉培养基，培养霉菌常用马铃薯培养基，培养酵母菌常用麦芽汁培养基。

培养基除了要满足微生物所要求的各种营养条件外，还应保证微生物所需要的其他生活条件，如适宜的酸碱度、渗透压等，因此，对不同种类的微生物，应将培养基调节到一定的 pH 值范围，如细菌、放线菌培养基为中性；霉菌、酵母菌培养基为弱酸性。

根据研究目的的不同，可以将培养基制成固体、半固体和液体三种形式。固体培养基的成分与液体相同，仅在液体培养基中加入凝固剂作支持物，通常加入 1.5%～2.0%的琼脂，半固体加入 0.3%～0.5%的琼脂作支持物，有时也可用明胶或硅胶。

三、实验材料和用具

1. 药品和试剂

牛肉膏、蛋白胨、NaCl、10%NaOH 溶液、10%盐酸溶液、可溶性淀粉、K_2HPO_4、$MgSO_4 \cdot 7H_2O$、KNO_3、NaCl、$FeSO_4 \cdot 7H_2O$、琼脂、1mol/LNaOH 溶液、1mol/L HCl 溶液。

2. 用具

小烧杯、小锅、天平、药匙、1000mL 刻度烧杯、玻璃棒、pH 试纸、试管、分装漏斗等。

四、实验方法

（一）牛肉膏蛋白胨培养基的配制

1. 培养基配方

牛肉膏 5.0g；蛋白胨 10.0g；NaCl 5.0g；琼脂 20.0g；蒸馏水 1000mL；pH7.0。

2. 操作步骤

（1）称药品　按实际用量计算后，按配方称取各种药品放入大烧杯中。牛肉膏可放在小烧杯或表面皿中称量，用热水溶解后倒入大烧杯；也可放在称量纸上称量，随后放入热水中，牛肉膏便与称量纸分离，立即取出纸片。蛋白胨极易吸潮，故称量时要迅速。

（2）加热溶解　在烧杯中加入少于所需要的水量，小火加热，并用玻璃棒搅拌，待药品完全溶解后再补充水分至所需量。若配制固体培养基，则将称好的琼脂放入已溶解的药品中，再加热融化，此过程中，需不断搅拌，以防琼脂糊底或溢出，最后补足所失的水分。

（3）调 pH 值　检测培养基的 pH 值，若 pH 值偏酸，可滴加 1 滴 1mol/L NaOH，边加边搅拌，并随时用 pH 值试纸检测，直至达到所需 pH 值范围；若偏碱，则用 1mol/L HCl 进行调节。pH 值的调节通常放在加琼脂之前。应注意 pH 值不要调过头，以免回调而影响培养基内各离子的浓度。

（4）过滤　液体培养基可用滤纸过滤，固体培养基可用 4 层纱布趁热过滤，以利结果的观察。但是供一般使用的培养基，该步可省略。

（5）分装　按实验要求，可将配制的培养基分装入试管或三角瓶内。分装时可用漏斗以免使培养基沾在管口或瓶口上面造成污染。

分装量：固体培养基约为试管高度的1/5，灭菌后制成斜面；分装入三角瓶内以不超过其容积的一半为宜；半固体培养基以试管高度的1/3为宜，灭菌后垂直待凝。

(6) 加塞　试管口和三角瓶口塞上硅胶泡沫塞。

(7) 包扎　加塞后，可将若干支试管用牛皮纸扎在一起，并用绳子扎好。将三角瓶的硅胶泡沫塞外包一层牛皮纸。

(8) 培养基的灭菌时间和温度，需按照各种培养基的规定进行，以保证灭菌效果和不损培养基的必要成分。培养基经灭菌后，必须放37℃温室培养24h，无菌生长者方可使用。

(二) 高氏一号培养基的制备

1. 培养基配方

可溶性淀粉20g；KNO_3 1.0g；K_2HPO_4 0.5g；$MgSO_4 \cdot 7H_2O$ 0.5g；NaCl 0.5g；$FeSO_4 \cdot 7H_2O$ 0.01g；琼脂20g；蒸馏水1000mL；pH7.2～7.4。

2. 操作步骤

(1) 称量和溶解　先计算后称量，按用量先称取可溶性淀粉，放入小烧杯中，并用少量冷水将其调成糊状，再加少于所需水量的沸水，继续加热，边加热边搅拌，至其完全溶解，再加入其他成分依次溶解。对微量成分$FeSO_4 \cdot 7H_2O$可先配成高浓度的储备液后再加入，方法是先在100mL水中加入1g的$FeSO_4 \cdot 7H_2O$，配成浓度为0.01g/L的储备液，再在1000mL培养基中加入以上储备液1mL即可。待所有药品完全溶解后，补充水分到所需的总体积。如要配制固体培养基，其琼脂溶解过程同牛肉膏蛋白胨培养基配制。

(2) pH值调节、分装、包扎、灭菌及无菌检查同牛肉膏蛋白胨培养基配制。

(三) 常用的真菌培养基配方

1. 马铃薯培养基

用以分离培养霉菌、酵母菌：马铃薯（去皮）200g；葡萄糖（或蔗糖）20g；琼脂20g；水1000mL；pH自然；121℃灭菌30min。上述培养基中加入1%的酵母粉或蛋白胨，则能促进孢子的大量增加。

2. 蔗糖硝酸钠培养基（察氏培养基）

适合于鉴定多数霉菌：蔗糖30g；K_2HPO_4 1g；KCl 1g；$NaNO_3$ 2g；$MgSO_4 \cdot 7H_2O$ 0.5g；$FeSO_4 \cdot 7H_2O$ 0.01g；水1000mL；pH6.7。如用以分离霉菌时，可加乳酸调节成pH5.0～5.5，制成酸性培养基。

3. 马丁（Martin）孟加拉红-链霉素培养基

葡萄糖10g；蛋白胨7g；K_2HPO_4 1.0g；$MgSO_4 \cdot 7H_2O$ 0.5g；孟加拉红水溶液（1/3000）100mL；水800mL；121℃灭菌30 min。

使用时加链霉素：

① 取国产1g装链霉素一瓶，用无菌注射器注入无菌蒸馏水5mL。溶解后，吸取出0.5mL链霉素溶液，移注入330mL无菌蒸馏水即得0.03%链霉素。

② 上述基础培养基在沸水锅中融化后冷却至55～60℃，每10mL基础培养基加1mL0.03%链霉素溶液（含链霉素30μL/mL）。

4. 麦芽汁培养基

麦芽汁20g；蛋白胨1g；葡萄糖20g；水1000mL；琼脂20g；pH值为5。

5. 豆芽汁培养基

适用于酵母和霉菌：黄豆芽（或绿豆芽）100g；白糖（或蔗糖）10～30g；琼脂20g；水1000mL。

先将洗净的豆芽放在水中煮沸 30min，用 2 层纱布滤去豆芽，将豆芽汁补足水分，加糖（培养酵母时糖量要高），pH 自然。

五、实验报告

记录本实验配制培养基的名称、数量，并图解说明其配制过程，指明要点。

六、注意事项

称药品用的药匙不要混用；称完药品应及时盖紧瓶盖。调 pH 值时要小心操作，避免回调，不同培养基各有配制特点，要注意具体操作。

七、思考题

1. 配制培养基有哪几个步骤？在操作过程中应注意些什么问题？为什么？

2. 培养基配制完成后，为什么必须立即灭菌？若不能及时灭菌应如何处理？已灭菌的培养基为什么进行无菌检查？

3. 牛肉膏蛋白胨培养基属何种培养基？它除了培养细菌外，能培养真菌和放线菌吗？高氏培养基属何种培养基？除培养放线菌外高氏培养基还能培养细菌和真菌吗？为什么？

第五章　微生物接种与培养技术

第一节　微生物的接种技术

在微生物的研究应用中，不仅需要通过分离纯化技术从混杂的天然微生物群中分离出特定的微生物，而且还必须随时注意保持微生物纯培养物的“纯洁”，防止其他微生物的混入。在分离、转接及培养纯培养物时防止其被其他微生物污染的技术被称为无菌技术（asepticteechnique），是保证微生物学研究正常进行的关键。

接种技术是微生物学实验及研究中的一项最基本的操作技术。接种是用接种环或接种针分离微生物，或将纯种微生物在无菌操作条件下由一个培养器皿移植到盛有已灭菌并适宜该菌生长繁殖所需要的培养基的另一器皿中。由于打开器皿就可能引起器皿内部被环境中的其他微生物污染，因此微生物所有实验的所有操作均应在无菌条件下进行，其要点是在火焰附近进行熟练的无菌操作，或在接种箱或无菌室内的无菌环境下进行操作。接种箱或无菌室内的空气可在使用的前一段时间内用紫外光灯或化学药剂灭菌，有的无菌室通过无菌空气保持无菌状态。

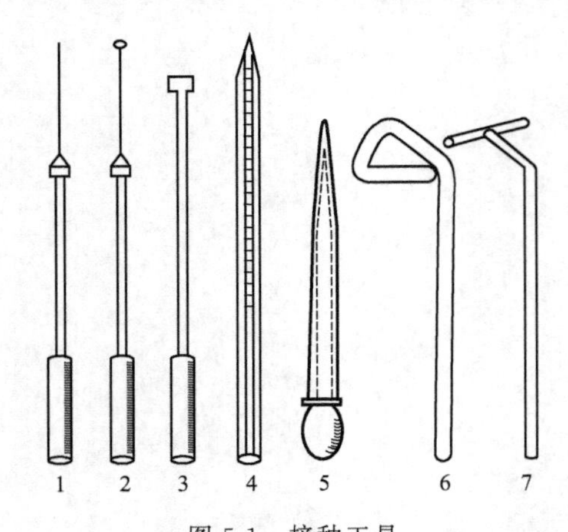

图 5-1　接种工具

1—接种针；2—接种环；3—接种铲；4—移液管；5—滴管；6，7—玻璃涂棒

根据不同的实验目的及培养方式可以采用不同的接种工具和接种方法。常用的接种工具有接种针、接种环、接种铲、无菌玻璃涂棒、无菌移液管、无菌滴管或移液器等（图 5-1），接种环和接种针一般采用易于迅速加热和冷却的镍铬合金等金属制备，使用时用火焰灼烧灭菌。

常用的接种方法有斜面接种、液体接种、固体接种和穿刺接种等。

实验 5.1　微生物的各种接种方法

一、实验目的

了解各种微生物接种方法。

二、实验原理

把微生物往新的培养基上移植叫接种。接种是微生物实验及研究中一项最基本的操作技术。无论微生物的分离、纯化、增殖或鉴定还是有关微生物的形态、生理的实验及观察研究都必须进行接种。接种的关键在于要求严格的无菌操作，如果操作不慎引起污染，则实验结果就不可靠，也会使工、农、医等生产实践遭受很大损失，所以我们必须强调无菌操作。

三、实验材料和用具

1. 菌种

大肠杆菌（*Escherichia*）

金黄色葡萄球菌（*Staphylococcus aureus*）

枯草芽孢杆菌（*Bacillus subtilis*）

2. 用具

已灭菌的培养基，接种环，接种针，玻璃涂棒，酒精灯，移液管，记号笔等。

四、实验方法

1. 斜面接种技术

斜面接种是从已生长好的菌种斜面上挑取少量菌种移植至另一新鲜斜面培养基上的一种接种方法。具体操作如下。

（1）贴标签　接种前在试管上贴上标签，注明菌名、接种日期、接种人姓名等，贴在距试管口约 2～3cm 的位置（若用记号笔标记则不需标签）。

（2）点燃酒精灯。

（3）接种　用接种环将少许菌种移接到贴好标签的试管斜面上，操作必须按无菌操作法进行，简述如下。

① 手持试管　将菌种和待接斜面的两支试管用大拇指和其他四指握在左手中，使中指位于两试管之间部位。斜面面向操作者，并使它们位于水平位置。

② 旋松管塞　先用右手松动棉塞或塑料管盖，以便接种时拔出。

③ 取接种环　右手拿接种环，在火焰上将环端灼烧灭菌，然后将有可能伸入试管中的其余部分均灼烧灭菌，重复此操作，再灼烧一次。

④ 拔管塞　用右手的无名指、小指和手掌边先后取下菌种管和待接试管的管塞，然后让试管口缓缓过火灭菌（切勿烧得过烫）（图 5-2）。

⑤ 塞管塞　取出接种环，灼烧试管口，并在火焰旁将管塞旋上。不要用试管去迎棉塞，以免试管在移动时纳入不洁空气。

⑥ 将接种环灼烧灭菌，放下接种环，再将塞子旋紧。

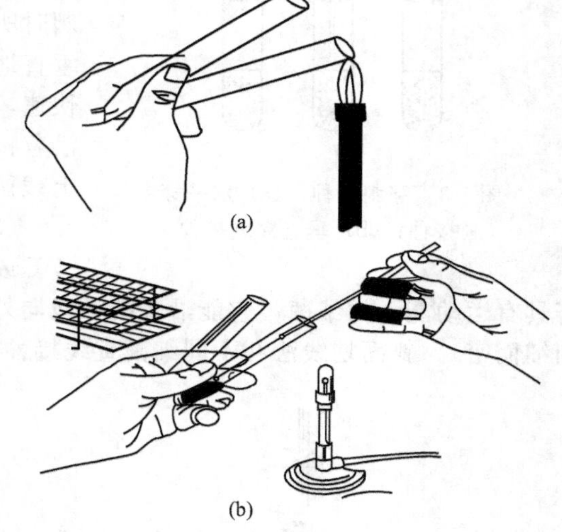

图 5-2　试管拔塞后过火灭菌和取菌

2. 液体接种技术

① 用斜面菌种接种液体培养基时，有下面两种情况：如接种量小，可用接种环取少量菌体移入培养基容器（试管或三角瓶等）中，将接种环在液体表面振荡或在器壁上轻轻摩擦把菌苔散开，抽出接种环，塞好塞子，再将液体摇动，菌体即均匀分布在液体中；如接种量大，可先在斜面菌种管中注入定量无菌水，用接种环把菌苔刮下研开，再把菌悬液倒入液体培养基中，倒前需将试管口在火焰上灭菌。

② 用液体培养物接种液体培养基时，可用无菌的吸管或移液管吸取菌液接种。

3. 固体接种技术

固体接种最普遍的形式是接种固体菌制剂。依所用菌种或种子菌来源不同分为以下两种。

（1）用菌液接种固体料　可用菌苔刮洗制成的悬液。接种时可按无菌操作法将菌液直接倒入固体培养基中，搅拌均匀。注意接种所用菌液量要计算在固体料总加水量之内，否则往往在用液体种子菌接种后含水量加大，影响培养效果。

（2）用固体种子接种固体料 包括用孢子粉、菌丝孢子混合种子菌或其他固体培养的种子菌，直接把接种材料混入灭菌的固体料。接种后必须充分搅拌，使之混合均匀。

4. 穿刺接种技术

穿刺接种技术是一种用接种针从菌种斜面上挑取少量菌体并把它穿刺到固体或半固体的深层培养基中的接种方法。经穿刺接种后的菌种常作为保藏菌种的一种形式，同时也是检查细菌运动能力的一种方法，它只适宜于细菌和酵母的接种培养。具体操作如下。

（1）贴标签，点燃酒精灯。

（2）穿刺接种，方法如下。

① 手持试管，旋松塞子。

② 右手拿接种针在火焰上将针端灼烧灭菌，接着把在穿刺中可能伸入试管的其他部位也灼烧灭菌。

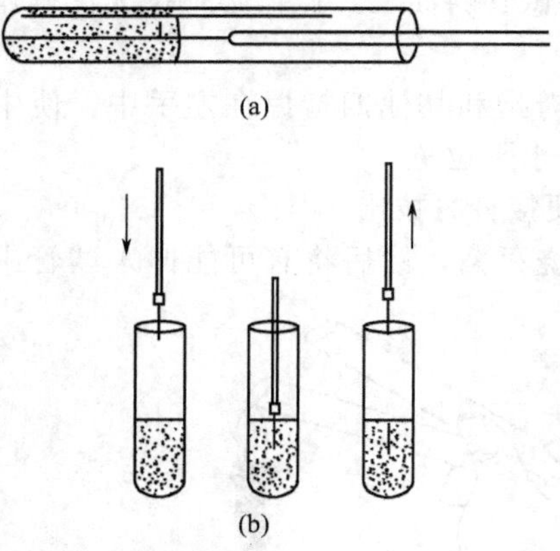

图 5-3 穿刺接种：（a）水平穿刺接种；（b）垂直穿刺接种

③ 用右手的小指和手掌边拔出塞子，接种针先在培养基部分冷却，再用接种针的针尖沾取少量菌种。

④ 接种有两种手持操作法。一种是水平法，它类似于斜面接种法［图 5-3(a)］；一种则称垂直法，如图 5-3(b) 所示。尽管穿刺时手持方法不同，但穿刺时所用接种针都必须挺直，将接种针自培养基中心垂直地刺入培养基中。穿刺时要做到手稳、动作轻巧快速，并且要将接种针穿刺到接近试管的底部，然后沿着接种线将针拔出。最后，塞上棉塞，再将接种针上残留的菌在火焰上烧掉。

（3）将接种过的试管直立于试管架上，放在37℃或28℃恒温箱中培养。24h 后观察结果（注意：若具有运动能力的细菌，它能沿着接种线向外运动而弥散，故形成的穿刺线较粗而散、反之则细而密）。斜面划线法和不同细菌直线接种长出的菌苔形态见图 5-4。

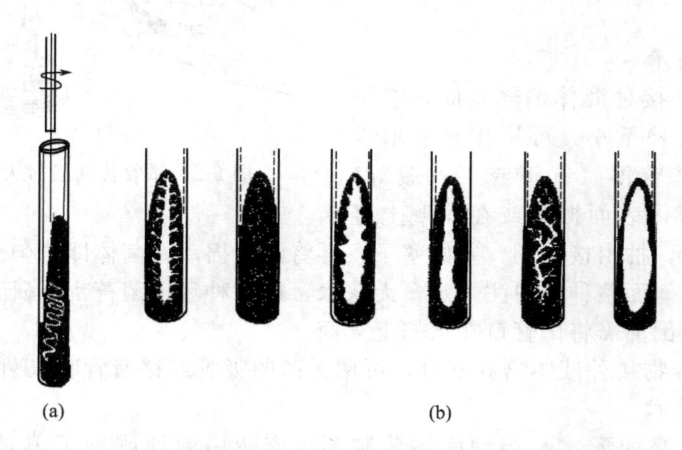

图 5-4 斜面划线法和不同细菌直线接种长出的菌苔形态

五、实验报告

列表比较各种接种方法及注意事项。

六、注意事项

所有接种都要注意无菌操作。

七、思考题

1. 斜面接种取菌前为什么要将灼烧过的接种针在无菌培养基上沾一下？

2. 穿刺接种时能否将接种针直接穿透培养基？为什么？

第二节 微生物的培养技术

由于研究目的和所研究的微生物不同，微生物的培养方法有着很大的区别。一种良好的培养方法，可获得微生物正常生长的特征，而对这些微生物培养特征的描述，是进行分类鉴定和定向筛选菌种极为重要的依据，所以人们设计了各种各样的培养方法。为了分类、鉴定和保藏而进行的培养，一般要求遵循已固定的培养基和培养条件；对好气性微生物需要给予通气（或搅拌）培养；厌气性微生物则需要在无氧的条件下培养。而在微生物生理生化的研究中需要大量微生物细胞时，就要进行大量的平板培养或液体振荡（或通气搅拌）培养。

要设计好一种培养试验，在培养方法上必须注意以下几个方面：培养基的选择、种子的种龄、接种量、培养条件（培养温度、培养基的 pH 值、通风量等）、培养装置等。

一、微生物培养的一般问题

1. 培养基的选择

微生物同其他生物一样，需要不断地从它的外部环境中吸收所需要的营养物质，方能合成本身的细胞物质和提供机体进行各种生理活动所需要能量。在选择培养基时，需要根据不同微生物的营养需要、使用目的选择不同的培养基。如果要抽提细胞成分时，就必须将微生物培养在营养丰富的培养基中，以便获得大量的细胞；而在研究代谢产物及细胞内外分泌物质时，则要尽可能选择合成培养基，这不仅有利于培养后对培养基的处理，而且也容易掌握物质变化的动态；在分离某种目的微生物时，需要采用选择培养基，如利用以纤维素或以石蜡为唯一碳源的选择培养基，可以从混杂的微生物群体中分离出能分解纤维素或石蜡的微生物；利用以蛋白质为唯一氮源或利用缺乏氮源的选择培养基，可以从混杂的微生物群体中分离出产生蛋白酶或能够固氮的微生物；在培养基内加入数滴 10%的酚，以抑制细菌和霉菌的生长，从而可以从混杂的微生物群体中分离出放线菌；如要分离酵母菌和霉菌，可以在培养基里加进青霉素、四环素或链霉素，以抑制细菌和放线菌的生长，将酵母菌和霉菌分离出来。

2. 种龄

将少量单细胞纯培养物接种到一恒定容积的新鲜液体培养基中，在适宜的条件下进行培养，并定时取样绘制生长曲线，可发现微生物的生长一般分为延迟期、对数期、稳定期与衰亡期四个阶段。

（1）延迟期（lag phase） 当接种后，微生物并不是立刻开始繁殖，有一段细胞数几乎保持不变的时间，该时期称为延迟期。延迟期的长短与菌种的遗传性、菌龄及接种前后所处的环境条件等因素有关。在发酵工业上，缩短延迟期有实际意义，可通过以下措施加快发酵周期，提高设备利用率。①增加接种量。②在种子培养基中加入发酵培养基的某些营养成分。③采用最适菌龄接种。

（2）对数期（log phase） 微生物细胞开始分裂，细胞数呈几何级数增长，代时稳定，这段时期称为对数期。处于对数期的微生物，其个体形态、化学组成、生理特性等均较一致，代谢旺盛，生长迅速，是发酵生产的良好种子。

(3) 稳定期 (stationary phase) 到了对数期后期，由于培养基中营养物质的减少、有害代谢产物的积累及其他环境条件的改变，限制了菌体细胞继续以高速度进行生长，这一时期称为稳定期。

如果要获得大量菌体，就应在此阶段收获，因这时细胞总数最高，这一时期也是发酵过程积累代谢产物的重要阶段，某些放线菌抗生素的大量形成也在此时期。稳定期的长短与菌种和外界环境条件有关，生产上常常通过补料、调节 pH、调整温度等措施，延长稳定期，以积累更多的代谢产物。

(4) 衰亡期 (decline phase) 稳定期后如再继续培养，细胞死亡率逐渐增加，除非增加营养或排除有害废物，否则微生物将逐渐死亡，因此，这段时期称为衰亡期。

认识和掌握微生物分批培养时的生长规律，不仅对指导发酵生产具有很大作用，而且对科学研究也是十分必要的。如在发酵生产中，要缩短延迟期，在对数期时适时接种，适当延长稳定期等；在科研中，由于对数生长期的细胞较为一致，因此，常用于研究细胞的新陈代谢。

3. 接种

细菌和酵母菌都用营养细胞接种，逐级扩培，而其他真菌如霉菌等，则多用孢子接种。用孢子接种可以在长了孢子的琼脂斜面上加入少量无菌水，用接种环将表面的孢子刮下，用无菌吸管取出悬浮液，孢子经计数后，吸取一定量接种到培养基中。无论是将其进行表面培养或深层培养，此时，延迟期的长短，都取决于孢子萌发所需要的时间。如果是不产生孢子的霉菌，可将新鲜培养的菌苔刮下，加入无菌水，用无菌研钵磨成浆状后接种。

4. 培养装置

不同微生物的培养，常常需要不同的温度，并且好气性微生物、厌气性微生物对氧有不同的要求。因此，在培养不同微生物时，要采用不同的装置。常用的培养装置有恒温箱（普通培养箱、生化培养箱、CO_2 培养箱等）、恒温水浴、摇床、水浴摇床、通气搅拌式发酵罐、厌氧袋等。

二、好气性微生物培养法

(一) 好气培养的原理

好气性微生物，例如大多数细菌、霉菌、放线菌、藻类、酵母菌和原生动物等，都需要从空气中获得氧气进行有氧呼吸，以氧气作为呼吸基质氧化最终受氢体。由于来自空气中的氧能不断地供应，因而可使基质彻底氧化，释放出全部能量。以葡萄糖为基质的有氧呼吸可以分作两部分进行，一部分是葡萄糖分子分解和脱氧生成二氧化碳和活化氢 (H)；另一部分是氧分子被激活，使 [O] 与活化氢 [H] 化合成水。其反应式如下：

$$C_6H_{12}O_6 \xrightarrow[\text{脱氢酶}]{\text{(分解、脱氧)}} 2CH_3COCOOH + 4[H]$$

$$2CH_3COCOOH + 6H_2O \xrightarrow[\text{脱氢酶}]{\text{(分解、脱氧)}} 6CO_2 + 20[H]$$

$$4[H] + 20[H] = 24[H]$$

$$6O_2 \xrightarrow[\text{氧化酶}]{\text{激活}} 12[O]$$

$$24[H] + 12[O] \longrightarrow 12H_2O$$

(二) 好气性微生物培养的方法

1. 固体培养法

将微生物接种在固体培养基表面生长繁殖的方法，称固体培养法。它是表面培养的一种，广泛用于培养好气性微生物。例如，用于微生物形态观察或保藏的琼脂斜面培养，用于平板分离或活细胞计数的平板培养，都属于固体表面培养法。用该方法培养微生物时，有下列特点：第一，细胞多半是重叠地生长繁殖，因此，直接与培养基相接触的细胞和在此细胞上再长出的细胞会有所不同；第二，从摄取营养的角度来看，在上面生长的细胞是通过贴近细胞之间的孔隙来获取营养的；第三，从供氧方面来说，从外到内逐渐形成一个缺氧的环境。因此，可以认为每个细胞之间的生长环境未必相同。为提高培养效率，采用增大培养基表面积的办法。实验室内一般采用试管斜面、培养皿、三角瓶、克氏瓶等培养，工厂大多采用曲盘、帘子以及通风制曲池等，特别是在霉菌的培养中，目前仍采用固体培养法制曲。由于选取农副产品如麸皮等作原料，价格低廉，其颗粒表面积大，疏松透气，原料易大量获得，因此，酿酒行业用得很普遍。但是，由于大规模表面培养技术上仍有很多困难，在发酵生产上，能用液体表面培养的，大多采用液体深层培养法来代替。

固体培养法除上面叙述的斜面和平板培养法外，还有以下几种方法。

(1) 载片培养法　一般是用来培养观察微生物细胞分裂和繁殖的一种方法。该法的设计原理是：把微生物接种在载片中的一块小琼脂培养基上，然后覆盖盖玻片，造成一个使微生物仅能在一个狭窄的空间内进行生长发育的环境。利用这种培养法，可随时用不同放大倍数的显微镜观察菌体自然生长的不同阶段，同时也不易造成污染。这样做成的标本，也是显微摄影的好材料，还可制成永久片。其具体方法是：取直径约 7cm 滤纸 1 张，铺于培养皿底部，在滤纸上放一根“U”形玻璃棒，其上平放一个洁净的裁玻片和两片盖玻片，盖好培养皿盖后用报纸包扎，干热灭菌后备用。

将半固体培养基溶化后，注入另一个灭过菌的培养皿中，使成厚约 2mm 的薄层，凝固后用无菌小刀切成 $1cm^2$ 左右的方块，在载玻片左右各置一块，用接种针将霉菌孢子接种在琼脂块四周，然后分别盖上盖玻片并将琼脂块压紧。为防止在培养过程中琼脂块干燥，可向滤纸上倾入 2～3mL 无菌水或 20%甘油，保温培养。可在培养的不同时间后取出，直接用低倍显微镜观察。

(2) 插片培养法　本法自 1927 年内罗西等人使用以来，由于其简便而一直沿用至今。这是一种很好的霉菌培养方法，能获得生长正常的基内菌丝、气生菌丝及孢子丝等形态特征。其操作方法是：溶化固体培养基，将约 20mL 培养基倒入已灭菌的、直径为 9cm 的培养皿中，冷却后用接种环挑取培养物在平板上作划线接种。注意划线的接种量要相对集中，以利于插片，然后用无菌镊子取盖玻片以 45°的角度斜插入接种培养物处，这样便于菌体沿盖玻片生长。插片深度以插入培养基厚度 1/2 为宜，放入恒温培养箱内培养，三天后开始观察。

待培养一定时间，轻轻从培养基内用镊子拨出埋入的盖玻片，将背面用洁净的擦镜纸擦净，直接用低倍显微镜观察基内菌丝及气生菌丝，用高倍镜观察孢子结构。有时也可在裁玻片上滴一滴 0.1%的亚甲基蓝水溶液，再将插片放上，这样，菌丝经染色后可看得更清楚。

(3) 透析膜培养法　在固体培养基上培养，一般不可能更换培养基，但在透析膜上培养，既可以把培养物移至新鲜培养基中，又可以在培养过程中加入某些试验物质，也可以随时将透析膜上的菌体取出作观察，或者制成永久标本。透析膜培养法有两种。第一种，取 $1\sim1.5cm^2$ 的透析膜 6～8 块，将其浸泡在培养液内，取出后放入平皿中，常压灭菌后备用。试验时，用无菌镊子取出几块，将其平铺在已灭菌的空培养皿上，在每块透析膜上点接一种欲培养的微生物，盖上皿盖放入恒温箱中保温培养。第二种，将几小片透析膜浸入短试管的水中，然后高压蒸汽灭菌，用无菌镊子取出数块平铺于琼脂平板上，同上法点接欲培养的微生物，保温培养，可溶性的营养物质能以扩散的方式通过透析膜供微生物生长需要。

以上两种方法以透析膜为支持物代替载玻片培养，其优点是可随时取出一片，以检查不同生长阶段的细胞形态；亦可挑起霉菌菌落中央部分以观察其孢子结构。如果要制片观察，可先用甲醛蒸汽固定，然后用不染透析膜的染色剂染色，或直接在载玻片上进行观察。

为了要制备霉菌菌落的保藏标本，可以剪成与培养皿同等直径的透析膜，用湿滤纸夹好（以免灭菌时透析膜收缩），放入空的培养皿中，高压蒸汽灭菌后备用。试验时，取此灭菌透析膜一块，平铺在琼脂平板培养基的表面，按平板点接法接种。当菌落经保温培养生长至足够大时，将长有巨大菌落的透析膜取出，漂浮在10%的甲醛溶液内过夜，以杀死细胞并固定菌落形态。将其取出，在空气中干燥，最后平铺在一对直径不同的复合的培养皿中，在小培养皿四周封一圈石蜡，以便长期保存。

(4) 培养瓶培养法　为了能很好地适应好气性微生物如生孢子的霉菌增殖，以便取得大量的孢子进行扩大培养。使用琼脂固体培养基时，可采用各种长方形的、扁平的培养瓶。由于其瓶形扁平，表面积大，故能更好地满足好气性微生物的生长，并且制备孢子悬浮液也很方便。

如果要培养毛霉及根霉，因为有些毛霉及根霉的孢子囊柄非常长，用一般方法极难观察测量，可以采用林德纳氏瓶，在瓶底倒入少量琼脂培养基，接种欲培养的微生物后，倒立放置，保温培养，使生长物向下繁殖，这样更便于测量。

(5) 盘曲、帘子曲培养　这两种曲的制造工具是我国传统的酿酒行业使用得最早、最普遍，也是比较简易的固体培养工具。它的优点是可以就地取材、投资少、上马快、易推广、操作简便等，非常适于中小型酒厂使用。制造盘曲的盘子可用竹子或木板制成；做帘子曲用的帘子一般用芦苇、柳条等材料用绳编结而成，便于卷在一起进行蒸汽灭菌。曲架可用木材或毛竹制成。曲盘、曲架和帘子的尺寸可根据产量及曲室的大小，并考虑操作方便来确定。另外，用曲盘和帘子制曲，必须严格掌握配料，控制蒸煮条件如温度、压力等，还要注意卫生条件。

(6) 厚层通风培养　为了克服曲盘和帘子制曲的缺点，我国从20世纪60年代起逐步发展使用曲箱，采用厚层通风培养的方式制曲。通风的目的一方面可供给微生物所需要的氧，另一方面用风可以带走微生物发酵产生的热量和部分CO_2气体。

2. 液体培养法

将微生物菌种接种到液体培养基中进行培养的方法，叫液体培养法。该方法可分为静置培养法和深层培养法两类。

(1) 静置培养法　指接种后的液体静止不动。由于所用容器不同，又可分为以下两种。

① 试管培养法。用接种环取斜面菌种1环，接种到装有10mL液体培养基的试管中，摇匀，放入试管架上，在培养箱中培养，定时观察微生物有无增殖（与培养条件是否合适有关）及其他一些液体培养特征，如是否有气体产生等。

② 三角瓶培养法。为了更好地适应好气性微生物如醋酸菌、酵母菌、霉菌等的生长和繁殖，以得到大量菌体进行微生物生理生化及发酵产物的化学分析，可改用三角瓶进行液体培养。一般250mL三角瓶可盛100～150mL培养基，500mL三角瓶可盛150～250mL培养基，由于其液层薄，表面积大，效果比试管更好。

(2) 深层培养

① 培养瓶通气培养法。实验室设计小规模通气培养，可采用有机化学实验的三颈烧瓶装成的一种通气搅拌培养装置（图5-5），该装置可分成下列几部分。

a. 三颈烧瓶。中间孔要装搅拌器，搅拌器上部接一搅拌轴封，其他两孔，一为取样口，另一个安装通气喷嘴。

b. 洗气瓶。与三颈烧瓶一同装入恒温水浴中，使过滤后的无菌空气通过洗气瓶，瓶内

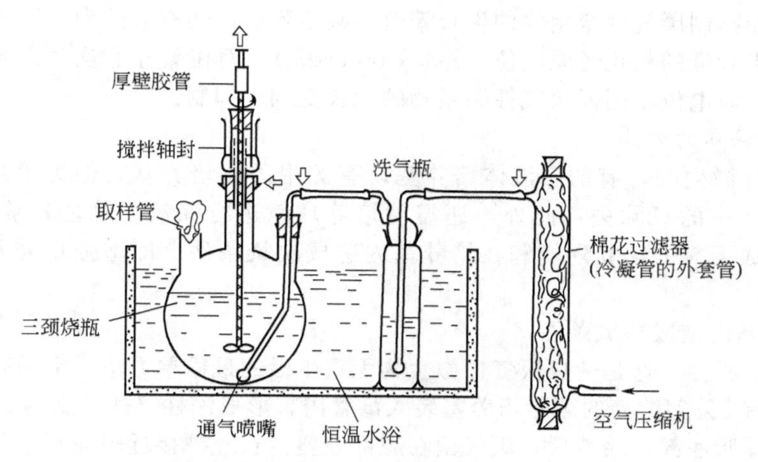

图 5-5 实验室通气搅拌培养装置

盛有与恒温水浴同样温度的水，以增加空气的温度。

c. 空气过滤器。可采用冷凝器的外套管代替，中间填入无菌过滤棉或玻璃纤维即成，可接受压缩机来的空气，过滤后进入培养瓶。

这一套设备是借用实验室的仪器，简易可行，适合于细菌、酵母及霉菌等通气扩大培养使用。

② 振荡（摇瓶）培养法。该方法是对微生物细胞进行通气深层培养的有效方法。对细菌、酵母菌等单细胞微生物进行振荡培养，可以获得均一的细胞悬浮液。而对霉菌等丝状真菌进行振荡培养时，就像滤纸在水溶液中泡散了那样，可得到纤维糊状培养物，称为纸浆状生长。与此相反，如果振荡不充分，培养物黏度又高，则会形成许多小球状的菌团，称为颗粒状生长。如果要研究霉菌产生菌丝的机理，应以纸浆状生长为好，颗粒状生长不适于研究用。

振荡培养的工具是摇瓶机（亦称摇床），是培养好气菌的小型试验设备，也可用于生产上种子扩大培养。常用的摇瓶机有旋转式和往复式两种。摇瓶机上放置培养瓶，瓶内盛灭过菌的培养基，可供给的氧是由室内空气经瓶口包扎的纱布（一般为 6～8 层）进入液体中的。因此，氧的传递与瓶口大小、瓶形和纱布层数有关，在通常情况下氧的吸收系数取决于摇瓶机的特性和培养瓶的装液量。

往复式摇瓶机如果频率过快、冲程过大或瓶内液体装置过多，在摇动时液体会溅到瓶口纱布上，容易引起杂菌污染，特别是刚启动时更容易发生这种情况，因此，装液量不宜太多（培养瓶容量的 1/5 左右即可）。

③ 发酵罐培养法。一般实验室中较大量的通气扩大培养，可采用小型发酵罐，罐容大多在 10～100L，它是可以供给所培养微生物的营养物质和氧气而使微生物均匀繁殖的容器，能大量生产微生物细胞或代谢产物，并可在实验过程中得到必要的数据。

三、厌气性微生物培养法

（一）厌气培养的原理

厌气性微生物如梭状芽孢杆菌（*Clostridrium* sp.）和产甲烷的细菌等，都属于无氧呼吸的类型，其细胞具有脱氢酶系，缺乏氧化酶系。此类微生物只有在没有游离氧存在的条件下才能生长繁殖，在有氧的条件下，很难生长，甚至死亡。其原因一般认为，氧本身对于厌气性微生物的生长并无直接影响，而是在有氧存在的条件下进行呼吸时，形成过氧化物（如过氧化氢 H_2O_2），但厌氧性微生物缺乏过氧化氢酶，不能分解 H_2O_2，最终由于 H_2O_2 对细胞的毒害作用而抑制厌气性微生物的生长繁殖，甚至死亡。还有人认为，厌气性微生物在生长繁殖时，要求较低的氧化还原电位（redox potertlal），而在氧分子较多的条件下，不能得到较低的氧化还原电位，因而厌气性微生物的生长受到了抑制。

（二）厌气培养的方法

培养厌气性微生物，有的用液体培养基，有的用固体培养基，但无论用哪种培养基，均需先将培养基中的氧除去。此外，还需对培养环境进行除氧。总之，常用的厌气培养方法可分为造成无氧的培养环境和在培养基内造成缺氧条件（即增强培养基的还原能力）两大类。

1. 在培养基内造成缺氧条件

（1）高层琼脂柱　这是造成厌气性微生物无氧生活的最简单方法，常用高层琼脂试管培养法。即把含有1%葡萄糖的琼脂培养基装入试管内，形成深柱（达管高的2/3），接种时采用穿刺接种至琼脂底部，培养后，厌气菌在底部旺盛生长，越接近表面则愈差，在距琼脂柱表面1cm处，几乎没有菌生长。此外，也可将琼脂柱溶化，待冷却至45℃左右，用无菌吸管吸取适量菌液接种，然后用两手掌搓动试管使之混匀，并立即放入冷水中使其凝固。经培养后，在管内深处有菌落出现，此法往往能形成单一菌落。

（2）凡士林隔绝空气　把葡萄糖肉汁培养基装入试管内（装量为试管的1/2），灭菌后，再放入蒸汽锅中加热半小时，或在沸水中煮沸5min，排除培养基内的氧气，接着取少许无菌的溶化凡士林倾在培养基表面并迅速冷却，使培养基与空气隔绝。接种时，将试管上部有凡士林处在火焰上略微烘烤，使凡士林溶化，然后用无菌毛细管接入菌液。产气厌氧菌不宜采用此法培养，因为产生的气体会把凡士林冲破。

（3）添加还原剂吸收氧

① 在半固体培养基内添加还原剂。在半固体肉汤琼脂培养基内加入1%～2%葡萄糖或其他还原剂，如0.1%硫代甘醇酸钠或0.1%抗坏血酸等。这类培养基经储存后，在使用前应在沸水中煮沸5～10min，以除去溶入的氧气，待冷却后接种，方法同上。

② 利用碎肉培养基。这是一种良好的缺氧培养基。无菌组织（碎肉）中含有还原物质，可使试管底部保持无氧状态，碎肉的还原作用可由下层培养基变为红色而得知（因血红素被还原）。

③ 在培养基中添加薄铁片。在肉汤、蛋白胨液体培养基中加入薄铁片（还原剂），也可制成厌气性培养基。薄铁片为含碳量为0.25%以下的碳钢，大小为25mm×3mm左右，将培养基放入沸水中煮沸5～10min，冷却后放入无菌薄铁片。接种方法同前。

2. 造成无氧培养环境

若对厌气性微生物进行表面（固体）培养，必须使培养物的周围形成无氧环境。

（1）吸氧培养法

① 黄磷法。在可密封的玻璃容器底部装水，上放搁扳一块，把已经接种的培养皿用纸包好，放在搁板上。在容器的上部放一个铺有碳酸钙的无菌培养皿，把黄磷放在里面，用烧红的接种针接触黄磷使其燃烧，马上密封容器。黄磷燃烧吸收氧气，使容器内造成无氧环境，生成的氧化磷（P_2O_5、P_2O_3）被下面的水吸收，其装置见图5-6。1L容积的厌气培养容器，约需黄磷1g。

若用黄磷法厌气培养试管斜面，棉塞必须用纸包好。

② Buchner法。此法利用焦性没食子酸在碱性条件下与氧结合，生成焦性没食子素（深褐色化合物），该反应过程吸收了容器中的氧气。

若进行试管培养，可将试管装入Buchner管内，如图5-7所示。

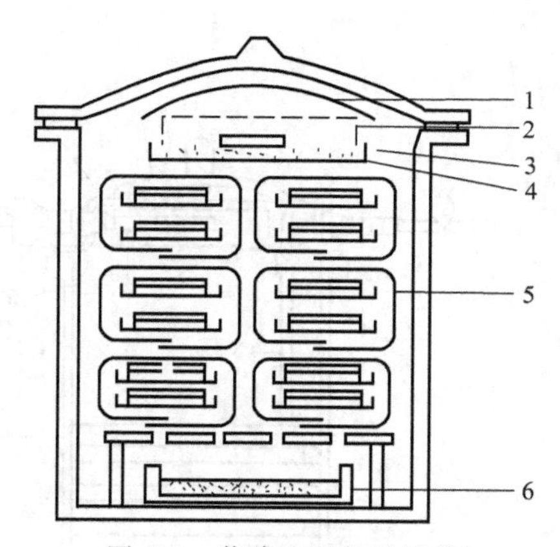

图 5-6 黄磷法厌气法培养

1—覆盖湿的滤纸；2—带铜的湿纸；3—黄磷；4—$CaCO_3$；
5—接种过的培养皿；6—装水的无盖培养皿

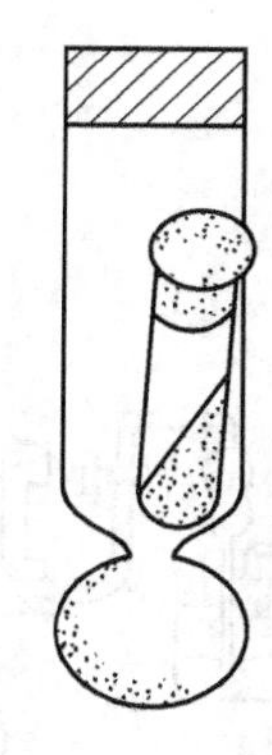

图 5-7 Buchner 管厌气培养

Buchner 管是一种厚壁玻璃管，规格为 22cm×2.5cm，下端收缩，使装入的试管不能直接到达底部，管口具有橡皮塞。在此管底部加入少许固体焦性没食子酸，然后加入氢氧化钠溶液，立刻用橡皮塞把管口塞好，即可进行厌气培养。若用于平板培养，可用干燥器代替 Buchner 管。在 100mL 容器内，约需加入焦性没食子酸和氢氧化钠各 1g（一般 1g 焦性没食子酸可吸收 100mL 体积氧气），也可以制成如图 5-8 所示的培养装置。

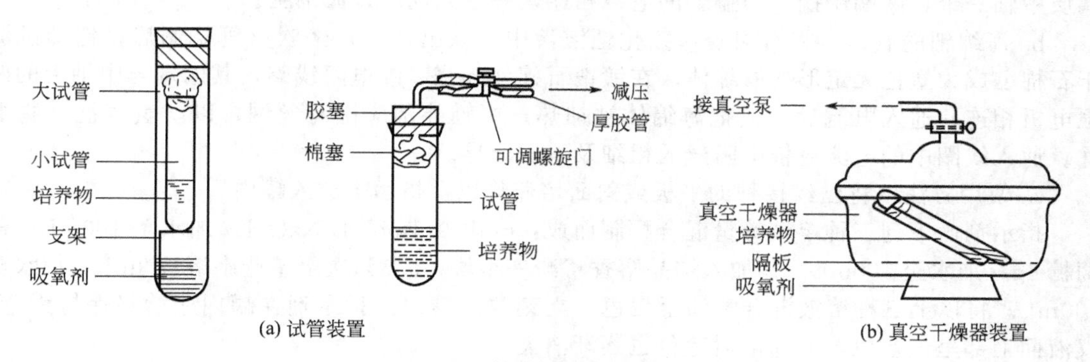

图 5-8 简易厌气培养装置

③ Zinsser 氏培养法。使用原理同②。此法适用于进行平板厌气培养。用两个培养皿，其直径一个为 5cm，另一个为 9cm，其高度均为 2.5cm。灭菌后，将含葡萄糖的琼脂培养基倒入小皿内，冷凝后将培养物接种在平板上。在大皿内加入少许固体焦性没食子酸，再将小皿倒置于其中，并迅速注入 5%氢氧化钠于两皿之间，至高 1.3cm 为止。当焦性没食子酸溶解时，立刻加入液体石蜡于氢氧化钠的液面之上，使之与空气迅速隔绝。此法也可做划线培养，分离厌气性微生物，

（2）氢气置换法

① 罗氏（Rosenthal）法。其装置如图 5-9 所示。它的作用原理是根据氢气置换和氧气吸收的共同作用达到厌气培养的目的。先使金属铬粉末与硫酸反应生成氢气，由汞液面排出而取代氧气，然后反应中产生的硫酸亚铬又继续与硫酸反应，吸取干燥器中残留的氧气，一般使用 15%的硫酸。

② 墨-菲二氏（Meintosh-Fildes）厌气罐法。此法操作较简单，并可借助亚甲基蓝指示剂测定罐内的厌氧程度。罐内装海绵状金属（钯或铂）作为催化剂，氧气和氢气缓缓化合成

水，以除去氧气，从而达到罐内无氧状态。

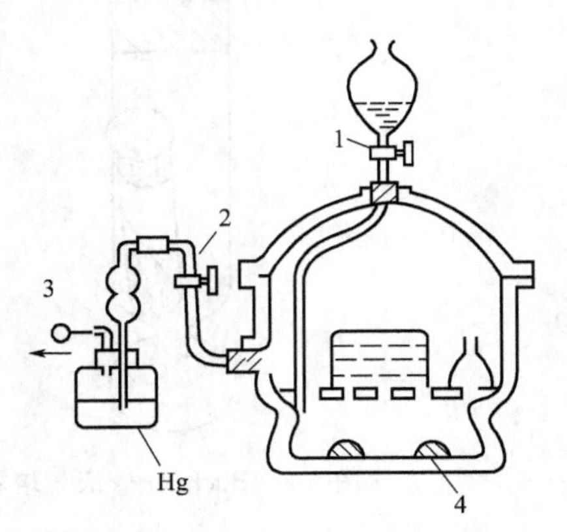

图 5-9 罗氏厌气培养装置
1—硫酸控制阀；2—氢气控制阀；
3—空气排出口；4—金属铬粉末

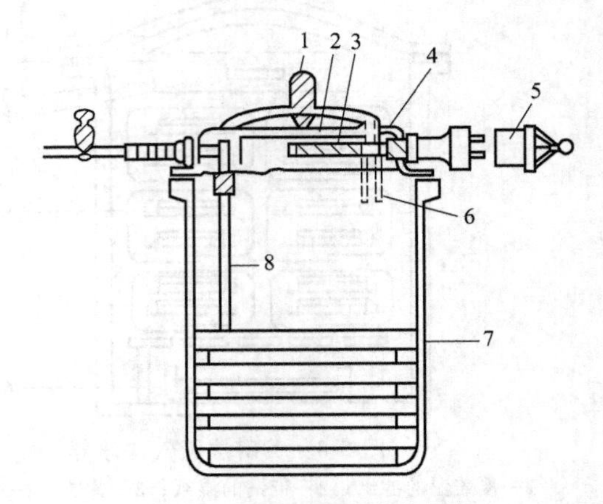

图 5-10 厌气培养罐的结构
1—旋紧顶盖的螺旋；2—顶盖；3—铂石棉曲着的电热丝；4—铜棒；5—电插头；6—顶盖上附的固定夹；7—罐体；8—吸气管

a. 墨-菲二氏厌氧培养罐的装置如图 5-10 所示。罐体由厚壁玻璃或金属制成，罐盖用螺旋夹紧，形成密闭容器，盖上有吸（进）气管一根，以备抽气或导入氢气等。盖上还具有玻璃质中轴一个，两端用铜丝与盖上的电极相连，并在四周绕以海绵钯。

b. 海绵钯的制作。将石棉浸入氯化钯溶液中，取出待干，经吹火管烧制后，钯即沉淀于石棉上成为墨色无定形的海绵体。在镀钯石棉外部绕以细电阻线圈，其两端与中轴上的两根电极相连，通入电流后，镀钯海绵体被加热，中轴外围应围有丝网，以防氢气混合物爆炸。通入线圈中的电流应依电阻丝的粗细及电压而异。

c. 使用方法：将已经接种的平板或斜面培养物以及指示剂放入罐内。

指示剂由下列三种溶液等量混合配制而成：6mL 0.1mol/L NaOH，加水至 100mL；葡萄糖 6g，加水至 100mL，并加入结晶麝香草酚一小块；0.5%次甲基蓝水溶液 3mL，加水至 100mL。将以上三种溶液混合煮沸至无色，立刻放入罐内。指示剂在罐内应始终保持无色，仅液面上部呈浅蓝色，但通电后蓝色也逐渐消失。

将罐盖向下拧紧。连接氢气供应装置，然后通入电流，将镀钯石棉加热。罐内氢气和氧气缓缓化合成水，而消耗的氧气逐渐被氢所代替，大约 20min 后，罐内氧气全部耗尽，关闭阀门。若罐内亚甲基蓝指示剂保持无色，则表明罐内为完全无氧状态，最后把罐置于恒温箱中培养。

为了防止通电时玻璃罐爆炸，可将罐放入木箱内，再通电。

d. 氢气的供应。氢气的供应可由启普发生器（H_2SO_4 作用于 Zn）制得，再通过下列三个洗瓶，使之纯净：用 10%醋酸铅溶液除去硫化氢；用 1%硝酸银溶液除去砷化氢；用焦性没食子酸与氢氧化钠的混合物除去氧气。

在工作中最好用压缩氢气钢瓶供应氢气，装上减压阀门，然后将氢气接到洗瓶通入罐内。最好先将氢气放入球胆内，再将胀大的氢气球胆压入罐内。

(3) 生物学培养法

① 厌氧菌与好氧菌共同培养。将葡萄糖琼脂平板用灭菌刀由中央沿直径切除宽约 1cm 的一条，一半接种好氧菌，另一半接种厌氧菌，盖好皿盖，并以溶化石蜡封固边缘，进行培养。

② 利用新鲜植物组织。用普通干燥器或带磨口塞的广口瓶，内装切碎的新鲜生萝卜或土豆等植物组织。若用土豆，则每升容积约需 50g，然后将接种的斜面或平板放入容器内，密封。由于新鲜植物组织的呼吸作用吸收氧气，排出二氧化碳，故也能造成无氧环境，进行厌氧培养。

实验 5.2 用厌氧袋法培养丙酮丁醇梭状芽孢杆菌

一、实验目的

1. 学习用厌氧袋法培养专性厌氧菌。

2. 了解丙酮丁醇梭状芽孢杆菌的生长情况及形态特征。

二、实验原理

厌氧袋的主要原理如下。

1. 利用氢硼化钠（$NaBH_4$）或氢硼化钾（KBH_4）与水反应产生 H_2，在钯的催化下，H_2 与袋内的 O_2 结合生成水，从而建立起无氧环境。其反应式为

$$NaBH_4 + 2H_2O \xrightarrow{Ni^{2+}} NaBO_2 + 4H_2 \uparrow$$

$$2H_2 + O_2 = 2H_2O$$

2. 在无氧环境下加入 10%左右的 CO_2 有利于厌氧菌的生长。

$$HO\text{—}C(CH_2COOH)_2COOH + 3NaHCO_3 \longrightarrow HO\text{—}C(CH_2COONa)_2COONa + 3H_2O + 3CO_2 \uparrow$$

3. 利用亚甲基蓝的变色反应来作厌氧度的指示剂。

三、实验材料与用具

1. 菌种

丙酮丁醇梭状芽孢杆菌（*Clostridium acetobutylicum*）

2. 培养基

（1）中性红培养基　葡萄糖 40g；胰蛋白胨 6g；酵母膏 2g；牛肉膏 2g；醋酸铵 3g；KH_2PO_4 0.5g；$MgSO_4 \cdot 7H_2O$ 2g；$FeSO_4 \cdot 7H_2O$ 0.01g；中性红 0.2g；蒸馏水 1000mL。pH 值 6.2，115℃灭菌 20min。

（2）6.5%玉米醪培养基　6.5g 筛过的玉米粉加 100mL 自来水，混匀，煮沸 10min，成糊状，分装于试管中，每管 10mL，自然 pH 值，121℃灭菌 1h。

（3）碳酸钙明胶麦芽汁培养基　麦芽汁（10～12° Brix）1000mL；$CaCO_3$ 10g；明胶 10g；琼脂 20g；蒸馏水 1000mL。灭菌前调 pH 值为 6.8，115℃灭菌 20min。

3. 厌氧袋

厌氧袋是由不透气的无毒特种复合塑料薄膜制成，袋内装有一套厌氧环境的形成装置，它包括产气系统、催化系统、指示系统和吸湿系统，其装置如图 5-11 所示。

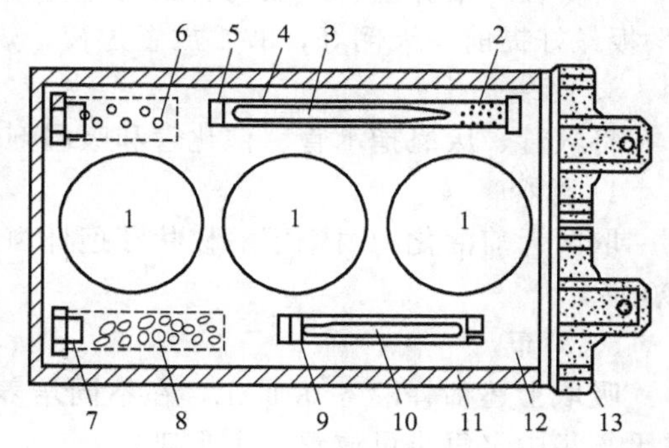

图 5-11 厌氧袋厌氧培养装置

1—培养皿（直径 6cm）；2—$NaHCO_3$ + KBH_4；3—5%柠檬酸；4—塑料软管；5—泡沫塑料塞（有一缺口）；6—钯催化剂；7—硬质塑料管（上有小孔）；8—变色硅胶；9—脱脂棉垫；10—亚甲基蓝指示剂；11—热封边；12—复合塑料袋；13—票夹

（1）塑料袋　用电热法烫制的无毒复合透

明薄膜塑料袋（14cm×32cm）。

(2) 产气管　取直径1.0cm、长16cm左右的无毒塑料软管一根，用电热法封其一端，将0.2g $NaBH_4$（或0.3g KBH_4）和0.2g $NaHCO_3$（按袋体积500mL计算），用擦镜纸包成一小包，塞入软管底部，其上塞少量脱脂棉花。再将内含5%柠檬酸溶液1.5mL的安瓿倒装入塑料管，然后加上一个有缺口的泡沫塑料小塞即成。

(3) 厌氧度指示管　取直径1.0cm、长8cm无毒透明塑料软管一根，将内含1.0mL亚甲基蓝指示剂的安瓿装入软管，在其上下口都先塞入少量脱脂棉花，再加泡沫塑料塞即成。指示剂的成分如下。

① 0.5%亚甲基蓝水溶液3mL，用蒸馏水稀释至100mL。

② 0.1mol/L NaOH溶液6mL，用蒸馏水稀释至100mL。

③ 葡萄糖6g用蒸馏水稀释至100mL（其中如加入少量麝香草酚结晶作防腐剂则更好）。

使用前，将①、②、③等量混合，用针筒注入安瓿（约1mL），沸水浴加热使呈无色，立即封口即成。

(4) 催化管　取市售钯粒（A型）3～5粒装入有孔小塑料硬管即成，使用前应先活化[方法见本实验六、注意事项]。

(5) 吸湿剂包　变色硅胶少许，用滤纸包成小包即可。

4. 器皿

直径为6cm的培养皿3套、2mL针筒2副、5mL吸管2支、1mL吸管数支、涂布棒3支、250mL三角烧瓶数个、试管数支、量筒等。

5. 其他

宽透明胶带、4号票夹、脱脂棉花等。

四、方法与步骤

1. 准备菌种

实验前两天，将上述丙酮丁醇梭状芽孢杆菌试样接入6.5%玉米醪试管，沸水浴保温45s，立即用流水冷却，37℃恒温箱培养两天。

2. 倒平板

将中性红培养基、碳酸钙明胶麦芽汁培养基分别溶化，冷至45℃左右倒平板冷凝备用（平板最好提前一天倒好，37℃放置过夜，烘干表面）。

3. 封袋

将气管、厌氧指示管、催化管和吸湿剂包，按图5-11所示放置在厌氧袋中。

4. 稀释

取两天前活化的丙酮丁醇梭状芽孢杆菌的试管，打碎“醪盖”，吸取培养液，稀释10～100倍。

5. 涂布

吸取上述稀释液各0.1mL，在不同培养基平板上分别用涂布棒涂布，随即将此平板放进厌氧袋中（每袋可放置三个平皿）。

6. 封袋

将厌氧袋中的空气尽量赶尽，然后剪取宽透明胶带（长约17cm），将袋口封住，并将两边各留1cm长的小段。封口后仔细检查，尽量使封口严密，然后将袋口向里折叠几层，再用两只4号票夹夹紧。

7. 除氧

将已封口的厌氧袋倾斜放置，折断产气管中的安瓿瓶，使液体试剂与固体药物相接触产

生 H_2 和 CO_2。此时，反应部位发热。产生的 H_2 在钯的催化下与袋内 O_2 化合，生成水。约经 5～10min，催化管处手感发热，并有少量水蒸气产生。

8. 指示

折断产气管半小时后，才可折断厌氧度指示管中的安瓿瓶，观察指示剂的颜色变化。若指示剂不变蓝，说明厌氧环境已经建立，即可放入恒温箱进行培养。

9. 培养

将上述厌氧袋放入 37℃恒温箱内，培养一个星期左右后观察结果，并作记录。如待培养的是丙酮丁醇梭状芽孢杆菌试样，把在中性红红色平板上长出的菌落形态与该菌在上述平板上长出的典型黄色菌落形态进行对照观察，再转接到 6.5%玉米醪培养基试管中进行检验，在 37℃培养 2～3d，观察其是否有“醪盖”产生，一般认为凡产生“醪盖”者，就是丙酮丁醇梭状芽孢杆菌。

10. 镜检

从厌氧袋中取出平板，挑取黄色单菌落作涂片，经染色后，观察菌体及芽孢。

五、实验结果

1. 形态观察结果记录

培养特征						形态特征			备注
菌落大小	形状	颜色	光滑度	透明度	气味	菌体大小	有无芽孢及形状	碘液染色	

2. 生理生化结果记录

项目	明胶液化	$CaCO_3$ 分解	淀粉试验	中性红平板上的颜色①	备注
结果					

① 丙酮丁醇梭状芽孢杆菌在中性红平板上显示黄色。

六、注意事项

1. 钯粒在使用前一定要活化。活化时可将钯粒放在 140℃烘箱烘 2h，或将钯粒在石棉网上用小火灼烧 10min 即可。

2. 厌氧度指示管中的安瓿一定要在产气至半小时后再折断，否则会影响厌氧度的指示。

3. 产气管中若加入微量 $CoCl_2$ 作催化剂，则效果更好。

第六章 微生物的分离及鉴定技术

第一节 微生物的纯种分离方法

菌种分离纯化的方法有：稀释混合倒平板法、稀释涂布平板法、平板划线分离法、稀释摇管法、液体培养基分离法、单细胞分离法和选择培养分离法等。其中前三种方法最为常用，不需要特殊的仪器设备，分离纯化效果好，现分别简述如下。

一、稀释混合倒平板法

平板是指经熔化的固体培养基倒入无菌培养皿中，冷却凝固而成的盛有固体培养基的平皿。该法是先将待分离的含菌样品用无菌生理盐水作一系列的稀释（常用10倍稀释法，稀释倍数要适当），然后分别取不同稀释液少许（0.5～1mL）于无菌培养皿中，倾入已熔化并冷却至50℃左右的琼脂培养基，迅速旋摇，充分混匀（图6-1）。待琼脂凝固后，即成为可能含菌的琼脂平板于恒温箱中倒置培养一定时间后，在琼脂平板表面或培养基中即可出现分散的单个菌落。每个菌落可能是由1个细胞繁殖形成的。挑取单个菌落，一般再重复该法1～2次，结合显微镜检测个体形态特征，便可得到真正的纯培养物。若样品稀释时能充分混匀，取样量和稀释倍数准确，则该法还可用于活菌数测定。

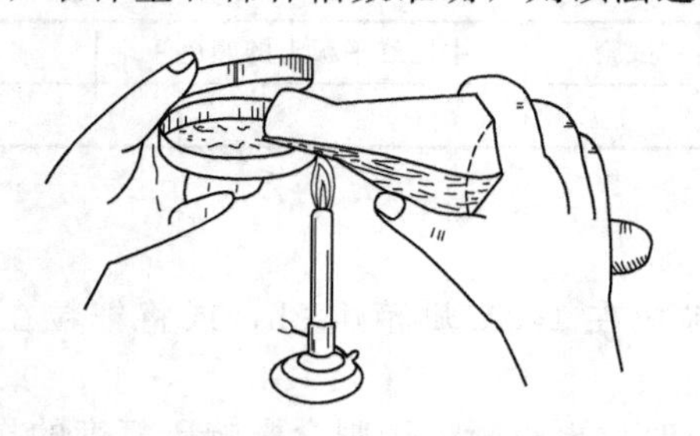

图6-1 混合倒平板法

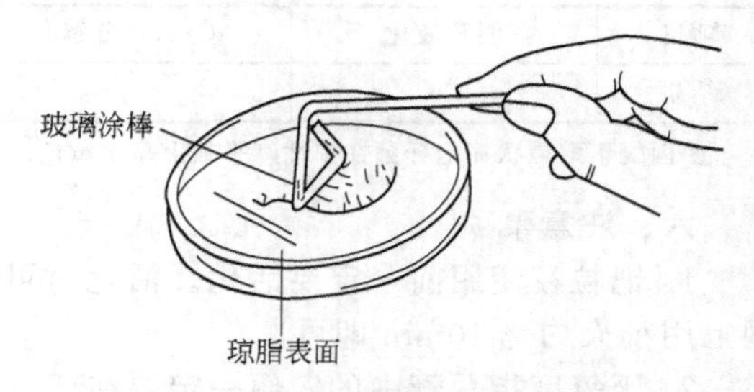

图6-2 涂布平板法

二、稀释涂布平板法

采用上述稀释混合倒平板法有两个缺点，一是会使一些严格好氧菌因被固定在琼脂中间，缺乏溶氧而生长受影响，形成的菌落微小难以挑取；二是在倾入熔化琼脂培养基时，若温度控制过高，易烫死某些热敏感菌，过低则会引起琼脂太快凝固，不能充分混匀。

在微生物学研究中，更常用的纯种分离方法是稀释涂布平板法。该法是将已熔化并冷却至约50℃（减少冷凝水）的琼脂培养基，先倒入无菌培养皿中，制成无菌平板。待充分冷却凝固后，将一定量（约0.1mL）的某一稀释度的样品悬液滴加在平板表面，再用三角形无菌玻璃涂棒涂布，使菌液均匀分散在整个平板表面，倒置温箱培养后挑取单个菌落（图6-2）。

另一种简单快速有效的涂布平板法，可省去含菌样品悬液的稀释，直接吸取经振荡分散的样品悬浮液1滴加入1号琼脂平板上，用一支三角形无菌玻璃涂棒均匀涂布，用此涂棒再连续涂布2号、3号、4号平板（连续涂布起逐渐稀释作用，涂布平板数视样品浓度而定），翻转此涂棒再涂布5号、6号平板，经适温倒置培养后挑取单个菌落，该法称为玻璃涂棒连续涂布分离法。

三、平板划线分离法

先制无菌琼脂培养基平板，待充分冷却凝固后，用接种环以无菌蘸取少量待分离的含菌样品，在无菌琼脂平板表面有规则地划线。划线的方式有连续划线、平行划线、扇形划线或其他形式的划线。通过这样在平板上进行划线稀释，微生物细胞数量将随着划线次数的增加而减少，并逐步分散开来。经培养后，可在平板表面形成分散的单个菌落。但单个菌落并不一定是由单个细胞形成的，需再重复划线 1～2 次，并结合显微镜检测个体形态特征，才可获得真正的纯培养物（图 6-3）。该法的特点是简便快速。

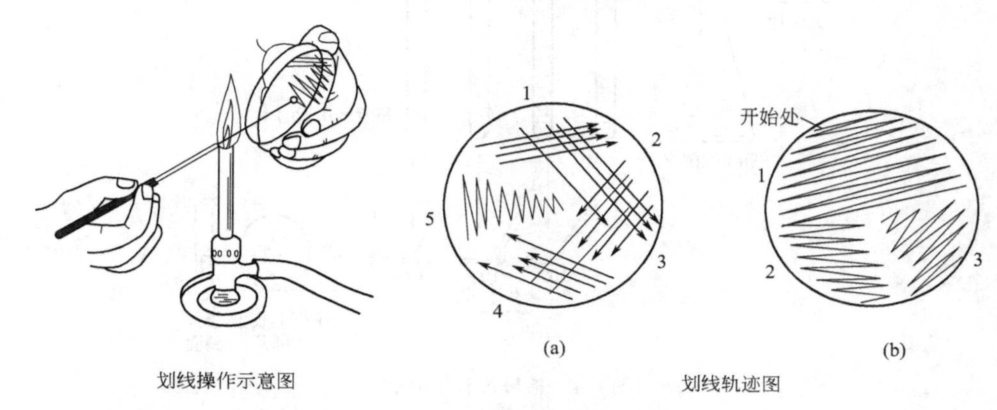

图 6-3 平板划线分离法

实验 6.1 土壤微生物的分离技术

一、实验目的

学会土壤微生物的检测方法，了解土壤中微生物的数量和组成。

二、实验原理

土壤是微生物生活最适宜的环境，它具有微生物所需要为一切营养物质和微生物进行生长繁殖及生存的各种条件，所以土壤中微生物的数量和种类都很多。它们参与土壤的氮、碳、硫、磷等元素的循环作用。此外，土壤中微生物的活动对土壤形成、土壤肥力和作物生产都有非常重要的作用。因此，查明土壤中微生物的数量和组成情况，对发掘土壤微生物资源和对土壤微生物实行定向控制无疑是十分必要的。

三、实验材料和用具

1. 培养基（具体配方见实验 4.1）

（1）牛肉膏蛋白胨琼脂培养基（培养细菌）

（2）高氏一号琼脂培养基（培养放线菌）

（3）查氏培养基（培养霉菌）

2. 灭菌稀释水、灭菌吸管、灭菌培养皿。

3. 土壤样品、天平、称量纸等。

四、实验方法

1. 土壤样品的连续稀释

取新鲜土壤样品 1g，在酒精灯火焰旁加到一个装有 99mL 无菌水的锥形瓶中（锥形瓶内装有几个玻璃珠），将锥形瓶依左右方向振荡数十次使土与水充分混合，将菌分散，即为 10^{-2} 菌液。在火焰处取出无菌吸管（或用移液器装上无菌的塑料吸嘴），用无菌吸管吸取土壤悬液 1mL，加到一个盛有 9mL 无菌水的试管内，即为 10^{-3} 菌液。轻轻摇动试管，使菌液均匀。再用无菌吸管，插入试管内，反复吹洗 3 次，然后取出 1mL 菌液，加到另一支 9mL 无菌水中，制成稀释度为 10^{-4} 菌液。同法按每级稀释 10 倍的次序一直稀释到合适的稀释倍数（使接种 1mL 菌液的培养皿平板上出现 30～300 个菌落）（图 6-4）。用移液器亦需反复吸吹 3 次，用毕弃去塑料吸嘴。

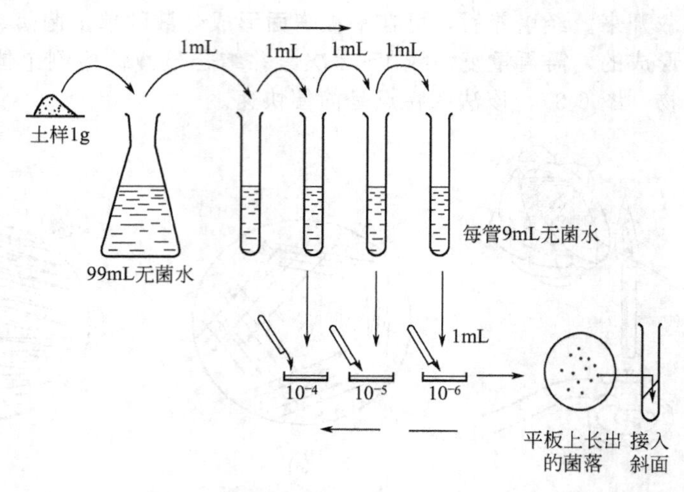

图 6-4 稀释过程示意图

2. 根据样品中各种微生物的数量选择合适的稀释度，每种选择三个稀释度，每个稀释度设两个重复。选择出合适的稀释度后，用移液管将悬液 1mL 转移到培养皿中。

3. 将已灭菌的培养基融化后冷却至 45℃（温度过高，培养皿盖上凝结水太多，菌易被冲掉；温度过低，则培养基凝固，不易倒出）。在酒精灯火焰旁，右手拿培养基，左手把皿盖打开一小缝倾入培养基 15～20mL，迅速盖皿盖，平放桌上，轻轻旋转，使培养基和土壤悬浮液充分混匀，凝固后，制成平板，将培养皿倒置于培养箱中培养。

4. 分离放线菌时，在制备平板前在培养基中加入 5%的酚溶液 2 滴，以抑制细菌生长，于 25～30℃培养箱中培养 7～10d 观察。

分离霉菌时，在制备平板前在培养基中加入 80%的乳酸数滴，于 25～30℃培养箱中培养 3～4d 观察。

细菌在 37℃培养 24h 观察（图 6-5）。

肉眼观察细菌菌落形态的多变性。菌落总体形状和边缘状况可由菌落上方俯视观察。而菌落高度则由平板边缘水平观察。

五、实验报告

取同一稀释度的平板培养物，依菌落计算原则进行计算。

1. 菌落计算原则

平皿菌落的计算，可用肉眼观察，必要时用放大镜检查，防止遗漏，也可借助于菌落计数器计数。对那些看来相似，并且长得相当接近，但并不相触的菌落，只要它们之间的距离至少相当于最小菌落的直径，便应该一一予以计数。对链状菌落，看来似乎是由于一团细菌在琼脂培养基和水样的混合中被崩解所致，应把这样的一条链当做一个菌落来计数，不可去数链上各个单一的菌链。若同一个稀释度中一个平皿有较大片状菌落生长时，则不宜采用，而应以无片状菌落生长的平皿计数该稀释度的平均菌落数。若片状菌落少于平皿的一半时，而另一半中菌落分布又均匀，则可将其菌落数的 2 倍作为全皿的数目。在记下各平皿菌落数

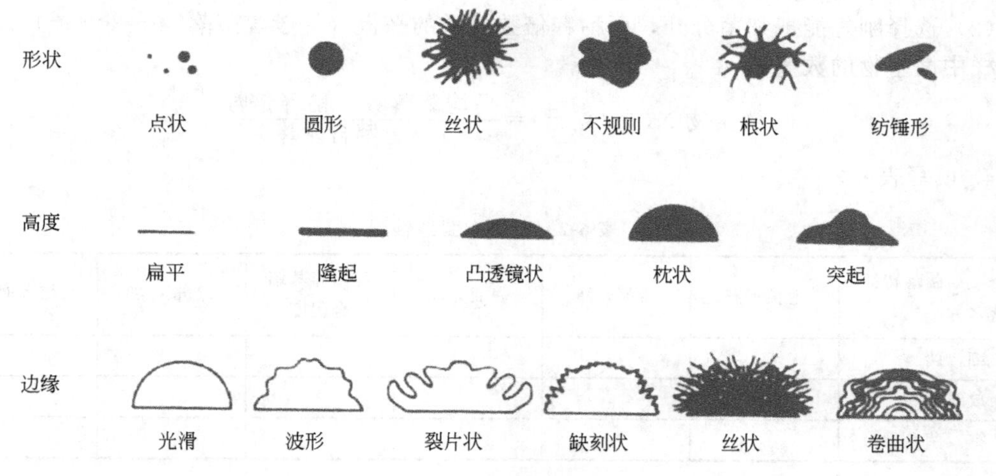

图 6-5　细菌菌落形态

后，应算出同一稀释度的平均菌数，供下一步计算时用。

2. 计算方法

① 首先选择平均菌落数在 30～300 者进行计算，当只有一个稀释度的平均菌落数符合此范围时，即可用它作为平均值乘其稀释倍数。

② 若有两个稀释度的平均菌落数都在 30～300 之间，则应按两者的比值来决定。若其比值小于 2，应报告两者的平均数；若大于 2，则报告其中较小的数字（见表 6-1 例 2 和例 3）。

③ 如果所有稀释度的平均菌落数均大于 300，则应按稀释度最高的平均菌落数乘以稀释倍数报告之（见表 6-1 例 4）。

④ 若所有稀释度的平均菌落数均小于 30，则应按稀释度最低的平均菌落数乘以稀释倍数报告之（见表 6-1 例 5）。

⑤ 如果全部稀释度的平均菌落数均不在 30～300 之间，则以最接近 300 或 30 的平均菌落数乘以稀释倍数报告之（见表 6-1 例 6）。

3. 菌落计数的报告

菌落在 100 以内时按实有数报告；大于 100 时，采用两位有效数字；在两位有效数字后面的数值，以四舍五入方法计算。为了缩短数字后面的零数也可用 10 的指数来表示，（见表 6-1 的“报告方式”栏）。在所需报告的菌落数多至无法计算时，应注明样品的稀释倍数。

表 6-1　稀释度选择及菌落报告方式

例次	不同稀释度的平均菌落数			两个稀释度菌落数之比	菌落总数/(个/mL)	报告方式/(个/mL)
	10^{-1}	10^{-2}	10^{-3}			
1	1360	164	20	—	16400	16000 或 1.6×10^4
2	2760	295	46	1.6	37750	38000 或 3.8×10^4
3	2890	271	60	2.2	27100	27000 或 2.7×10^4
4	无法计数	4651	513	—	513000	510000 或 5.1×10^5
5	27	11	5	—	270	270 或 2.7×10^2
6	无法计数	305	12	—	30500	31000 或 3.1×10^4

（1）根据平皿上菌落数与平皿内土壤悬液的稀释倍数算得每克土壤中微生物的数量。

（2）选择刚好能把细菌分开，而稀释倍数最低的平板（一般含菌落 30～300 个）计算每克土样中微生物的数量：

$$微生物\ N(个/克土)=\frac{平均菌落数\times稀释倍数}{1-土壤含水率}$$

4. 填写表 6-2。

表 6-2 土壤中菌落情况

菌落特征 / 菌落名称	生长形态	菌落光泽	表面光泽	与培养基结合程度	培养温度	培养时间
细　菌						
放线菌						
霉　菌						

六、注意事项

1. 在正式实验前最好做预备实验以选择合适的稀释度。

2. 取样时每取一个稀释度，无菌吸管或移液器上无菌的塑料吸嘴应更换一次。

七、思考题

1. 用稀释法进行微生物计数时，怎样保证准确并防止污染？

2. 为什么在霉菌计数时要加入几滴 80%的乳酸？加在什么地方？

3. 为什么在放线菌计数时要加入 5%的酚？加在什么地方？

第二节 微生物生长的测定技术

微生物细胞在合适的条件下，不断地吸收营养物质进行新陈代谢。当同化作用的速度超过异化作用时，细胞原生质总量不断增加，体积不断增大，这就是生长。繁殖的情况较复杂，对单细胞微生物而言，细胞分裂形成两个基本相同的子细胞，导致生物个体数目增加，就是繁殖；多细胞微生物通过形成无性孢子或有性孢子而使个体数目增加，才称为繁殖，如果仅有细胞数目增加，个体数目不增加，仍属于生长。

因为微生物太小，所以在微生物的实验和应用研究中，只有群体的生长才有实际意义，故微生物学中提到的“生长”，均指群体生长，而“群体生长=个体生长+个体繁殖”，故常以细胞群体总质量增加或细胞数量增加作为生长的指标。

一、生长测定

1. 测体积

用于初步比较，把待测培养液放在刻度离心管中作自然沉降或进行一定时间的离心，然后观察其体积。

2. 称重法

可用离心法或过滤法测定样品的湿重或干重。

（1）离心法　将待测培养液放入离心管中离心，去上清液后，用纯水洗涤离心 1～5 次即可。

（2）过滤法　丝状真菌用滤纸过滤，细菌用醋酸纤维膜等滤膜过滤，过滤后，用少量纯水滤洗数次即可。

(3) 干燥　离心沉淀物或带菌滤料称湿重后，可用105℃或100℃红外线烘干，也可用80℃或40℃真空干燥，然后称干重。干重一般是湿重的20%左右。

3. 测含碳量

将少量（干重约0.2～2.0mg）生物材料混入1mL水或无机缓冲液中，用2mL的2%重铬酸钾溶液在100℃下加热30min，冷却后，加水稀释至5mL，然后在580nm波长下读取光密度值（用试剂作空白对照，并用标准样品作标准曲线），即可推算出生长量。

4. 其他

氮、磷、DNA、RNA、ATP等的含量测定，以及产酸、产气、产CO_2、耗氧等指标，都可用于生长量的测定。

二、繁殖测定

计数微生物的个体数目是繁殖测定的经典方法，这种方法非常适合单细胞微生物或产孢子丝状微生物的繁殖测定。

1. 显微镜直接计数法

用细菌计数器或血球计数板在显微镜下直接计数。此法简便、快速、直观，是测定一定容积中的细胞总数的常规方法。测定结果既包括活菌又包括死菌，故又称为全菌计数法。

2. 平板计数法

取一定体积的稀释菌液涂布于已凝固的合适的固体培养基平板上，或与尚未凝固的合适的固体培养基均匀混合。经保温培养后，以平板上出现的菌落数乘以菌液的稀释度，即可计算出原菌液的活菌数。此法较为准确，但方法较繁，所需时间较长，本法不适用于厌氧微生物。

3. 薄膜过滤计数法

用微孔薄膜过滤定量的空气或水样，菌体便被截留在滤膜上进行培养，计数滤膜上的菌落，从而求出样品中所含的菌数。

4. DNA含量测定法

DNA与DABA-2HCl(20%浓度的3,5-二氨基苯甲酸-盐酸溶液）能显示特殊的荧光，根据此原理测出DNA含量，即可推算出细菌的总数。每个细菌平均含DNA 8.4×10^{-14}g。

5. 比色（比浊）法

细菌（酵母菌）培养物在生长过程中，由于细胞物质的增加，会引起培养物浑浊度的提高，因而可用比色（比浊）法测定菌液的透光度，从而得出细胞总数。

三、群体生长规律——生长曲线测定

各种微生物的生长速度虽然不一，但它们在分批培养中表现出相似的生长繁殖规律。以细菌纯种培养为例，将少量细菌接种到恒容积的新鲜液体培养基中，在适宜的条件下培养，定时取样，测定细菌数目。以培养时间为横坐标，以细菌数目的对数为纵坐标，即可绘制出一条反映细菌从开始生长到死亡的动态过程的曲线，这条曲线即为细菌的生长曲线，曲线各点的斜率称为生长速率，如图6-6所示。

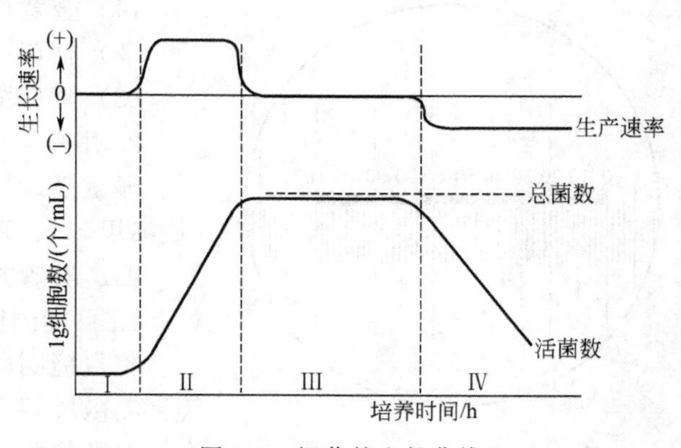

图6-6　细菌的生长曲线

Ⅰ——适应期；Ⅱ——对数期；Ⅲ——稳定期；Ⅳ——衰亡期

根据生长速率的不同，一般可把

细菌的生长曲线分为适应期、对数期、稳定期、衰亡期四个阶段。

实验 6.2 微生物菌体大小的测定方法

一、实验目的

1. 了解目镜测微尺和镜台测微尺的构造及使用原理。

2. 学习并掌握使用测微尺测量菌体大小的方法。

二、实验原理

微生物细胞的大小是微生物重要的形态特征之一，由于菌体微小，只能在显微镜下测量。用于测量微生物细胞大小的工具有目镜测微尺和镜台测微尺。

目镜测微尺（图 6-7）是一块圆形玻片，在玻片中央把 5mm 长度刻成 50 等分，或把 10mm 长度刻成 100 等分。测量时，将其放在接目镜中的隔板上（此处正好与物镜放大的中间物像重叠）用于测量经显微镜放大后的细胞物象。由于不同目镜、物镜组合的放大倍数不相同，目镜测微尺每格实际表示的长度也不一样，因此目镜测微尺测量微生物大小时须先用置于镜台上的镜台测微尺校正，以求出在一定放大倍数下，目镜测微尺每小格所代表的相对长度。

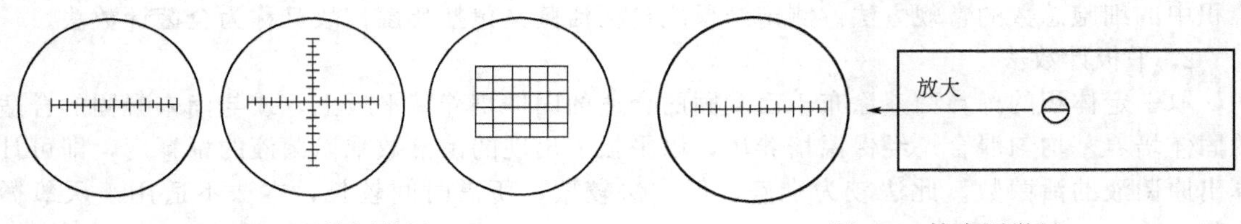

图 6-7 目镜测微尺　　图 6-8 镜台测微尺

镜台测微尺（图 6-8）是中央部分刻有精确等分线的专用载玻片，一般将 1mm 等分为 100 格，每格长 10μm（即 0.01mm），是专门用来校正目镜测微尺的。校正时，将镜台测微尺放在载物台上，由于镜台测微尺与细胞标本是处于同一位置，都要经过物镜和目镜的两次放大成像进入视野，即镜台测微尺随着显微镜总放大倍数的放大而放大，因此从镜台测微尺上得到的读数就是细胞的真实大小，所以用镜台测微尺的已知长度在一定放大倍数下校正目镜测微尺，即可求出目镜测微尺每格所代表的实际长度，然后移去镜台测微尺，换上待测标本片，用校正好的目镜测微尺在同样放大倍数下测量微生物细胞大小。

三、实验材料和用具

1. 材料

(1) 金黄色葡萄球菌涂片

(2) 枯草芽孢杆菌涂片

(3) 酵母菌悬液

2. 用具

显微镜、目镜测微尺、镜台测微尺、显微镜擦镜液（或二甲苯）、香柏油、擦镜纸等。

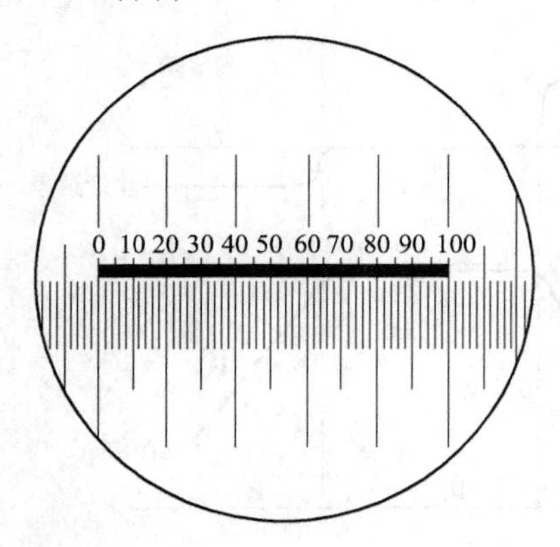

图 6-9 镜台测微尺与目镜测尺的重叠情况

四、实验方法

1. 目镜测微尺的校正

将目镜测微尺的刻度朝下，轻轻地装入目镜内。把镜台测微尺置于载物台上，刻度朝上。先用低倍镜观察，对准焦距，视野中看清镜台测微尺的刻度后，转动目镜，使目镜测微尺与镜台测微尺的刻度平行，移动推动器，使两尺重叠，再使两尺的“0”刻度完全重合，定位后，仔细寻找两尺第二个完全重合的刻度（图6-9），计数两重合刻度之间目镜测微尺的格数和镜台测微尺的格数。因为镜台测微尺的刻度每格长 10μm，所以由下列公式可以算出目镜测微尺每格所代表的实际长度。

$$目镜测微尺每格长度(\mu m)=\frac{两重合线之间镜台测微尺的格数\times 10}{两重合线之间目镜测微尺的格数}$$

例如目镜测微尺 36 小格正好与镜台测微尺 5 小格重叠，已知镜台测微尺每小格为 10μm，则目镜测微尺上每小格长度为＝5×10μm/36＝1.4μm。

用同法分别校正在高倍镜下和油镜下目镜测微尺每小格所代表的长度。

由于不同显微镜及附件的放大倍数不同，因此校正目镜测微尺必须针对特定的显微镜和附件（特定的物镜、目镜、镜筒长度）进行，而且只能在该显微镜上重复使用，当更换不同显微镜目镜或物镜时，必须重新校正目镜测微尺每一格所代表的长度。

2. 菌体大小的测定

① 取一滴酵母菌菌悬液制成水浸片。

② 移去镜台测微尺，换上酵母菌水浸片，先在低倍镜下找到目的物，然后在高倍镜下用目镜测微尺来测量酵母菌菌体的长、宽各占几格（不足一格的部分估计到小数点后一位数）。测出的格数乘上目镜测微尺每格的校正值，即等于该菌的长和宽。

③ 同法用油镜测量枯草杆菌的长和宽，测量金黄色葡萄球菌的直径。

五、实验报告

1. 目镜测微尺校正结果

物　镜	目镜测微尺格数	镜台测微尺格数	目镜测微尺校正值/μm
10×			
40×			
100×			

2. 菌体大小测定结果

编号	酵母菌				枯草杆菌				金黄色葡萄球菌	
	长/μm		宽/μm		长/μm		宽/μm			
	目镜测微尺格数	实际长度	目镜测微尺格数	实际长度	目镜测微尺格数	实际长度	目镜测微尺格数	实际长度	目镜测微尺格数	实际直径/μm
1										
2										
3										
4										
5										
6										
7										
8										
9										
10										
平均										

六、注意事项

1. 一般测量菌体的大小要在同一个标本片上测定 10～20 个菌体，求出平均值，才能代表该菌的大小。

2. 待测微生物需用培养至对数生长期的菌体进行测定。

七、思考题

1. 为什么目镜测微尺必须用镜台测微尺校正?

2. 为什么更换不同放大倍数的目镜和物镜时必须用镜台测微尺对目镜测微尺进行重新校正?

实验 6.3 微生物数量的测定

一、实验目的

1. 了解血球计数板的构造、计数原理

2. 掌握使用血球计数板进行微生物计数的方法。

二、实验原理

测定微生物细胞数量的方法很多，通常采用的有显微直接计数法和稀释平板计数法（参考实验 6.1）。

直接计数法适用于各种单细胞菌体的纯培养悬浮液，如有杂菌或杂质，则难以直接测定。菌体较大的酵母菌或霉菌孢子可采用血球计数板，一般细菌则采用彼得罗夫·霍泽(Petrof Hausser)细菌计数板。两种计数板的原理和部件相同，只是细菌计数板较薄，可以使用油镜观察。而血球计数板较厚，不能使用油镜，计数板下部的细菌难以区分。

血球计数板是一块特制的厚型载玻片，载玻片上有 4 条槽所构成的 3 个平台。中间的平台较宽，其中间又被一短横槽分隔成两半，每个半边上面各有一个计数区，计数区的刻度有两种：一种是计数区分为 16 个大方格（大方格用三线隔开），而每个大方格又分成 25 个小方格；另一种是一个计数区分成 25 个大方格（大方格之间用双线分开），而每个大方格又分成 16 个小方格。但是不管计数区是哪一种构造。它们都有一个共同特点，即计数区都由 400 个小方格组成（图 6-10）。

计数区边长为 1mm，则计数区的面积为 $1mm^2$，每个小方格的面积为 $1/400mm^2$。盖上盖玻片后，计数区的高度为 0.1mm，所以计数区的体积为 $0.1mm^3$，每个小方格的体积为 $1/4000mm^3$。

使用血球计数板计数时，先要测定每个小方格中微生物的数量，再换算成每毫升菌液（或每克样品）中微生物细胞的数量。

已知：1mL 体积 $=10mm\times10mm\times10mm=1000mm^3$

1mL 体积应含有小方格数为 $1000mm^3/(1/4000mm^3)=4\times10^6$ 个小方格，即系数 $K=4\times10^6$。

所以：每毫升菌悬液中含有细胞数=每个小格中细胞平均数×系数 K×菌液稀释倍数。

三、实验材料和用具

1. 菌种

酵母菌悬液

2. 用具

显微镜、血球计数板、盖玻片、显微镜擦镜液（或二甲苯）、香柏油、擦镜纸等。

四、实验方法

(1) 视待测菌悬液浓度，加无菌水适量稀释，以每小格的菌数可数为度。

(2) 取洁净的血球计数板一块，在计数区上盖上一块盖玻片。

(3) 将酵母菌悬液摇匀，用滴管吸取少许，从计数板中间平台两侧的沟槽内沿盖玻片的

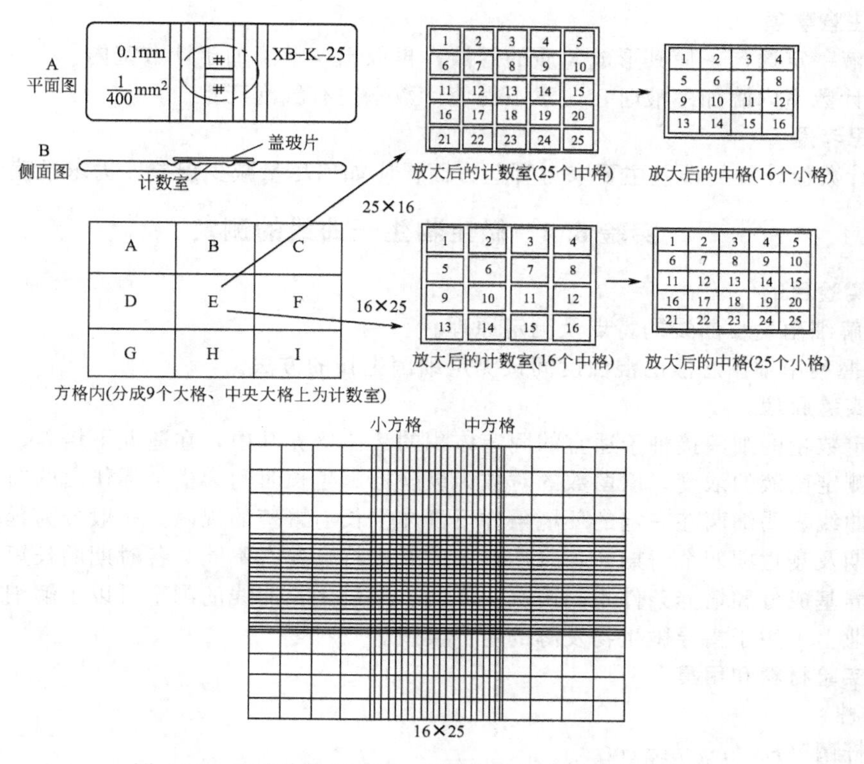

图 6-10　血球计数板正面、侧面与正面方格放大示意图

下边缘滴入一小滴（不宜过多），让菌悬液利用液体的表面张力充满计数区，勿使气泡产生，并用吸水纸吸去沟槽中流出的多余菌悬液。也可以将菌悬液直接滴加在计数区上，注意不要使计数区两边平台沾上菌悬液，以免加盖盖玻片后，造成计数区深度的升高，然后加盖盖玻片（勿使产生气泡）。

（4）静置片刻，将血球计数板置载物台上夹稳，先在低倍镜下观察到计数区后，再转换高倍镜观察并计数。由于活细胞的折射率和水的折射率相近，观察时应适当关小孔径光阑并减弱光照的强度。

（5）计数时若计数区是由 16 个大方格组成，按对角线方位数左上、左下、右上、右下的 4 个大方格（即 100 小格）的菌数。如果是 25 个大方格组成的计数区，除数上述四个大方格外，还需数中央 1 个大方格的菌数（即 80 个小格）。如菌体位于大方格的双线上，计数时则数上线不数下线，数左线不数右线，以减少误差。

（6）对于出芽的酵母菌，芽体达到母细胞大小一半时，即可作为两个菌体计算。每个样品重复计数 2～3 次（每次数值不应相差过大，否则应重新操作），求出每一个小格中细胞平均数（N），按公式计算出每毫升（克）菌悬液所含酵母菌细胞数量。

（7）计数完毕，用水将血球计数板冲洗干净，切勿用硬物洗刷或抹擦，以免损坏网格刻度。洗净后自行晾干或用吹风机吹干，放入盒内保存。

五、实验报告

将实验结果填入下表中。

计数次数	每个大方格菌落数					稀释倍数	菌数/(个/mL)	平均值
第一次	1	2	3	4	5			
第二次								

六、注意事项

1. 菌液一定摇匀，使其形成匀质的悬液，再取出少量滴加于计数室内。

2. 向计数室内滴加菌液时，注意不得使计数室内有气泡产生。

七、思考题

血球计数板计数的误差主要来自哪些方面？应如何尽量减少误差，力求准确？

实验 6.4 微生物生长曲线的测定

一、实验目的

1. 了解细菌生长曲线的特点及测定原理。

2. 掌握利用细菌悬液的混浊度间接测定细菌生长的方法。

二、实验原理

将一定数量的细菌接种于适宜的固定体积的液体培养基中，在适温下培养，在选定的培养时间内测定菌液的浓度，以菌数的对数为纵坐标、生长时间为横坐标作出的曲线称为生长曲线。该曲线表明细菌在一定的环境条件下群体生长与繁殖的规律。一般分为延缓期、对数期、稳定期及衰亡期四个时期。各时期细菌的生理特点各有不同，各时期的长短因菌种本身特征、培养基成分和培养条件不同而有所不同。通过生长曲线的测定可以了解细菌的生理特性，在工业上可用于指导微生物发酵的生产实践。

三、实验材料和用具

1. 菌种

大肠杆菌（*Escherichia coli*）

2. 试剂

（1）牛肉膏蛋白胨培养基

（2）无菌酸溶液　甲酸∶乙酸∶乳酸＝3∶1∶1

3. 用具

无菌吸管、冰箱、摇床、分光光度计、无菌水、坐标纸等。

四、实验方法

1. 大肠杆菌菌悬液的制备

取 37℃培养 18h 的大肠杆菌斜面（牛肉膏蛋白胨琼脂培养基）一支，用 3～5mL 无菌水，洗下菌苔制成菌悬液，吸取 0.3mL 菌悬液，接种到装有 20mL 牛肉膏蛋白胨液体培养基的三角烧瓶中，于 37℃振荡培养 18h。

2. 接种

取 12 支装有灭过菌的牛肉膏蛋白胨液体培养基的培养管（每管 5mL），注明菌名、培养时间、编号，然后，接种上述培养 18h 的大肠杆菌菌悬液，每管 0.1mL，轻轻摇荡使菌体分布均匀。

3. 培养

① 将接种后的 12 支培养管置于摇床上，37℃振荡通气培养，其中 9 支分别在培养 0h、1.5h、3h、4h、6h、8h、10h、12h、14h 后取出，放冰箱中保存，最后一起比浊测定。

② 酸处理的 1 支培养管，在培养 4h 后取出，加入 0.3mL 无菌酸溶液，然后，继续振荡培养，在培养 14h 后取出，放入冰箱保存，最后一起比浊测定。

③ 追加营养的 2 支培养管，在培养 6h 后取出，各加入无菌浓牛肉膏蛋白胨液体培养基（比原浓度高 5 倍）0.2mL，然后继续振荡培养，在培养 8h、14h 后取出，放入冰箱保存，最后一起比浊测定。

4. 比浊

把培养不同时间而形成不同浓度的细菌培养液置于分光光度计中进行比浊，用浑浊度的大小来代表细菌的生长量。

比浊原理如下。混浊的溶液能吸收光线，混浊度越大，吸收光线越多，透过的光线越少，透过的光线通过光电池时，光能变成电能，产生电流，可以由检流计读出光密度值（OD）。电流大小与光强度成正比，这种用光密度（消光系数）或透光率来测定溶液混浊度的方法叫做“比浊法”，用分光光度计来测定。

用分光光度计选择 600nm 波长，以未接种的牛肉膏蛋白胨液体培养基为空白对照，从稀浓度的细菌悬液开始，依次测定，细菌悬液如果太浓，应适当稀释使光密度降至 0.2～0.4 的范围内。

五、实验报告

1. 将测定的 OD 值填入下表。

培养时间/h		0	1.5	3	4	6	8	10	12	14
OD 值	正常									
	加酸									
	追加营养									

2. 绘制曲线

以细菌悬液的光密度值（OD）为纵坐标，培养时间为横坐标，给出大肠杆菌在正常生长、加酸处理和追加营养培养三种条件下的生长曲线。标出正常生长曲线中四个时间的位置及名称，并讨论三条曲线出现的原因。

六、注意事项

1. 测定 OD 值要设立空白对照，并且测定前，需将待测培养液振荡，使细胞分布均匀。
2. 注意培养过程的无菌操作，避免杂菌生长影响实验结果。

七、思考题

1. 为什么说用比浊法测定细菌生长是表示细菌的相对生长状况？
2. 常用测定微生物生长的方法有哪几种？

第三节　微生物生理特征测定技术

实验 6.5　微生物需氧性的测定

一、实验目的

了解不同微生物对氧的需求。

二、实验原理

需氧性的测定，对于细菌尤为重要，常是进行初步分类的标志之一。本方法主要是根据菌体在培养基中的生长部位来判定其对氧气的需要与否。

三、实验材料与用具

1. 菌种

大肠杆菌（*Escherichia*）

金黄色葡萄球菌（*Staphylococcus aureus*）

枯草芽孢杆菌（*Bacillus subtilis*）

2. 培养基

酪素水解物 20g；NaCl 5g；硫乙醇酸钠 2g；甲醛亚硫酸钠 1g；琼脂 15g；蒸馏水 1000mL。

3. 用具

试管、接种针、培养箱、灭菌锅等。

四、实验方法

穿刺接种（见实验 5.1）试验菌于上述培养基，将接种过的试管直立于试管架上，放在 37℃或 28℃恒温箱中培养，分别于 3d 和 7d 记录。

五、实验报告

观察微生物在培养基中的生长情况，在琼脂表面上生长者为好氧菌，沿穿刺线或在底部生长者为厌氧菌。

实验 6.6 微生物最适生长温度的测定

一、实验目的

了解微生物最适生长温度的测定方法。

二、实验原理

不同的微生物其生长温度是不同的，微生物分类鉴定中，常常要测定其最高、最适及最低生长温度，这对微生物的培养及应用都很重要。但应注意对不同微生物必须选择适于其生长的培养基和培养方法。

三、实验材料与用具

一般细菌可选用除去沉淀的清亮的普通肉汤培养基，并选用透明洁净的试管分装。

实验用具有恒温水浴、液体培养基、接种针等。

四、实验方法

用接种环挑取实验菌斜面菌种，在无菌条件下接入装有清亮透明培养基的试管中，并置于不同温度（15～40℃，可选择几个温度）的恒温水浴中培养，观察 2～5d，低温时，可观察 3～30d。

用目测法判定生长情况，并与未接种的空白培养基对比，注意混浊度、沉淀物和悬浮物等。一般培养 5d 能生长者按生长计，否则为不生长。

所用温度计应当用标准温度计标定。

五、实验报告

记录不同试验菌的最适生长温度，比较它们之间有什么区别。

实验 6.7 微生物生长 pH 值范围的测定

一、实验目的

了解微生物生长 pH 范围的测定方法。

二、实验原理

一定种类的微生物只能在一定 pH 值范围内才能生长，常可根据这一特性来鉴别或选择性分离微生物，如假单胞菌属和葡萄糖杆菌属的区别之一就是在此。

三、实验材料与用具

1. 培养基

葡萄糖 5.0g；$MgSO_4 \cdot 7H_2O$ 0.2g；NaCl 0.2g；$CaSO_4$ 0.1g；K_2HPO_4 0.2g；酵母膏 10.0g；蒸馏水 1000mL。

以上溶解后，根据试验要求，调制成不同 pH 值，如 pH 值为 3.0、3.5、4.0、4.5、5.0、5.5…分装试管，115℃灭菌 20min。

2. 用具

培养箱、pH 计、灭菌锅、无菌移液管等。

四、实验方法

用液体培养的菌种接种（见实验 5.1），适温培养 3～7d。

用目测法判定生长情况，并与未接种的空白培养基对比，注意混浊度、沉淀物和悬浮物等。一般培养 5d 能生长者按生长计，否则为不生长。

五、实验报告

根据目测生长情况，记录各试验菌生长情况及其生长的 pH 值范围。

实验 6.8 固氮能力的检测

一、实验目的

一些微生物可利用分子态氮作为唯一氮源，因而可在无氮培养基上生长。这些微生物的这一能力称为固氮作用，如根瘤菌就有这种能力，这对于环境中氮的循环具有极大的意义。

二、材料器皿

阿须贝培养基、试管、接种环。

三、方法步骤

1. 培养基制备

阿须贝氏无氮培养基：

葡萄糖 10g；K_2HPO_4 0.2g；$MgSO_4 \cdot 7H_2O$ 0.2g；$CaSO_4 \cdot 2H_2O$ 0.06g；NaCl 0.2g；$CaCO_3$ 5.0g；琼脂 18.0g；蒸馏水 1000mL；pH7.2，115℃灭菌 30min。

2. 接种与观察

幼龄菌种液接种，适温培养 3～7d，目测生长情况，出现混浊者为阳性。

第四节 微生物生化特征测定技术

实验 6.9 糖类发酵实验

一、实验目的

1. 了解糖类发酵实验的作用及原理。

2. 学习糖类发酵实验的操作技术。

二、实验原理

糖类分解（糖发酵）是鉴别微生物的一项重要试验。微生物种类不同，所产生的分解糖类的酶也不同，所能分解的糖的种类也不同，因而可作为微生物分类的一个鉴别特征。

供发酵试验的糖、醇类约有 40 余种，列于表 6-3。

微生物分解糖类可产酸，引起培养基的 pH 值发生变化，由于培养基中预先加入了指示剂，如溴麝香草酚蓝、溴甲酚紫、酚红等，这些指示剂颜色的变化即成为观察结果的指标。

三、材料材料与用具

1. 液体糖发酵管

牛肉膏 5g；蛋白胨 10g；氯化钠 3g；$Na_2HPO_4 \cdot 12H_2O$ 2g；0.2%溴麝香草酚蓝液 12mL；蒸馏水 1000mL；pH 7.4。

表 6-3 供发酵试验的糖、醇

类 别	名 称	类 别	名 称
双糖类($C_{12}H_{22}O_{11}$)	麦芽糖	多糖类($C_6H_{10}O_5$)$_x$	糊精
	乳糖		肝糖
	蔗糖		菊糖
	蕈糖	三元醇 $C_3H_5(OH)_3$	甘油
	纤维二糖	四元醇 $C_4H_6(OH)_4$	赤藓醇
	密二糖	五元醇 $C_5H_7(OH)_5$	树胶糖醇
三糖类($C_5H_{10}O_5$)$_3$	棉实糖		侧金盏花醇
	松三糖		木糖醇
戊糖($C_5H_{10}O_5$)	阿拉伯糖	六元醇 $C_6H_8(OH)_6$	甘露醇
	木糖		卫茅醇
	鼠李糖		山梨醇
	核糖	环已六醇$(CHOH)_6$	肌醇
己糖($C_6H_{12}O_6$)	葡萄糖	糖苷	水杨苷
	果糖		七叶苷
	甘露糖		熊果苷
	半乳糖		苦杏仁苷
多糖类($C_6H_{10}O_5$)$_x$	淀粉		α-甲基葡萄糖苷

0.2%溴麝香草酸蓝溶液配制：溴麝香草酚蓝 0.2g；0.1mol/L NaOH 5mL；蒸馏水 95mL。

在此培养基中按 0.5%加入糖类，分装小试管，每管约 1～2mL。如需测定发酵时是否产气，可在糖管中加入一个倒置的小管，115℃高压灭菌 20min。

2. 用具

需要鉴定的微生物菌种，接种针，酒精灯等。

四、实验方法

根据所鉴定的微生物选择必需的糖、醇进行试验，并不一定要试验所有的糖类。在所试菌种斜面上挑取小量培养物接种糖管，在适宜温度培养，如培养基由蓝色变为黄色，表示产酸，为糖发酵阳性。若倒置的小管中有气泡出现，表示发酵该种糖时产气。

五、实验报告

将鉴定的微生物的发酵结果进行整理归类。

实验 6.10 甲基红试验

一、实验目的

1. 了解甲基红试验的反应原理和用途。
2. 学习甲基红试验的操作技术。

二、实验原理

有些细菌发酵葡萄糖产酸，使培养基 pH 值下降到 4.2 或更低，则为甲基红阳性。而有些细菌能将产生的酸进一步转化为中性化合物，如乙酰甲基甲醇或 2,3-丁二醇，则为 V.P 试验阳性，这两项试验对鉴定肠杆菌科的细菌尤为重要。

三、实验材料与用具

1. 培养基

蛋白胨 5g；葡萄糖 5g；K_2HPO_4 5g；蒸馏水 1000mL；pH 7.0～7.2，每管分装 4～5mL，115℃高压灭菌 30min。

2. 试剂

甲基红试剂：甲基红 0.1g；95%酒精 300mL；蒸馏水 200mL。

3. 用具

接种针，酒精灯，培养箱等。

四、实验方法

（1）接种试验菌于此培养基中，置适温下培养 2d、4d、6d（阴性时可适当延长培养时间）。

（2）在培养液中加入一滴或数滴甲基红试剂，出现红色为甲基红试验阳性，黄色为阴性反应。试验时可以取出部分培养液进行试验，阴性时，剩余培养液可继续进行培养。

（3）如果测试芽孢杆菌属细菌时，可以 5g NaCl 代替 K_2HPO_4，因其有缓冲作用。

五、实验报告

记录测试菌的甲基红反应结果。

实验 6.11 淀粉水解试验

一、实验目的

1. 了解淀粉水解试验的反应原理和用途。

2. 学习淀粉水解试验的操作技术。

二、实验原理

这一试验实际上是检查细菌的淀粉酶。淀粉遇碘呈蓝紫色，在淀粉酶作用下，淀粉可分解为遇碘不显色的糊精等小分子物质，因而可根据培养基在加入碘液后的颜色变化来观察淀粉水解情况。

三、实验材料与用具

1. 培养基

蛋白胨 10g；NaCl 5g；牛肉膏 3g；可溶性淀粉 2g（先溶解）；琼脂 15～20g；蒸馏水 1000mL；pH 7.4～7.6，121℃高压灭菌 20min，倒平板备用。

2. 试剂

卢哥氏碘液：碘 1g；碘化钾 2g；蒸馏水 300mL。

3. 其他

试验菌种、接种培养用具。

四、实验方法

（1）将倒好的培养基平板放在 37℃恒温箱中过夜，检查是否污染并烘干冷凝水，然后取新鲜菌种点种，每一个平板可分成若干格，一次接种多个菌种。

（2）培养 2～5d，形成明显菌落后，在平板上滴加碘液，菌落周围或菌落下面琼脂不变色表示淀粉水解阳性，如变化则为阴性。

五、实验报告

1. 记录测试菌是否具有淀粉水解能力。

2. 根据平板透明圈大小，比较各菌淀粉水解能力大小。

实验 6.12 纤维素水解试验

一、实验目的

1. 了解纤维素水解试验的反应原理和用途。

2. 学习纤维素水解试验的操作技术。

二、实验原理

有些微生物产生纤维素酶，可以分解培养基或环境中的纤维素。选择适当的培养基，加入纤维素作为碳源，然后观察加入的纤维素是否被分解。

三、实验材料与用具

1. 培养基

培养基的设计以适于测定菌生长而不含碳源的培养基为宜，下面的培养基为其中两个。

(1) 蛋白胨水基础培养基 蛋白胨 5g；NaCl 5g；自来水 1000mL；pH 7.0～7.2，分装试管，121℃高压灭菌 20min。

(2) 无机盐基础培养基 NH_4NO_3 1.0g；$K_2HPO_4 \cdot 3H_2O$ 0.5g；KH_2PO_4 0.5g；$MgSO_4 \cdot 7H_2O$ 0.5g；NaCl 1.0g；$CaCl_2$ 0.1g；$FeCl_3$ 0.02g；酵母膏 0.05g；蒸馏水 1000mL；pH 7.2，121℃高压灭菌 20min。

2. 用具

新华一号滤纸，试验菌种，接种培养用具。

四、实验方法

(1) 纤维素物质的加入有两种方法。一是将基础培养基分装试管，培养基中浸泡一条长约 5～7cm，宽度以易放入试管为准的优质滤纸，如新华一号滤纸，测定好氧微生物时，要把部分纸条露于液面外；测定厌氧微生物时，纸条全部浸泡于培养基中。另一方法是在基础培养基中加 0.8%纤维素粉和 1.5%琼脂，倒置平板，凝固后点接菌种。

应注意在接种时，无论采用上述哪种方法，都要有未接种的空白对照。

(2) 适温培养 1～4 周观察。

① 试管法。滤纸条变薄、折断或分解为一堆纤维为阳性，滤纸条无变化者为阴性。

② 平板法。菌落周围有澄清的晕环出现为阳性，无晕环者为阴性。

五、实验报告

1. 记录测试菌是否具有纤维素水解能力。

2. 根据平板透明圈大小，比较各菌纤维素水解能力大小。

实验 6.13 果胶水解试验

一、实验目的

1. 了解果胶水解试验的反应原理和用途。

2. 学习果胶水解试验的操作技术。

二、实验原理

一些微生物，如欧文氏菌、某些芽孢杆菌、黑曲霉等，可产生果胶酶，使果胶水解，植物的果胶水解后，植物组织松散变软，自然界常见的一些蔬菜水果如土豆、苹果、黄瓜等出现的软腐变质即是由于这一原因。

用含果胶的培养基接种微生物，如培养基出现液化现象，表示该种微生物具有水解果胶的能力。

三、实验材料与用具

1. 培养基

改良果胶酸盐培养基：酵母浸膏 0.5g；1mol/L NaOH 0.9mL；0.2%溴麝香草酚蓝液 1.25mL；10% $CaCl_2 \cdot 2H_2O$ 0.5mL；聚果胶酸钠 1.0g；琼脂 2g；蒸馏水 100mL。上述成分加热、融化、混匀，立即在 121℃高压灭菌 15min，倒平板备用。

2. 材料与用具

试验菌种、接种培养用具等。

四、实验方法

1. 接种方法

取琼脂斜面幼龄培养物，在做好的平板上作点状接种，适温培养 1～3d。

2. 结果观察

如在点状接种生成的菌落周围，培养基出现液化凹陷，证明水解果胶，否则为阴性。

五、实验报告

1. 记录测试菌是否具有果胶水解能力。

2. 根据平板菌落周围液化凹陷直径大小，比较各菌果胶水解能力大小。

实验 6.14 细胞色素氧化酶试验

一、实验目的

1. 了解细胞色素氧化酶试验的用途与原理。

2. 学习细胞色素氧化酶试验的操作技术。

二、原理

在不以氧为直接受氢体的生物氧化体系中，生物氧化需要在多种酶联合作用下方能进行。组成这类生物氧化体系的酶，主要是细胞色素类酶。这种酶在有分子氧与脱氢酶的存在下，可氧化二甲基对苯撑二胺和 α-萘酚成吲哚酚蓝，其反应式为：

二甲基对苯撑二胺 + α-萘酚 ⟶ 吲哚酚蓝 $+ 4H^+ + 4e$

三、实验材料与用具

1. 菌种

大肠杆菌（*Escherichia coli*）和枯草杆菌（*Bacillus subtilis*）。

2. 试剂

① 1%盐酸二甲基对苯撑二胺溶液（用水配制），于棕色瓶中在冰箱中储存。

② 1% α-萘酚酒精（95%）溶液。

3. 用具

培养箱、接种环、酒精灯、超净工作台等接种培养用具。

四、实验方法

(1) 取 37℃培养 20h 的斜面培养物一支，将两种试剂各 2～3 滴顺斜面从上端滴下，并将斜面略加倾斜，使试剂混合液流经斜面上的培养物。如系平板培养物，则可用试剂混合液滴在菌落上。

(2) 观察：在两分钟内呈现蓝色者为阳性，两分钟以后出现微弱或可疑反应者均作为阴性结果。

五、实验报告

记录实验菌是否含有细胞色素氧化酶。

实验 6.15 过氧化氢酶试验

一、实验目的

1. 了解过氧化氢酶试验的反应原理和用途。

2. 学习过氧化氢酶试验的操作技术。

二、实验原理

过氧化氢酶又称触酶、接触酶，能催化过氧化氢分解为水和氧，这项测定可以用于乳酸菌及许多厌氧菌同其他细菌鉴别。乳酸菌及许多厌氧菌的过氧化氢酶是阴性。

三、实验材料与用具

菌种斜面，3%过氧化氢液，载玻片等。

四、实验方法

（1）将测定菌接种于适宜的斜面上，适温培养 18～24h。

（2）取菌苔点涂于载玻片上，然后加一滴过氧化氢液，有气泡产生则为接触酶阳性反应，无气泡产生者为阴性反应，也可将过氧化氢液直加于斜面或平板的菌落上。

五、实验报告

记录实验菌是否含有过氧化氢酶。

实验 6.16 TTC 试验

一、实验目的

1. 了解 TTC 试验（或称氯化三苯基四氮唑盐酸盐试验）的用途及反应原理。

2. 学习 TTC 试验的操作技术。

二、原理

某些细菌菌体内含有脱氢酶，能将相应的作用物氧化。TTC 为无色化合物，它可以接受脱氢酶所得的氢，形成红色的甲臜。脱氢酶的有无或多少直接影响红色的有无或深浅。而且甲臜不再被氧气所氧化，所以试验不必在无氧或密闭的条件下进行。

三、实验材料

1. 菌种

空肠弯曲菌（*Campylobacter jejuni*）和肠道弯曲菌（*Campylobacter intestinalis*）。

2. 培养基

TTC 琼脂平板培养基

胰蛋白胨 17g；大豆胨 3g；葡萄糖 6g；NaCl 25g；硫乙醇酸钠 0.5g；Na_2SO_3 0.1g；1%氯化血红素溶液 0.5mL；1%维生素 K_1 溶液 0.1mL；2、3、5-氯化三苯四氮唑（TTC）0.4g；L-胱氨酸-盐酸（L-cys·HCL）15g；琼脂 15g；蒸馏水 1000mL。

配制方法：除 1%氯化血红素、维生素 K_1 和 TTC 外，将其他成分混合，加热溶解。L-胱氨酸先用少量氢氧化钠溶解后加入，校正 pH7.2，然后加入预先配成的氯化血红素和维生素 K_1，充分摇匀，装瓶。每瓶 100mL，121℃灭菌 15min。临用前，溶解基础琼脂，每 100mL 基础培养基中加入 TTC 40mg，充分摇匀，倾注无菌平板。

注：1%氯化血红素溶液的配制方法是称取氯化血红素 1g，加 1mol/L NaOH 5mL，混合后再用蒸馏水稀释到 1000mL；1%维生素 K_1 溶液的配制方法是 1g 维生素 K_1 和纯乙醇 99mL 混合，或用维生素 K_1 针剂。

3. 其他

酒精棉球，酒精灯，接种环，恒温箱，小层析缸，一小段蜡烛，凡士林少许，镊子等。

四、实验方法

(1) 取 TTC 琼脂平板两个，将试验的空肠弯曲菌和肠道弯曲菌分别以划线法接种于其上。

(2) 将上步平板倒放于洁净的层析缸内，于其上放一空培养皿，然后将蜡烛点燃放于空皿上，立即盖严层析缸盖，并用凡士林封口（因空肠弯曲菌在微氧环境下生长），将层析缸送入 43℃保温箱中培养 48h，观察结果。

(3) 在 TTC 平板上生长为红色菌落者为 TTC 试验阳性，非红色菌落者为阴性。

五、实验报告

1. 简述 TTC 试验的用途及试验原理。

2. 记录试验菌的 TTC 实验结果。

实验 6.17 硝酸盐还原试验

一、实验目的

1. 了解硝酸盐还原试验的反应原理和用途。

2. 学习硝酸盐还原试验的操作技术。

二、实验原理

某些细菌能把培养基中的硝酸盐还原为亚硝酸盐、氨或氮等。

硝酸盐还原的反应式如下：

$$HNO_3 \xrightarrow{+2H} HNO_2 \xrightarrow{+2H} HNO$$

$$HNO \rightarrow H_2N_2O_2 \rightarrow H_2O + N_2O$$

$$HNO \xrightarrow{+2H} H_2NOH \xrightarrow{+2H} NH_3 + H_2O$$

$$H_2N_2O_2 \xrightarrow{+2H} H_2O + N_2$$

$$N_2O \xrightarrow{+2H} H_2O + N_2$$

$$HNO \dashrightarrow H_2O + N_2$$

由上反应式可见，亚硝酸盐的形成可能是最终产物，也可能是中间产物，这是需要在测定过程中予以注意的。如果还原过程中生成了亚硝酸盐，在加入 Griess 氏试剂后，发生如下反应：

$$HNO_2 + H_2N{-}C_6H_4{-}SO_3H \xrightarrow{\text{重氮化作用}} [N_2{-}C_6H_4{-}SO_3] + 2H_2O$$

对氨基苯磺酸　　　　对重氮苯磺酸

$$[N_2{-}C_6H_4{-}SO_3] + C_{10}H_7NH_2 \longrightarrow O_3S{-}C_6H_4{-}N{=}N{-}C_{10}H_6NH_2$$

对重氮苯磺酸　　α-萘胺　　*N*-α-萘胺偶氮苯磺酸（红色）

三、实验材料与用具

1. 硝酸盐培养基

蛋白胨 10g；NaCl 5g；牛肉膏 3g；KNO_3 1g；蒸馏水 1000mL；pH 7.0～7.6，每管分装 4～5mL，121℃高压灭菌 20min。

2. 试剂

(1) Griess 氏试剂

A 液：对氨基苯磺酸 0.5g；稀乙酸（10%）150mL。

B 液：α-萘胺 0.1g；蒸馏水 20mL；稀乙酸（10%）150mL。

(2) 二苯胺试剂　二苯胺 0.5g 溶于 100mL 浓硫酸中，用 20mL 蒸馏水稀释。

3. 用具

试验菌种，接种及培养用具。

四、实验方法

1. 接种

将测定菌接种于硝酸盐液体培养基中，置适温培养 1d、3d、5d，每株菌可接种数管，并有未接种的培养基作为对照。

2. 结果

可用干净的小试管（或比色盘），其中加入少量培养物，再滴入 1 滴 A 液和 B 液，如溶液变为粉红色、玫瑰红色、棕色等表示有亚硝酸盐存在，为硝酸盐还原阳性。

如无红色出现，则可再加入 1～2 滴二苯胺试剂，如呈蓝色反应，表示培养液中仍有硝酸盐，但无亚硝酸盐存在，为硝酸盐还原阴性。如不呈蓝色反应，表示硝酸盐及形成的亚硝酸盐都已进一步还原为其他物质，应判定为硝酸盐还原阳性。

对照管应做同样处理。

五、实验报告

1. 简述硝酸盐还原试验的反应原理和用途。

2. 记录试验菌的实验结果。

实验 6.18　α 淀粉酶活力的测定方法

一、实验目的

1. 了解 α 淀粉酶活力的测定原理和用途。

2. 学习 α 淀粉酶活力的测定操作技术。

二、实验原理

α 淀粉酶的活性是根据其液化能力（测定黏度的下降）和糊精化能力（测定碘反应的消失）来测定，是目前常用测定糊精化能力的方法。淀粉遇碘呈蓝色，在淀粉酶的作用下，淀粉逐渐水解为糊精，蓝色逐渐消失，根据酶作用后淀粉液与碘反应蓝值的下降或达到标准色所需要的时间就可计算出测定酶的活力。

我国常用的测定 α 淀粉酶活力的方法有两种。

三、实验材料与用具

1. 试剂配制

(1) 碘原液　称取碘 11g，碘化钾 8g，加蒸馏水定容至 500mL，储于棕色瓶中。

(2) 标准稀碘液　取碘原液 15mL，加碘化钾 8g，定容至 500mL。

(3) 比色稀碘液　取碘原液 2mL，加碘化钾 20g，定容至 500mL。

(4) 可溶性淀粉液　称取 2g 绝干可溶性淀粉，先以少许蒸馏水调和，再慢慢加入沸腾的蒸馏水中，继续煮 2min，冷却后加水定容至 100mL。需注意淀粉的厂家批号，用时配制，以免影响测定结果。

(5) 标准糊精液　取化学纯糊精 0.3g，在少许蒸馏水中调匀，再倾入 900mL 沸水中，冷却后加水定容至 1000mL，加甲苯数毫升，冰箱保存。

(6) pH6.0 磷酸氢二钠-柠檬酸缓冲液　称取 113.08g $Na_2HPO_4 \cdot 12H_2O$ 和 20.17g 柠檬酸，加蒸馏水定容至 2500mL。

2. 用具

恒温水浴，秒表，比色板，容量瓶，三角烧瓶，移液管。

四、实验方法

(一) 测定方法一

1. 标准比色管制作

取 1mL 标准糊精液置于小试管中，加 5g 标准稀碘液，混匀呈棕色，为标准比色管。

2. 样品测定

(1) 酶液稀释　用 pH6.0 缓冲液将待测酶液（或发酵液）稀释，以反应时间 10～30min 为宜。

(2) 反应　将在 30℃水浴中预热 5min 的淀粉液 20mL 与酶液 10mL 迅速混匀，同时记下时间。

(3) 比色　取小试管 5～10 只，每管装 5mL 比色碘液。反应 6min 后，每间隔一定时间从反应液中吸取 1mL 加入比色碘液中，与标准管比色。当样品的颜色与标准比色管色度相同时即为反应终点，并记下时间（min）。

(4) 酶活计算　本方法规定在 60min 内能将 1mL 2%可溶性淀粉分解为糊精的酶量为 1 个活力单位（$D_{30°}^{60'}$）。

$$D_{30°}^{60'}[\text{单位/mL(g)}]=\frac{60}{t}\times\frac{20}{C}=\frac{1200}{tC}=\frac{60}{t}\times 20\,\frac{N}{10}=\frac{120N}{t}$$

式中，t 为完成反应所需的时间；C 为在 10mL 酶液中含酶的量；N 为稀释倍数。

(二) 测定方法二

(1) 酶液稀释同前，但时间以 2～5min 为宜。

(2) 取 2%淀粉液 20mL 及缓冲液 5mL 置试管中，在 60℃水浴锅中预热 5min，同时将酶稀释液也置于水浴中预热。

(3) 吸取预热的酶液 0.5mL，加入淀粉液中立即摇匀，并记录反应时间。

(4) 比色。取比色瓷板一个，每孔加入数滴比色稀碘液。反应数分钟后，即吸出一滴反应液于瓷板上与碘液混匀，以后每隔一定时间（如 3min）取样在瓷板上比色，当颜色与标准比色管相同时，即为反应终点，记下作用时间。

(5) 酶活计算　本方法规定 60℃ 1h 内将 1g 淀粉转变为糊精的酶量称一个酶活力单位。

即酶活力单位（$D_{30°}^{60'}$）$=\frac{60}{t}\times 20\times 2\%\times N\div 0.5=48\times\frac{N}{t}$

实验 6.19　蛋白酶活力的测定方法

一、实验目的

1. 了解蛋白酶活力的测定原理和用途。

2. 学习蛋白酶活力的测定操作技术。

二、实验原理

蛋白酶能使蛋白质分解形成新的产物，这些分解产物是不能为三氯醋酸沉淀的短肽及氨基酸等，通过测定这些产物的量的增加，可以计算出酶的活力。

三、材料器皿

1. 待测酶液（或发酵液）

2. 试剂

（1）Folin 试剂原液 取分析纯钨酸钠 10g，钼酸钠 25g，蒸馏水 700mL，共置于 1000mL 圆底烧瓶中，加 85%磷酸 50mL 及浓盐酸 100mL，充分混匀后小火回流 10h。稍冷后加入 150g 硫酸锂和 50mL 蒸馏水并加溴液数滴，于通风橱中开口煮沸 15min 驱去残留的溴，冷却后溶液呈金黄色，蒸馏水定容至 1000mL，过滤后置棕色瓶中保存。

（2）0.4mol/L 三氯乙酸液 三氯乙酸 65.4g，加蒸馏水定容至 1000mL。

（3）0.4mol/L 碳酸钠溶液 无水碳酸钠 42.4g，用蒸馏水定容于 1000mL。

（4）2%酪蛋白溶液 试剂酪蛋白 2.0g，浸泡于 20mL 0.1mol/L NaOH 溶液中过夜，水浴中热煮沸使之溶解，再用 pH7.0 缓冲液定容至 100mL，储于冰箱。

（5）酪氨酸标准液 酪氨酸于 105℃ 干燥箱中烘至恒重，精确称取 0.100g 用少量 0.2mol/L 盐酸溶解并用蒸馏水定容至 100mL，浓度为 1000μg/mL，制作标准曲线时稀释 10 倍。

3. 用具

恒温培养箱，恒温水浴，分光光度计，三角瓶，秒表，试管，吸管。

四、实验方法

1. 制作酪氨酸标准曲线

取浓度为 100μg/mL 的酪氨酸溶液，按表 6-4 操作。

表 6-4 制作酪氨酸标准曲线

管号	1	2	3	4	5	6	7
100μg/mL 的酪氨酸溶液/mL	0	0.1	0.2	0.3	0.4	0.5	0.6
蒸馏水/mL	1.0	0.9	0.8	0.7	0.6	0.5	0.4
酪氨酸最终浓度/(μg/mL)	0	10	20	30	40	50	60
0.4mol/L 碳酸钠溶液/mL	5	5	5	5	5	5	5
Folin 工作液/mL	1	1	1	1	1	1	1
OD 值							

以上摇匀立即置 40℃ 水浴中保温 20min，使显色（蓝色），然后将显色液用分光光度计测定 680nm 处光密度，记录结果。

以光密度值为纵坐标，酪氨酸浓度为横坐标作图。

2. K 值的计算

K 的定义是指光密度 1.000 处所相当的酪氨酸的量（μg）。可将图上的直线外延至光密度 1.000 处，该点相当的酪氨酸浓度即为 K 值。

3. 酶活的测定

（1）稀释酶液 滤去发酵液或酶液中的杂质，用 pH7.0 磷酸缓冲液稀释 100 倍左右。

（2）反应 将 1.0mL 酶液和 2%酪蛋白液置于 40℃水浴中加热，然后吸取 1.0mL 酪蛋白液加入酶液管中，立即用秒表计时。

（3）10min 后加入 0.4mol/L 三氯乙酸液 2.0mL，中止酶反应，并继续在水浴上保温 15min，然后用滤纸滤去沉淀。

（4）取滤液 1.0mL，加 0.4mol/L 碳酸钠溶液 5.0mL，最后加 Folin 工作液 1.0mL，摇

匀后即置于 40℃水浴中保温 20min，并用分光光度计测定 680nm 处光密度，记录结果。

4．酶活计算

规定在一定条件下（温度、浓度、作用时间），每分钟催化分解蛋白质生成 1μg 酪氨酸的酶量为一个活力单位。

$$蛋白酶活力(单位/mL)=\Delta OD\times K\times \frac{4}{10}N$$

式中，ΔOD 为以对照样品为空白时样品的光密度值；K 为光密度为 1.000 所相当的酪氨酸浓度；N 为酶液稀释倍数。

测定酶活时的空白对照也需加入酶液，再加入三氯乙酸使酶失活，然后再加 2%酪蛋白液并进行其他步骤操作。

五、实验报告

1．记录各试验菌的蛋白酶活力。

2．蛋白酶测定过程中应注意哪些事项？

第七章　菌种保藏技术

菌种是一种资源，不论是从自然界直接分离的野生型菌株，还是经人工方法选育出来的优良变异菌株或基因工程菌株都是重要的生物资源。因此，菌种保藏是微生物工作的基础内容。菌种保藏的基本目的是不使菌种死亡，还要保证菌种不变异、不被杂菌污染，即保持优良性状，以利于生产和科研的应用。

从现状看，菌种保藏的核心问题是降低菌种的变异率，以长期保持菌种的优良特性。鉴于菌种的变异主要发生于微生物生长繁殖的旺盛期，因此，必须创造一种环境，使微生物处于新陈代谢水平低、生长繁殖不活跃状态。

目前菌种保藏的方法都是根据以下原则设计的。

① 必须选用典型优良纯种，最好采用它们的休眠体（如芽孢、分生孢子等）进行保藏。

② 创造一个有利于微生物长期休眠的环境、添加保护剂等。

③ 尽量减少传代次数。

常用的菌种保藏方法见表 7-1。

表 7-1　常用的菌种保藏方法

方法名称	主要措施	适宜菌种	保存期	评价
斜面低温保藏法	低温	各大类	3～6 月	简便
半固体保藏法	低温	细菌、酵母菌	6～12 月	简便
石蜡油封藏法	低温、缺氧	各大类好氧菌	1～2 年	简便
砂土管保藏法	低温、缺氧、干燥、无营养	产孢子的微生物	1～10 年	简便有效
冷冻真空干燥保藏法	低温、无氧、干燥、有保护剂	各大类	5～15 年	麻烦而高效
液氮超低温冷冻保藏法	超低温、无氧、干燥、有保护剂	各大类	20 年以上	麻烦而高效

实验 7.1　菌种的保藏方法

一、实验目的

了解菌种保藏的基本原理，并掌握几种菌种的保藏方法。

二、实验原理

菌种保藏的基本原理是使微生物的生命活动处于半永久性的休眠状态，也就是使微生物的新陈代谢作用限制在最低的范围内。干燥、低温和隔绝空气是保证获得这种状态的主要措施。有针对性地创造干燥、低温和隔绝空气的外界条件是微生物菌种保藏的基本技术。

三、实验材料和用具

1. 菌种

准备保藏的细菌、放线菌、酵母菌和霉菌。

2. 培养基

（1）牛肉膏蛋白胨斜面培养基（见实验 4.1）。

（2）牛肉膏蛋白胨半固体深层培养基　牛肉膏蛋白胨液体培养基 100mL；琼脂 0.35～0.4g；pH 7.6；121℃灭菌 20min。

（3）豆芽汁葡萄糖斜面培养基　黄豆芽 100g；葡萄糖 50g；蒸馏水 1000mL；pH 自然。称新鲜豆芽 100g，放入烧杯中，加水 1000mL，煮沸约 30min，用纱布过滤。用水补足原量，再加葡萄糖 50g，煮沸溶化。121℃灭菌 20min。

（4）高氏一号斜面培养基（见实验 4.1）。

（5）LB(Luria broth）培养基　蛋白胨 10g；酵母膏 5g；NaCl 10g；蒸馏水 1000mL；pH 7.0；121℃灭菌 20min。

3. 试剂

无菌液体石蜡、无菌甘油、五氧化二磷或无水氯化钙、脱脂牛奶、10%HCl、2%HCl、含 10 %甘油的液体培养基。

4. 用品

接种环、接种针、无菌滴管、黄土、河砂、安瓿管、长颈滴管、青霉素小瓶、无菌移液管、冷冻干燥装置、打孔器、液氮冰箱、控速冷冻机等。

四、实验方法

（一）斜面低温保藏

这是实验室中最常用的一种保藏方法，适于保藏细菌、放线菌、酵母菌及霉菌（图 7-1）。

（1）接种　将不同菌种接种在适宜的斜面培养基上。

（2）培养　在适宜的温度下培养，使其充分生长。如果是生芽孢的细菌或生孢子的放线菌和霉菌，都要等到孢子长成后再进行保存。

（3）保藏　将培养好的菌种置于 4～5℃冰箱中保藏。

（4）转接　不同微生物都有一定的有效保藏期，一般菌种 3～6 个月需转接一次，到期后需转接至新配的斜面培养基上，经适当培养后，再进行保藏。此法优点是操作简单，无需特殊设备；缺点是保藏时间短，菌种反复转接后，遗传性状易发生变异，生理活性易发生减退。

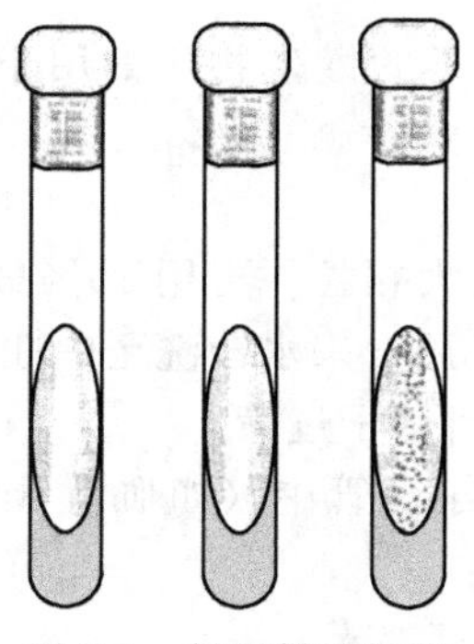

图 7-1　斜面低温保藏

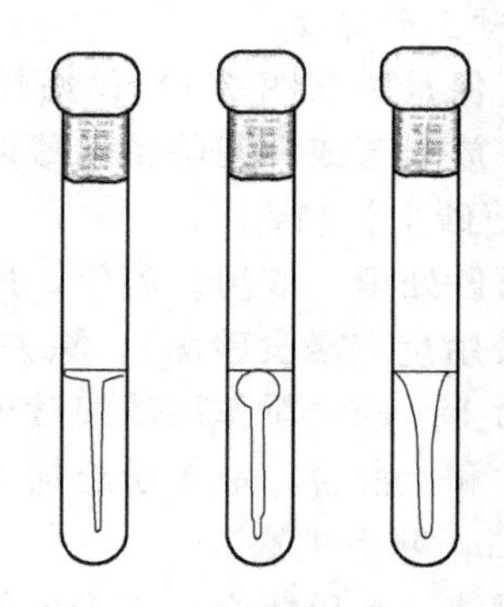

图 7-2　半固体穿刺保藏

（二）半固体穿刺保藏

这种保藏方法一般用于保藏兼性厌氧细菌或酵母菌（图 7-2)。

（1）接种　用穿刺接种法将菌种接种至半固体深层培养基中央部分，注意不要穿透底面。

（2）培养　在适宜的温度下培养，使其充分生长。

（3）保藏　将培养好的菌种置于 4～5℃冰箱中保藏。

（4）转接　一般在保藏半年或一年后，需转接到新配的半固体深层培养基中，经培养后，再行保藏。

（三）液体石蜡保藏

液体石蜡保藏法（图 7-3）适宜于保藏霉菌、酵母菌和放线菌，保藏时间可长达 1～2

年，并且操作简单易行，但不适宜于某些细菌和霉菌（如固氮菌、乳杆菌、分枝杆菌和毛霉、根霉等）的保藏。

（1）液体石蜡灭菌　将液体石蜡置于100mL的锥形瓶内，每瓶装10mL，塞上棉塞，外包牛皮纸，高压蒸汽灭菌，0.1MPa灭菌30min。灭菌后将装有液体石蜡的锥形瓶置于105～110℃的烘箱内约1h，以除去液体石蜡中的水分。

（2）接种　将菌种接种至适宜的斜面培养基上。

（3）培养　在适宜的温度下培养，使其充分生长。

（4）加液体石蜡　用无菌吸管吸取已灭菌的液体石蜡，注入到已长好菌苔的斜面上，液体石蜡的用量以高出斜面顶端1cm左右为准，使菌种与空气隔绝。

（5）保藏　将注好石蜡的斜面培养物直立，置于4～5℃冰箱中或室温下保藏。

（6）转接　到保藏期后，需将菌种转接到新配的斜面培养基上，培养后再加入适量液体石蜡，再行保藏。

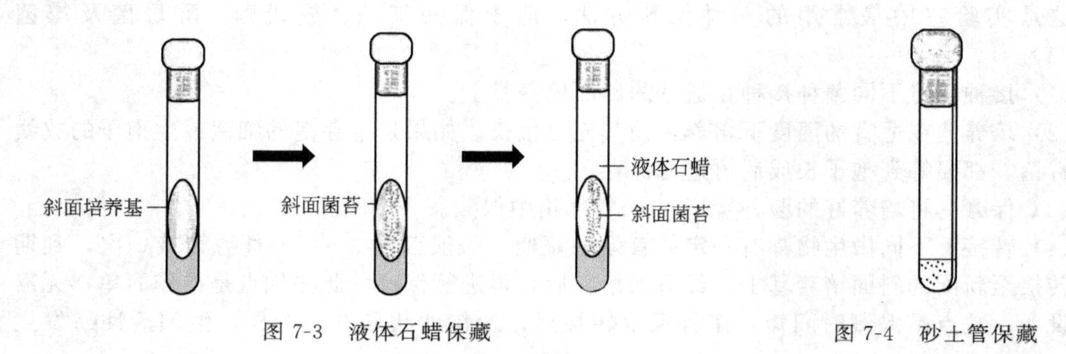

图 7-3　液体石蜡保藏　　图 7-4　砂土管保藏

（四）砂土管保藏

砂土管保藏法（图7-4）仅适用于保藏产生芽孢或孢子的微生物，常用于保藏芽孢杆菌、梭菌、放线菌或霉菌等，保藏期达数年之久。

1. 无菌砂土管制备

（1）河砂处理　取河砂若干，用40目筛子过筛，除去大颗粒。再用10%HCl溶液浸泡2～4h(盐酸用量应浸没砂面)，除去有机杂质，倾去盐酸，用自来水冲洗至中性，烘干。

（2）筛土　取非耕作层的瘦黄土若干，磨细，用100目筛子过筛。

（3）砂和土混合　取1份土加4份砂混合均匀，装入小试管中（如血清管大小）。装量约1cm左右，塞上棉塞。

（4）灭菌　高压蒸汽0.1MPa灭菌1h，每天一次，连灭3天。

（5）无菌检查　取灭菌后的砂土少许，接入牛肉膏蛋白胨培养液中，30℃培养1～2天，观察有无杂菌生长，如有则需重新灭菌。

2. 制备菌悬液

吸取3～5mL无菌水至1支已培养好待保藏的菌种斜面中，用接种环轻轻搅动培养物，使成菌悬液。

3. 加样

用无菌吸管吸取菌悬液，在每支砂土管中滴加4～5滴菌悬液，用接种环搅拌，塞上砂土管棉塞。

4. 干燥

将已滴加菌悬液的砂土管置于干燥器内。干燥器内应预先放置五氧化二磷或无水氯化钙用于吸水。当五氧化二磷或无水氯化钙因吸水而变成糊状时，需及时更换。如此数次，使砂土管干燥。有条件时，也可用真空泵连续抽气约3h，干燥效果更佳。

5. 抽样检查

从抽干的砂土管中，每10支抽1支进行检查。用接种环取少许砂土，接种到适合于所保藏菌种生长的斜面上进行培养，检查有无杂菌生长以及所保藏菌种的生长情况。

6. 保藏

若经检查没有发现问题，可采用下列任何一种措施进行保藏。

① 砂土管继续放在干燥器内，将干燥器置于室温或冰箱中。

② 将砂土管带塞一端浸入熔化的石蜡中，使管口密封。

③ 在喷灯上，将砂土管棉塞以下的玻璃烧熔，封住管口，再置于冰箱中保存。

（五）冷冻真空干燥保藏

冷冻真空干燥保藏法是目前最有效的菌种保藏方法之一。它拥有两个突出的优点。一是适用范围广。据报道，除了不宜保藏少数不生孢子只产生菌丝体的丝状真菌外，其他各大类微生物（如细菌、放线菌、酵母菌、丝状真菌以及病毒）都可采用此法保藏。二是保藏期长、存活率高。此法的保藏期一般可长达数年至十几年，并且均能取得良好保藏效果。它的缺点是设备昂贵，操作复杂。

冷冻真空干燥保藏法集中了菌种保藏的多个有利条件，如低温、缺氧、干燥和添加保护剂。

主要包括三个步骤：首先将待保藏菌种的细胞或孢子悬浮于保护剂（如脱脂牛奶）中，目的是减少因冷冻或水分升华对微生物细胞造成的损害；继而在低温下（−70℃左右）使微生物细胞快速冷冻；最后在真空条件下使冰升华，以除去部分水分。

1. 冷冻真空干燥保藏方法步骤

（1）准备安瓿管　安瓿管一般用中性硬质玻璃制成，管内径约6～8mm，长度约100mm，先用2%盐酸浸泡过夜，然后用自来水冲洗至中性，最后用蒸馏水冲洗3次，烘干备用。将印有菌名和接种日期的标签纸置于安瓿管内，印字一面向着管壁，管口塞上棉花塞并包上牛皮纸，高压蒸汽灭菌，0.1MPa灭菌30min。

（2）制备菌悬液

① 菌种斜面培养。一般利用最适培养基在最适温度下培养菌种斜面，以便获得生长良好的培养物（一般为静止期细胞）。芽孢细菌可以保藏芽孢，放线菌和霉菌则可保藏孢子。不同菌种所需的斜面培养时间各不相同，细菌培养24～48h，酵母菌培养3天左右，放线菌和霉菌培养7～10天。

② 制备菌悬液。吸取2mL已灭菌的脱脂牛奶至培养好的新鲜菌种斜面中，用接种环轻轻刮下培养物，使其悬浮在牛奶中，制成的菌悬液浓度以10^8～10^{10}个/mL为宜。

③ 分装菌悬液。用无菌长滴管吸取0.2mL菌悬液，滴加在安瓿管底部，注意不要使菌悬液粘在管壁上。

（3）冷冻真空干燥的操作步骤

① 菌悬液预冻。将装有菌悬液的安瓿管直接放在低温冰箱中（−45～−35℃）或放在干冰无水乙醇浴中进行预冻。预冻的目的是使菌悬液在低温条件下冻结成冰（注意预冻温度不要高于−25℃，因为含有脱脂牛奶的菌悬液冰点下降）。

② 冷冻真空干燥。将装有已冻结菌悬液的安瓿管置于真空干燥箱中，开动真空泵进行真空干燥。若采用简易冷冻真空干燥装置，应在开动真空泵后15min内，使真空度达到0.0667MPa，在此条件下，菌悬液保持冻结状态并逐渐升华。继续抽气，当真空度达到

0.0267～0.0133MPa 后，维持 6～8h，样品即被干燥，干燥样品呈白色疏松状态。

③ 安瓿管封口。样品干燥后，先用火焰将安瓿管棉塞下端处烧熔并拉成细颈，再将安瓿管接在封口用的抽气装置上，开动真空泵，室温抽气，当真空度达到 0.0267MPa 时，继续抽气数分钟，再用火焰在细颈处烧熔封口。

④ 保藏。将封口带菌安瓿管置于冰箱（5℃左右）中或室温下避光保存。

2. 简易冷冻真空干燥保藏方法步骤

（1）制备无菌瓶　将药用青霉素小瓶先用 2%盐酸浸泡 8～10h，再用自来水冲洗 3 次，最后用蒸馏水洗 1～2 次，烘干。将印有菌名和接种日期的标签纸置于小瓶中，瓶口用无菌容器封口膜覆盖扎紧，连同小瓶的橡皮塞一起高压蒸汽灭菌，0.1MPa 灭菌 20min，备用。

（2）制备无菌脱脂牛奶　制备脱脂牛奶或配制 40%脱脂奶粉，在 0.08MPa 灭菌 20min，并作无菌检查。

（3）制备菌悬液　在培养好的新鲜菌种斜面上，加入 3mL 无菌水，用接种环刮下菌苔（不要刮破培养基），轻轻搅动，制成菌悬液。

（4）分装　用无菌移液管将菌悬液分装至经灭菌的青霉素小瓶中，每瓶装 0.2mL，再用无菌长滴管将经灭菌的 0.2mL 脱脂牛奶加入青霉素小瓶中，振摇混匀。

（5）预冻　将青霉素小瓶放入 500mL 干燥瓶中，然后放入－45～－35℃低温冰箱中保存 20min，待小瓶中菌悬液冻结成固体后取出。

（6）冷冻真空干燥　迅速将干燥瓶插在冷冻干燥器的抽真空插管上，抽真空冷冻干燥 24～36h，待菌体混合物呈疏松状态，稍一振动即脱离瓶壁，方可取出。

（7）封存　在无菌室内将无菌容器封口膜取下，迅速换无菌橡皮塞，最后用封口膜将瓶口封住，置于－20℃低温冰箱保存。

（8）存活性检测　每个菌株取 1 支冻干管及时进行存活检测。打开冻干管，加入 0.2mL 无菌水，用毛细滴管吹打几次，沉淀物溶解后（丝状真菌、酵母菌则需要置室温平衡 30～60min），转入适宜的培养基培养，根据生长状况确定其存活性，或用平板计数法或死活染色方法确定存活率，如需要可测定其特性。按以下公式计算其存活率：

$$存活率(\%)=\frac{保藏后每毫升活菌数}{保藏前每毫升活菌数}\times 100\%$$

（9）保存　置 4℃或－20℃低温冰箱保存，每隔一段时间进行抽样检测。

该方法是菌种保藏的主要方法，对大多数微生物较为适合、效果较好，保藏时间依不同的菌种而定，有的为几年甚至 30 多年。

取用冻干管时，先用 75%乙醇将冻干管外壁擦干净，再用砂轮或锉刀在冻干管上端划一小痕迹，然后将所划之处向外，两手握住冻干管的上下两端稍向外用力使可打开冻干管，或将冻干管上端近口处烧热，在热处滴几滴水，使之破裂，再用镊子敲开。

（六）液氮超低温冷冻保藏

液氮超低温冷冻保藏法是比较理想的一种菌种保藏方法，其主要优点是适合保藏各种微生物，特别适合保藏某些不宜用冷冻干燥保藏的微生物。此外，菌种保藏期较长，不易发生变异。

液氮超低温冷冻保藏法的原理是：在超低温（－130℃）条件下，生物的一切代谢停止，但生命仍在延续。将微生物细胞悬浮于含保护剂的液体培养基中，或者把带菌琼脂块直接浸没于含保护剂的液体培养基中，经预先缓慢冷冻后，再转移至液氮冰箱内，于液相（－196℃）或气相（－156℃）中保藏。该法已被国外某些菌种保藏机构作为常规保藏方法，它也已被我国许多菌种保藏机构采用。其缺点是需要液氮冰箱等特殊设备，应用受到一定限制。

1. 准备安瓿管

液氮保藏所用的安瓿管必须能够经受突然温度变化而不破裂，一般采用硼硅酸盐玻璃制品，安瓿管规格一般为75mm×10mm或能容纳1.2mL液体。洗刷干净并烘干，安瓿管口塞上棉花并包上牛皮纸，高压蒸汽灭菌，0.1MPa灭菌20min，然后把安瓿管编号备用。

2. 准备冷冻保护剂

液氮保藏法一般都需要添加保护剂，通常采用终浓度为10%(*V*/*V*)甘油或10%(*V*/*V*)二甲亚砜作为冷冻保护剂。含甘油溶液需经高压灭菌，而含二甲亚砜溶液则采用过滤除菌。如要保藏只能形成菌丝体而不能产生孢子的霉菌，除需制备带菌琼脂块外，还需在每个安瓿管中预先加入一定量10%(*V*/*V*)甘油的液体培养基（加入量以能浸没即将加入的带菌琼脂块为宜），0.1MPa灭菌20min备用。

3. 制备菌悬液或带菌琼脂块浸液

(1) 制备菌悬液　在每支长好菌的斜面中加入5mL含10%(*V*/*V*)甘油液体培养基，制成菌悬液。并用无菌吸管吸取0.5～1mL菌悬液分装于无菌安瓿管中，然后用火焰熔封安瓿管。

(2) 制备带菌琼脂块浸液　如要保藏只长菌丝体的霉菌时，可用无菌打孔器从平板上切下带菌落的琼脂块（直径5～10mm)，置于装有含10%(*V*/*V*)甘油液体培养基的无菌安瓿管中，用火焰熔封安瓿管口。

为了检查安瓿管口是否熔封严密，可将上述经熔封的安瓿管浸于水中，发现有水进入管内，说明管口尚未封严。

4. 慢速预冷冻处理

将菌种置于液氮冰箱保藏前，微生物需经慢速冷冻，其目的是防止细胞因快速冷冻而在细胞内形成冰晶，从而降低菌种存活率。

(1) 控速冷冻　将已经封口的安瓿管置于铝盒中，然后置于一个较大金属容器中，再将此金属容器置于控速冷冻机的冷冻室内，以每分钟下降1℃的速度冻结至－30℃。

(2) 普通冷冻　如实验室无控速冷冻机，可将已封口的安瓿管置于－70℃冰箱中预冷冻4h，以代替控速冷冻处理。

5. 液氮保藏

将上述经慢速预冷冻处理的封口安瓿管迅速置于液氮冰箱中，于液相（－196℃）或气相（－156℃）中保藏。

若把安瓿管保藏在液氮冰箱的气相中，则无需除去安瓿管口棉塞，也无需熔封安瓿管口。

6. 恢复培养

如需用所保藏的菌种，可用急速解冻法融化安瓿管中结冰。从液氮冰箱中取出安瓿管，立即置于38～40℃水浴中，并轻轻摇动，使管中结冰迅速融化。然后采用无菌操作打开安瓿管，并用无菌吸管将安瓿管中保藏的培养物全部转移至含有2mL无菌液体培养基中，再吸取0.1～0.2mL菌悬液至琼脂斜面上，进行保温培养。

五、实验报告

1. 记录各类微生物菌种保藏方法与结果。

2. 试述各类微生物的最佳保藏方法。

3. 试比较各种保藏方法的优缺点。

六、注意事项

1. 保藏前，应使菌种充分生长，如果是生芽孢的细菌或生孢子的放线菌和霉菌，必须等到孢子长成。

2. 到保藏期后，及时将菌种转接到新配的培养基上，重新保藏。

3. 冷冻真空干燥时，应让菌体混合物充分干燥，使之呈疏松状态。

4. 安瓿管需绝对密封，如有漏洞，保藏期间液氮会渗入安瓿管内，从液氮冰箱取出安瓿管时，液氮会从管内逸出，由于室温高，液氮常会因急剧气化而发生爆炸。为防不测，操作人员应戴上皮手套和面罩等防护用具。

5. 皮肤接触液氮时，极易被“冷烧”，操作时应特别小心。

6. 从液氮冰箱取出一支安瓿管时，为了防止其他安瓿管升温，应尽量缩短取出和放回安瓿管的时间，一般不得超过 1min。

七、思考题

1. 实验室中最常用哪一种方法保藏细菌菌种？

2. 砂土管保藏法适用于保藏何种类型的微生物？灭菌后的砂土管为什么必须进行无菌检查？

3. 在冷冻干燥保藏法中，为什么先将菌悬液预冻再进行真空干燥？

4. 在液氮超低温冷冻保藏法中，为什么需用含保护剂的液体培养基制备菌悬液？保护剂的作用是什么？

5. 用什么方法检查安瓿管是否熔封严密？如管口尚未封严，将会产生什么不良后果？

6. 在液氮超低温冷冻保藏法中，为什么需采用缓慢冷冻（控速冷冻）细胞？

第二部分　环境微生物生态学实验方法与技术

微生物广泛地生活于自然界中，有的生活在土壤、水体和空气中，有的生活在动植物和人体上（内），还有的直接生活在工农业产品中以及一些极端环境中。可以说，微生物几乎无处不在。微生物的种类很多，一般可概括分为细菌、放线菌和真菌三大类。自然环境中的微生物一般不是单独存在的，常以个体、种群、群落和生态系统从低到高的组织层次分布。微生物的区系除受理化环境因素的影响以外，同样也受生物环境的影响。在每一个特定的微生物区系中，都包含着不同的微生物，因而同一生态环境中的各种微生物之间存在着十分复杂的相互关系。微生物在自然界物质循环、养分转化、环境净化、动植物生长、工农业生产等方面起着不可替代的作用。

微生物生态学是研究微生物群体与其周围生物（植物、动物、微生物）和非生物环境之间相互作用规律的生态学分支学科之一。其主要研究内容包括不同环境因素对微生物种群和数量及其多样性的影响，微生物与微生物、微生物与动植物之间的相互作用，微生物在自然界或生态系统物质的生物地球化学循环过程中的作用，以及在工农业生产及环境保护中的应用等。

微生物生态学通常要涉及以下几个方面的实验研究内容：微生物的计数法、微生物生物量测定方法、酶活性测定方法、微生物种类的鉴定方法以及微生物多样性研究方法。

第八章　环境因素对微生物生长与死亡的影响

微生物作为一大类生物，可生长于极其广泛甚至是极端环境条件下。几乎在任何生境下，都可发现有微生物的存在：从冰川到热泉；从沃土到荒漠；从淡水的河、湖到盐水的海洋，甚至高浓度的盐湖。我们能从所采集的各种生境中分离到微生物，但是不能在某一个生境中发现全部微生物，每个生境中都有着少数几种能适应该生境的微生物群落。本部分将通过实验了解到环境因素——营养、氧气、温度、紫外线、氢离子浓度、化学药剂等对微生物生长与死亡的影响。

第一节　营养和氧气对微生物生长发育的影响

实验 8.1　营养元素对微生物生长的影响

一、实验目的

了解不同营养元素对微生物生长的影响，从而进一步探讨不同微生物所属的营养类型。

二、实验原理

营养物质按照它们在机体中生理作用的不同，可以将它们区分为碳源物质、氮源物质、无机盐和生长因子四种类型，另外还有一种必不可少的物质——水。

碳源物质用来构成细胞物质或为机体提供完成整个生理活动所需要的能量。氮源物质主要是用来作为合成细胞物质中含氮物质的原料，此外有少数自养细菌能利用铵盐、硝酸盐作为机体生长的氮源与能源，某些厌氧细菌也可以利用氨基酸作为生长的能源物质。无机盐为机体生长提供必需的金属元素，他们可参与酶的组成、维持细胞结构的稳定性、调节与维持细胞的渗透压平衡、控制细胞的氧化还原电位和作为某些微生物生长的能源物质等。某些微生物在一般含有碳源、氮源、无机盐的培养基里培养时还不能生长或生长极差，需要另外加入少量生长因子——维生素、氨基酸与嘌呤（或嘧啶）碱基时才能满足机体生长的需要。

根据生长所需要的碳源物质的性质，可以将微生物分成异养型生物与自养型生物，前者不能以 CO_2 作为生长的主要碳源或唯一碳源物质，后者能以 CO_2 作为生长的主要碳源或唯一碳源。同样根据它们生长所需要的能源不同，各自又可再分成化能营养型与光能营养型。这样微生物可以划分成光能自养型、光能异养型、化能自养型与化能异养型四种基本营养类型。本实验将考察某些化能异养微生物生长所需的营养种类。

三、实验材料与用具

1. 下列菌种的24h斜面培养物

大肠埃希菌（*Escherichia coli*）

乳链球菌（*Streptococcus lactis*）

酿酒酵母（*Saccharomyces cerevisae*）

金黄色葡萄球菌（*Staphylococcus aureus*）

2. 培养基

（1）琼脂　琼脂18.0g；蒸馏水1000mL。

（2）琼脂＋无机盐　琼脂18.0g；$NH_4H_2PO_4$ 1.0g；KCl 1.0g；$MgSO_4 \cdot 7H_2O$ 1.0g；蒸馏水1000mL。

（3）琼脂＋无机盐＋有机碳源（糖类）　琼脂18.0g；$NH_4H_2PO_4$ 1.0g；KCl 1.0g；$MgSO_4 \cdot 7H_2O$ 1.0g；葡萄糖10.0g；蒸馏水1000mL。

（4）琼脂＋无机盐＋有机氮源（蛋白胨）＋有机碳源　琼脂18.0g；$NH_4H_2PO_4$ 1.0g；KCl 1.0g；$MgSO_4 \cdot 7H_2O$ 1.0g；葡萄糖10.0g；蛋白胨10.0g；蒸馏水1000mL。

3. 灭菌的培养皿。

四、实验方法

（1）将培养基加热融化后冷至45℃。

（2）将培养基分别倾入灭菌培养皿中制成平板，待凝固后在皿底上做上标记。

（3）每种培养基各取五付平板，前四付平板分别接种大肠埃希菌、乳链球菌、酿酒酵母和金黄色葡萄球菌，剩下一付不接种作为对照。

（4）将各组培养皿倒置，在37℃培养48h。

（5）观察各培养皿菌落生长情况，记录实验结果。

五、实验报告

1. 将试验结果填入表8-1中，＋表示有菌落生长，0表示不生长，分析试验结果。

表8-1　营养元素对不同微生物生长的影响

菌　种	琼脂	琼脂＋无机盐	琼脂＋无机盐＋有机碳源	琼脂＋无机盐＋有机碳源＋有机氮源
大肠埃希菌				
乳链球菌				
酿酒酵母				
金黄色葡萄球菌				
对照(不接种)				

2. 进一步分析不同微生物对不同营养物质的需求以及各类营养元素对微生物生长的影响。

六、注意事项

若待测菌种取自液体培养物，接种环上挟带的少量培养基有可能会影响到试验结果的准确性，因此本试验菌种采用固体培养物，接种时应挑取生长在斜面培养基表面的生长物。

七、思考题

1. 微生物有哪些营养类型？各有什么特点？

2. 分析本实验所选实验菌株的营养类型。

实验 8.2 氧和 CO_2 浓度对微生物生长的影响

一、实验目的

检验氧和 CO_2 对微生物生长的影响。

二、实验原理

氧对微生物的生长影响很大，根据微生物和氧的关系，可将微生物分成四类。①专性好氧微生物。很多细菌、大多数真菌和藻类都属此类，他们在缺氧时不能生长。②专性厌氧微生物。这类微生物不利用氧，氧对他们具有毒害作用，如梭状芽孢杆菌属、甲烷杆菌属、瘤胃球菌属和链球菌属的一些种。③兼性厌氧微生物。这类生物在有氧时进行好氧呼吸，在缺氧时通过发酵作用而获得能量，如肠道细菌、人及动物的很多病原菌、酵母和某些真菌等。④微需氧微生物。这类微生物在好氧和绝对厌氧条件下均不能生长，只有在空气中氧浓度为20%以下的条件才能生长。

CO_2 对光能自养型和化能自养型微生物都是必不可少的，然而多种异养细菌亦可利用 CO_2。当空气中 CO_2 浓度达到5%左右时，奈瑟球菌属和链球菌属的某些种可生长得更好。

三、实验材料和用具

1. 菌种

生孢梭菌（*Clostridium sporogenes*）

大肠埃希菌（*Escherichia coli*）

酿脓链球菌（*Streptococcus pyogenes*）

铜绿假单胞菌（*Pseudomonas ueruginosa*）

干燥奈瑟球菌（*Neisseria sicca*）

2. 异养细菌培养基

其配方如下：

葡萄糖 5.0g；蛋白胨 1.0g；K_2HPO_4 0.4g；$(NH_4)_2SO_4$ 0.5g；$MgSO_4 \cdot 7H_2O$ 0.05g；$MgCl_2$ 0.1g；$FeCl_3$ 0.01g；$CaCl_2$ 0.1g；酵母膏 1.0g；土壤浸出液 250mL；蒸馏水 750mL；琼脂 18g。

3. 灭菌培养皿，灭菌移液管，厌氧培养罐，蜡烛缸，N_2 瓶，恒温水浴等。

四、实验方法

1. 氧

① 将异养细菌培养基加热融化，冷至 45℃。

② 制备平板。

③ 取待测菌种按划线分离法在平板上作划线分离，每种菌各划线两付平板，分别用记号笔在皿底注明好氧和厌氧、菌名。

④ 将各组标有“厌氧”记号的平皿倒置于厌氧罐内，随同放在空气中倒置的“好氧”平皿一起，置于 37℃培养 2～7d。

⑤ 记录生长状况，描述每种菌菌落的特征、生长状况，注意同一种菌在好氧、厌氧条

件下培养生长状况的差异。

⑥ 取四管异养细菌半固体培养基（培养基成分同上，仅琼脂含量从18g减至2.25g）放在水浴中，使水平面在琼脂以上。

⑦ 加热水至沸，使琼脂全部融化。

⑧ 将试管放入恒温水浴中（温度调节至45～50℃），注意经常检查水温并维持在这一范围内，因温度低于45℃培养基会凝结，高于50℃某些菌会被杀死，若琼脂开始凝结，应再次在沸水中融化。

⑨ 吸取待测菌液体培养物2mL接种至试管中，每种菌各一管，将试管迅速放回恒温水浴。

⑩ 使接种物与培养基充分混匀，注意避免剧烈振荡，以使O_2进入培养基。

⑪ 将试管放入冷水浴中，使水没过培养基直至培养基完全凝结。

⑫ 将试管置于37℃培养2天～7d。

⑬ 注意观察各种菌的菌落在试管中出现生长的位置及相对数量。

2. CO_2

① 取黏质赛氏杆菌和酿脓链球菌分别在异养培养基平板上按划线分离法划线，每种菌各划线两付平板。

② 每种菌各取一付平板倒置于蜡烛缸内，将点燃的蜡烛放在缸中平皿上方，随即拧紧盖子，并用石蜡密封，当缸内CO_2上升至4%，O_2降至16%时，蜡烛会自行熄灭，缸内并非厌氧。

③ 将另两付平板倒放，与蜡烛缸一起置于37℃培养。

④ 比较两组培养物之间菌生长速率、菌落大小及其他一些特征之间的差别。

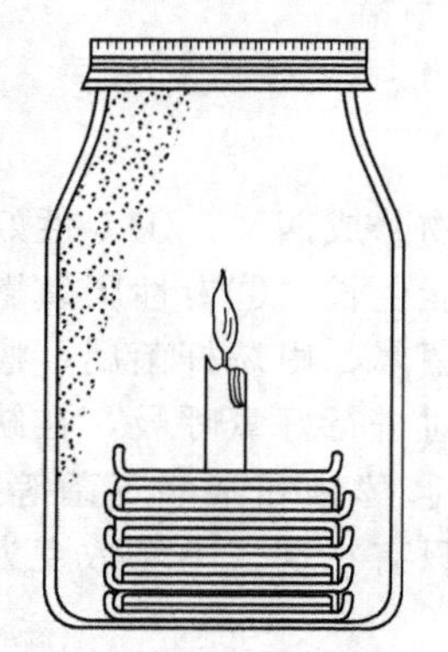

图 8-1 蜡烛缸示意图

蜡烛缸结构示意图如下（图8-1），可选用普通广口瓶制成。

五、实验报告

1. 氧

分别将两种试验的观察结果记录于表8-2和图8-2中。

表 8-2 氧对不同微生物生长的影响

类型	菌名			
	生孢梭菌	大肠埃希菌	酿脓链球菌	铜绿假单胞菌
厌氧 好氧				

(1) 平板法 以“+”表示有菌生长，“−”表示不生长。简述菌落大小和外观以及同一种菌在好氧和厌氧条件下的差异。

(2) 试管法 比较四种菌在试管内生长的位置和混浊程度。按其最大生长所在的位置，将它们对氧需求的程度作一分类：专性厌氧、兼性厌氧、专性好氧、微需氧。

六、注意事项

1. 氧对专性厌氧微生物有毒害作用，上述操作步骤应按厌氧操作技术进行。

2. 厌氧罐通常使用焦性没食子酸吸收培养容器中的氧，或抽真空，或在氮或氢气条件下培养微生物。

2. CO_2

将两种菌在不同培养条件下的生长状况作一比较，注意观察菌落的大小和外观，试验结果记录于表8-3。

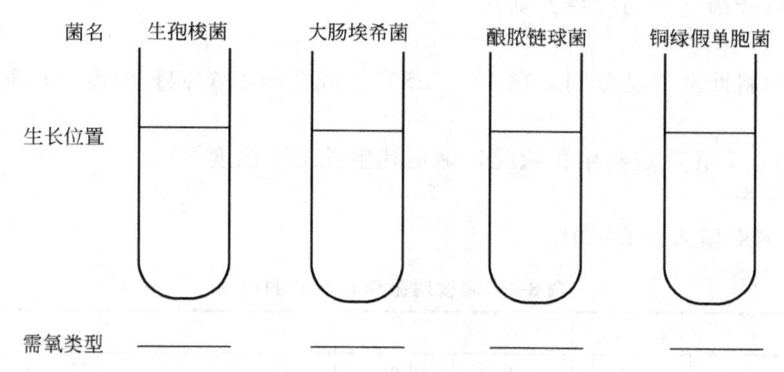

图 8-2 氧对不同微生物生长的影响

表 8-3 CO_2 对不同微生物生长的影响

类 型	菌 名	
	干燥奈瑟球菌	酿脓链球菌
常规空气中培养		
CO_2 浓度增加(蜡烛缸)下培养		

七、思考题

试说出几种厌氧培养的方法各有什么优缺点？

第二节 物理和化学因素对微生物生长发育的影响

实验 8.3 温度对微生物生长的影响

一、实验目的

了解温度对微生物生长发育的影响，学习测定微生物最适生长温度的方法。

二、实验原理

微生物生长繁殖需要一定的温度条件，每种微生物都有它的生长温度范围，若温度超过最高或低于最低生长温度时，微生物均不能生长，或处于休眠状态，甚至死亡。

根据微生物最适生长温度的范围，可将微生物分为低温型、中温型和高温型三类。大多数微生物属中温型，它们适宜生长的温度在 25～40℃之间，故实验室常采用 28～38℃来培养微生物。若要确定某种微生物的最适生长温度，应进行测定。

三、实验材料和用具

1. 菌种

培养 24h 的大肠杆菌（*E. coli*）和枯草芽孢杆菌（*Bacillus subtilis*）斜面菌种。

2. 培养基

牛肉膏蛋白胨琼脂斜面培养基。

3. 器材

接种环，酒精灯。

四、实验方法

1. 接种

取牛肉膏蛋白胨琼脂斜面培养基 8 支，用接种环按无菌操作法分别在斜面上划直线接种大肠杆菌与枯草杆菌（勿划破培养基）。

2. 培养

将已接种的斜面培养基分别放在4℃、28℃、37℃和45℃四种温度下培养。

3. 观察

于培养48h、72h后观察生长状况，确定其生长最适温度。

五、实验报告

1. 将试验结果填入表8-4中。

表8-4 温度对微生物生长的影响

菌 名	4℃		28℃		37℃		45℃	
	48h	72h	48h	72h	48h	72h	48h	72h
枯草杆菌								
大肠杆菌								

注：生长度以下列方式表示：＋＋＋—生长良好；＋＋—生长一般；＋—生长差；——不生长。

2. 画出各菌的生长与培养温度关系曲线，确定其最适生长温度。

实验8.4 渗透压对微生物生长的影响

一、实验目的

了解渗透压对微生物生长发育的影响，学习测定微生物最佳渗透压的方法。

二、实验原理

微生物细胞若置于高渗溶液（如20%NaCl）中，水将通过细胞膜从低浓度的细胞内进入细胞周围的溶液中，造成细胞脱水而引起质壁分离，使细胞不能生长甚至死亡。相反，若将微生物置于低渗溶液中，环境中的水将从溶液进入细胞内引起细胞膨胀，致使细胞破裂。大多数微生物不能耐受高渗透压，然而有少数微生物如嗜盐微生物可在15%～20%的盐溶液中生长。本试验考察渗透压对微生物生长和存活的影响。

三、实验材料和用具

1. 菌种

金黄色葡萄球菌（*Staphylococcus aureus*）24h牛肉膏蛋白胨培养物

大肠埃希菌（*Escherichia coli*）24h牛肉膏蛋白胨培养物

酿酒酵母（*Saccharomyces cerevisae*）48h麦芽汁培养物

产黄青霉（*Penicillium chrysogenum*）48h麦芽汁培养物

2. 含NaCl浓度分别为0.5%、5%、10%和20%的牛肉膏蛋白胨培养基。

3. 含蔗糖浓度分别为0.5%、10%、25%和50%的麦芽汁培养基。将新鲜麦芽汁滤液稀释至10°～15°Bx，按上述比例分别添加蔗糖，再加1.8%琼脂即可。

4. 灭菌培养皿八付、载玻片、盖玻片、显微镜、香柏油、测微尺。

四、实验方法

（1）取一付培养皿，在皿底部用记号笔划一十字线，使皿底分成相等的1/4圆形，并标以肉膏＋0.5%NaCl，四个1/4圆形分别编号为1、2、3、4。

（2）取含NaCl浓度为0.5%的牛肉膏蛋白胨培养基，按常规融化后制成平板。

（3）其他七种培养基亦依上法制成平板并作标记。

（4）将待测菌种编成1～4号，接种至平板中相应编号部位的中央，注意接种时勿划破琼脂表面以免影响菌落的形成。

(5) 置于30℃培养，在2～7d间，逐日观察菌落生长情况。

(6) 注意观察随着培养基中盐、糖浓度的增加，菌落形态有何变化，例如菌落的颜色、质地、形状和大小等（后者在某种程度上取决于接种时是否均一）。

(7) 将长在不同糖或盐浓度中的培养物制成湿装片，在显微镜下观察单个细胞形态学上的变化，细菌须用油镜观察，真菌可用高倍镜观察，绘图表示形态学上明显变化之处。

五、实验报告

1. 将不同盐、糖浓度对微生物生长的影响填入表8-5，生长以"＋"表示，不生长以"－"表示。

表8-5　渗透压对微生物生长与存活的影响

待测微生物	NaCl浓度/%				蔗糖浓度/%			
	0.5	5	10	20	0.5	10	25	50
金黄色葡萄球菌								
大肠埃希菌								
酿酒酵母								
产黄青霉								

2. 将有菌落生长的待测微生物菌落生长状况及细胞形态学上特征描述于表8-6、表8-7中。

表8-6　微生物在不同NaCl浓度中的生长状况

项　　目	NaCl浓度/%			
	0.5	5	10	20
菌落直径/mm				
菌落颜色				
菌落质地				
细胞形状				
细胞大小				
菌落名称				

表8-7　微生物在不同蔗糖浓度中的生长状况

项　　目	蔗糖浓度/%			
	0.5	10	25	50
菌落直径/mm				
菌落颜色				
菌落质地				
细胞形状				
细胞大小				
菌落名称				

实验8.5　氢离子浓度对微生物生长的影响

一、实验目的

了解氢离子浓度对微化物生长发育的影响，学习测定微生物生长最适pH值的方法。

二、实验原理

微生物生长繁殖需要一定的酸碱度即pH值环境，H^+浓度影响微生物对营养物质的吸收和生化反应。一般细菌适于中性环境，放线菌适于偏碱性环境，酵母菌和霉菌则适于在微酸性环境中生长，若超出其适应的范围，微生物生长将受到抑制或不能生长。

三、实验材料和用具

1. 菌种

培养 24h 大肠杆菌（*E. coli*）斜面菌种。

培养 5d 吸水链霉菌 5102(*Streptomyces hygroscopicus* 5102）斜面菌种。

培养 3d 黑曲霉（*Aspergillus niger*）斜面菌种。

2. 培养基和试剂

牛肉膏蛋白胨培养液，0.2mol/L K_2HPO_4，0.2mol/L 硼酸，0.2 mol/L NaOH，0.1 mol/L 柠檬酸。

3. 器材

无菌水，无菌吸管（1mL)，接种环。

四、实验方法

1. 培养基制备

分组按下列配方配制不同 pH 值的培养基，并用 pH 计校正 pH 值，然后分装入试管中，每管装量 5～6mL，0.1MPa 灭菌 30min 备用，见表 8-8。

表 8-8 不同 pH 值培养基配置表

试管序号	0.2mol/L K_2HPO_4/mL	0.2mol/L 柠檬酸/mL	0.2mol/L NaOH/mL	0.2mol/L 硼酸/mL	牛肉膏蛋白胨培养液/mL	总量/mL	pH 值（近似值）
1	0.3	1.7	—	—	8	10	2.8
2	0.9	1.1	—	—	8	10	4.4
3	1.1	0.9	—	—	8	10	5.2
4	1.3	0.7	—	—	8	10	6.0
5	1.5	0.5		—	8	10	6.8
6	1.9	0.1	—	—	8	10	7.6
7	—	—	0.3	1.7	8	10	8.4
8	—	—	0.7	1.3	8	10	9.2
9	—	—	1.0	1.0	8	10	10.0

2. 接种培养

取供试 pH 值培养基两组用接种环按无菌操作法于试管中分别接入大肠杆菌、吸水链霉菌、黑曲霉，在 37℃下培养 48h。

3. 检查结果

取出培养物，观察并记录实验结果。

五、实验报告

1. 将实验结果填入表 8-9 中。

表 8-9 不同 pH 值对大肠杆菌生长发育的影响

pH 值	2.8	4.4	5.2	6.0	6.8	7.6	8.4	9.2	10.0
吸水链霉菌									
黑曲霉									
大肠杆菌									

注：生长度表示法：＋＋＋—生长良好；＋＋—生长一般；＋—生长差；－—不生长。

2. 画出各菌的 pH 值与菌生长关系曲线，确定其最适生长 pH 值。

实验 8.6 化学药剂对微生物生长的影响

一、实验目的

了解化学药剂的杀菌和消毒作用，掌握常用消毒剂的浓度和使用方法。

二、实验原理

一些化学药剂对微生物的生长有抑制或杀死作用。因此，在实验室内和生产上常利用某些化学药剂进行杀菌或消毒。不同的药剂或同一药剂对不同微生物的杀菌能力不同，此外，药剂浓度、作用时间及环境条件不同，其效果也不同。应用前需进行试验，灵活选择。

三、实验材料和用具

1. 活材料

培养 24～48h 的大肠杆菌（*E. coli*）、金黄色葡萄球菌（*Staphylococcus aureus*）、枯草杆菌（*Bacillus subtilis*）斜面菌种。

2. 培养基和试剂

牛肉膏蛋白胨琼脂培养基，1g/L $HgCl_2$，200μg/L 链霉素，200μg/L 青霉素，50g/L 石炭酸。

3. 器材

无菌平皿，无菌水，无菌吸管（1mL），玻璃刮铲，无菌镊子，直径 0.6cm 的无菌圆形滤纸片。

四、实验方法

1. 制平板

取无菌平皿 3 套，将已熔化并冷却至 50℃左右的牛肉膏蛋白胨琼脂培养基按无菌操作法倒入平皿中，使冷凝成平板。

2. 制备菌悬液

取无菌水 3 支，用接种环分别取大肠杆菌、金黄色葡萄球菌和枯草杆菌各 1～2 环接入无菌水中，充分混匀，制成菌悬液。

3. 接种

用无菌吸管分别吸取已制好的菌悬液 0.1mL 接种于平板上，用无菌玻璃刮铲涂匀，注意做好标记。

4. 浸药

将灭菌滤纸片浸入供试药剂中。

5. 加药剂

用无菌镊子夹取浸药滤纸片（注意把药液沥干），分别平铺于同一含菌平板上，注意药剂之间勿互相沾染，并在平皿背面做好标记。

6. 培养

将平皿置于 28℃下培养 48～72h 后观察结果。

五、实验报告

1. 取出培养平皿，观察滤纸片周围有无抑菌圈产生，并将测量结果填入表 8-10 中。

表 8-10　化学药剂对细菌的抑菌效果（抑菌圈直径）

细　菌	消毒剂			
	$HgCl_2$(1g/L)	链霉素(200μg/L)	青霉素(200μg/L)	石炭酸(50g/L)
大肠杆菌				
金黄色葡萄球菌				
枯草杆菌				

2. 分析不同化学药剂对不同菌的抑菌效果。

第九章　土壤微生物的生物量的测定方法

微生物生物量（microbial biomass）是指单位体积内微生物活体物质的总量。土壤微生物生物量是反映土壤肥力和土壤质量水平的一个重要指标。土壤微生物生物量本身就是一个活性养分储藏库，对土壤养分具有储存和调节作用。而且，土壤微生物量的周转速率快。因此，土壤微生物生物量的大小及其积累与转化具有重要的生态学意义。

关于微生物生物量的测定，大致包括以下几种方法。

① 直接计数法（或平板法）。求出每克土壤所含的微生物（细菌、真菌和放线菌）数量，然后乘以每一个细胞所占的体积，再乘以细胞的密度，从而求得每克土壤微生物的生物量，即微生物生物量＝细胞数×体积×密度。

② 生理学方法。生理学方法是根据微生物的代谢活性来测定生物量的。目前常用的方法有氯仿熏蒸法以及微生物呼吸率测定法。

③ 生物化学方法。主要包括三磷酸腺苷（ATP）含量测定法和磷脂脂肪酸含量测定法。

实验 9.1　土壤微生物生物量碳的测定

一、实验目的

了解土壤微生物生物量碳的测定方法。

二、实验原理

土壤微生物生物量碳（Soil microbial biomass C）是指土壤中所有活微生物体中碳的总量，通常占微生物干物质的 40％～45％，是反映土壤微生物生物量大小的最重要的指标。自应用氯仿熏蒸技术测定土壤微生物生物量以来，先后建立了测定上壤微生物生物量碳的熏蒸培养法（fumigation-incubation method，FI）和熏蒸提取法（fumigation-extraction method，FE）。下面主要介绍用氯仿熏蒸法测定微生物生物量碳的实验方法。

该方法的基本原理是，新鲜土壤经氯仿蒸汽熏蒸后再培养，被杀死的土壤微生物生物量中的碳，将按一定的比例矿化为 CO_2-C，根据熏蒸土壤与未熏蒸土壤在一定培养期内释放的 CO_2-C 差值或增量以及矿化比率（k_c），估算土壤微生物量碳。

三、实验仪器与用具

1. 仪器与用具

土壤筛（孔径 2mm），真空干燥器（直径 22cm），水泵抽真空装置或无油真空泵，pH值自动滴定仪，塑料桶（带螺旋盖可密封，体积 50L），可密封螺纹广口塑料瓶（容积 1.1L），高温真空绝缘酯（MIST-3），烧杯（25mL，50mL，80mL），容量瓶（50mL），三角瓶（150mL）。

2. 试剂配制

（1）去乙醇氯仿制备　普通氯仿试剂一般含有少量乙醇作为稳定剂，使用前需除去。将氯仿试剂按 1∶2（体积分数）的比例与去离子水或蒸馏水一起放入分液漏斗中，充分摇动 1min，慢慢放出底层氯仿于烧杯中，如此洗涤三次。得到的无乙醇氯仿加入无水氯化钙，以除去氯仿中的水分。纯化后的氯仿置于暗色试剂瓶中，在低温（4℃）、黑暗状态下保存。

（2）氢氧化钠溶液［$c(NaOH)=1mol/L$］　分析纯固体氢氧化钠一般含有碳酸钠，影响滴定终点的判断和测定的准确度，应将其除去。先将氢氧化钠配成 50％（质量浓度）的浓溶液，密闭放置3～4d，待碳酸钠沉降后，取56mL 50%氢氧化钠上清液（约19mol/L），用新煮沸冷却的无二氧化碳去离子水稀释到1L，即为浓度1mol/L的NaOH溶液，用橡皮塞密闭塑料瓶保存。

（3）碳酸酐酶溶液（1∶1质量比）　10.0mg碳酸酐酶溶于10mL去离子水，在4℃下保存，有效期不超过7d。

（4）盐酸溶液［c(HCl)＝1mol/L］　90mL分析纯浓盐酸（HCl，ρ＝1.19g/mL）用去离子水稀释到1L。

（5）标准硼砂溶液［$c(Na_2B_4O_7 \cdot 10H_2O)$＝0.1mol/L］　先将分析纯硼砂（$Na_2B_4O_7 \cdot 10H_2O$）在55℃的去离子水中重结晶，过滤后放入装有食用糖和氯化钠饱和溶液烧杯的干燥器中（相对湿度70%），取38.1367g硼砂结晶溶解于去离子水，定容至1L。

（6）标准盐酸溶液［c(HCl)＝0.05mol/L］　4.5mL分析纯浓盐酸（HCl，ρ＝1.19g/mL）用去离子水稀释到1L，再用0.1mol/L标准硼砂溶液标定其准确浓度。

四、实验方法

1．土壤前处理

新鲜土壤应立即进行前处理或保存于4℃冰箱中。测定前先仔细除去土壤中可见的植物残体（如根、茎和叶）及土壤动物（如蚯蚓等），过筛（＜2mn）并混匀。如土壤过湿，应在室内适当风干后再过筛，风干过程中应经常翻动，以避免局部干燥。用去离子水调节土壤湿度至40%的田间持水量（water-holdingcapacity，WHC），此时土壤手感湿润疏松但不结块。将土壤置于密封的塑料桶内，在25℃下预培养7～15d，桶内放置适量水以保持相对湿度为100%，并放一小杯1mol/L NaOH溶液以吸收释放的CO_2。

土壤田间持水量采用改进的Shaw（1958）方法测定。在漏斗下端连接一带夹子的橡胶管，漏斗用玻璃纤维堵塞。取50.0g土壤于漏斗中，夹紧橡胶管，加入50mL水，保持30min，再打开夹子使多余的水流入量筒，30min后测定流出的水量，同时测定土壤湿度，计算土壤田间持水量，用烘干土壤质量表示。

2．熏蒸

称取经前处理相当于50.0g烘干基的新鲜土壤两份，置于80mL烧杯中。将烧杯放入真空干燥器中，并放置盛有去乙醇氯仿（约2/3烧杯）的烧杯2～3只，烧杯内放入少量经浓盐酸溶液浸泡过夜后洗涤烘干的瓷片（0.5mm大小，防暴沸），同时放入一小烧杯稀NaOH溶液以吸收熏蒸期间释放出来的CO_2，干燥器底部还应加入少量水以保持湿度。按图9-1装置抽真空，也可采用无油真空泵，真空度控制在－0.07MPa以下，使氯仿剧烈沸腾3～5min。关闭真空干燥器阀门，在25℃暗室放置24h。熏蒸结束打开干燥器阀门时应听到空气进入的声音，否则为熏蒸不彻底，应重做。

取出氯仿（氯仿倒回储存瓶，可再使用）和稀NaOH溶液的烧杯，清洁干燥器，反复抽真空（－0.07MPa，5～6次，每次3min）直到土壤无氯仿味为止。每次抽真空后，最好完全打开干燥器，以加快除去氯仿的速度。熏蒸的同时，另称取等量的土壤三份，置于另一干燥器中但不熏蒸，作为对照土壤。

3．培养

另称取0.20g新鲜土壤于熏蒸好的土壤中，用小刮铲混匀后放入1.1L螺纹广口塑料瓶中（一瓶一个），并在塑料瓶内放入一盛有20mL 1mol/L NaOH溶液的烧杯，塑料瓶底部加入10mL去离子水，以保持瓶内湿度。密封后置于（25±1）℃的黑暗条件下培养10d。对照土壤同时培养，并设置三个空白（无土壤），以校正NaOH溶液吸收空气中的CO_2。操作过程中必须避免人呼出的CO_2被碱液吸收。

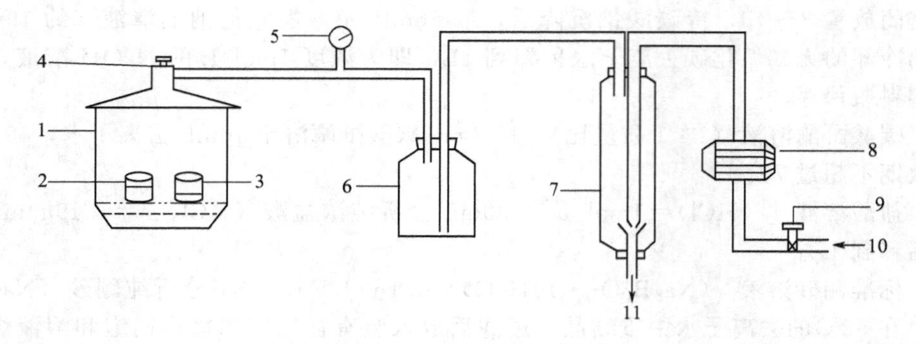

图 9-1 土壤熏蒸抽真空装置示意

1—真空干燥器；2—装土壤烧杯；3—装氯仿烧杯；4—磨口三通活塞；5—真空表；6—缓冲瓶；7—抽真空管；8—增压泵；9—控制开关；10—进水口；11—出水口

4. CO_2 滴定

培养结束后，取出装有 NaOH 溶液的烧杯，或密封或迅速转入盛有约 40mL 去离子水的 150mL 三角瓶中，加入 4 滴碳酸酐酶液，于磁力搅拌器上慢慢加入 1mol/L 盐酸溶液，使其 pH 值大约降至 10。用 0.05mol/L 标准盐酸溶液滴定至 pH 值为 8.3 后再滴定至 pH 值为 3.7。NaOH 溶液吸收的 CO_2 摩尔数与由 pH 值为 8.3 滴定至 3.7 消耗的标准盐酸溶液的摩尔数相等。

五、实验报告

利用以下公式计算土壤微生物生物量碳含量

$$土壤微生物生物量碳\ B_c = F_c / k_c$$

式中，F_c 为熏蒸土壤与未熏蒸土壤（对照）在培养 10 天内释放的 CO_2-C 差值；k_c 为转换系数，代表被氯仿熏蒸杀死的土壤微生物生物量碳在培养期间矿化为 CO_2-C 的比例，一般取值为 0.45。

六、注意事项

1. 注意氯仿具有致癌作用，必须在通风橱中进行操作。
2. 注意各溶液的保存方法和期限，不易保存的要随用随配。

七、思考题

1. 土壤微生物生物量碳的测定方法有哪些，原理是什么？
2. 实验操作过程中应注意哪些问题？

实验 9.2 土壤微生物生物量氮的测定

一、实验目的

了解土壤微生物生物量氮的测定方法

二、实验原理

土壤微生物生物量氮（soil microbial biomass N）是指土壤中所有活微生物体内所含有的氮的总量。尽管仅占土壤有机氮总量的 1%～5%，但是土壤中最活跃的有机氮组分，其周转速率快，对于土壤氮素循环及植物氮素营养起着重要的作用。自测定土壤微生物生物量碳的熏蒸法建立后，相继出现了测定土壤微生物生物量氮的熏蒸法，包括熏蒸培养法（fumigation-incubation method，FI-N）、熏蒸提取-全氮测定法（fumigation-extraction-total N method，FE-N）和熏蒸提取-茚三酮比色法（fumigation-extraction-ninhydrin，FE-Nin）。下面主要介绍熏蒸培养法。

该方法的基本原理是，新鲜土壤经氯仿蒸气熏蒸后再培养，被杀死的土壤微生物生物量中的氮按一定比例矿化为矿质态氮，根据熏蒸土壤与未熏蒸土壤矿质态氮的差值和矿化比率（或转换系数 k_N），估算土壤微生物生物量氮。

三、实验材料和用具

1. 实验设备

硬质消化管（250mL），定氮仪，pH 自动滴定仪，振荡器，酸式滴定管（50mL），可调加液器（50mL），可调移液器（50mL），其他仪器设备参见微生物生物量碳测定方法。

2. 试剂配制

（1）去乙醇氯仿　同微生物生物量碳测定方法。

（2）硫酸钾提取剂[$c(K_2SO_4)=0.5mol/L$]　43.57g 分析纯硫酸钾，溶于 1L 去离子水中。

（3）硫酸铬钾还原剂[$\rho(KCr(SO_4)_2 \cdot 12H_2O)=5g/100mL$]　50.0g 分析纯硫酸铬钾溶于 200mL 分析纯浓硫酸，用去离子水稀释至 1L。

（4）氢氧化钠溶液[$c(NaOH)=10mol/L$]　400g 分析纯氢氧化钠溶于去离子水中，稀释至 1L。

（5）硼酸溶液[$\rho(H_3BO_3)=2g/100mL$]　20.0g 分析纯硼酸溶于去离子水中，稀释至 1L。

（6）标准硼砂溶液[$c(Na_2B_4O_7 \cdot 10H_2O)=0.1mol/L$]　同微生物生物量碳测定方法。

（7）硫酸溶液[$c(H_2SO_4)=0.05mol/L$]　28.8mL 98%分析纯浓硫酸用去离子水稀释定容至 1L，此溶液硫酸浓度为 0.5mol/L，稀释 10 倍即得到 0.05mol/L 硫酸溶液，再用 0.1mol/L 标准硼砂溶液标定其准确浓度，也可用盐酸溶液代替硫酸。

四、实验方法

（1）土壤前处理、熏蒸同微生物生物量碳测定方法。

（2）提取培养结束时，取相当于烘干基 12.50g 的土壤，加入 50mL 0.5mol/L K_2SO_4 溶液（土水比 1∶4，质量浓度），充分振荡 30min(300r/min)，用慢速定量滤纸过滤。

（3）测定　取 15.0mL 上述提取液于 250mL 消化管中，加入 10mL 硫酸铬钾还原剂和 300mg 锌粉，至少放置 2h 后再消化。消化液冷却后加入 20mL 去离子水，待再冷却后慢慢加入 25mL 10mol/L NaOH 溶液，边加边混合，以免因局部碱浓度过高而引起 NH_3 的挥发损失。将消化管连接到定氮蒸馏装置上，再加入 25mL 10mol/L NaOH 溶液，打开蒸汽进行蒸馏，馏出液用 5mL 2%硼酸溶液吸收，至溶液体积约为 40mL。用 0.05mol/L H_2SO_4 溶液滴定至终点，亦可采用 pH 自动滴定仪滴定溶液 pH 值至 4.7。

五、实验报告

利用以下公式计算土壤微生物生物量氮含量

$$土壤微生物生物量氮\ B_N = F_N / k_N$$

式中，F_N 为熏蒸与未熏蒸土壤矿质态氮的差值；k_N 为转换系数，表示被氯仿熏蒸杀死的土壤微生物生物量氮在 10d 培养期间矿化为矿质态氮的比例，一般取值 0.57。

六、注意事项

同实验 9.1。

七、思考题

1. 土壤微生物生物量氮的测定方法有哪些，原理是什么？

2. 实验操作过程中应注意哪些问题？

实验 9.3　土壤微生物生物量磷的测定

一、实验目的

了解土壤微生物生物量磷的测定方法。

二、实验原理

土壤微生物生物量磷（soilmicrobial biomass P）是指土壤中所有活体微生物所含有的磷，通常占微生物干物质质量的1.4%～4.7%。土壤微生物生物量磷周转快，对土壤磷素的循环转化和植物磷素营养起重要的作用。随着熏蒸法测定土壤微生物生物量碳和氮方法的建立，相继建立了测定土壤微生物生物量磷的熏蒸法，主要包括熏蒸提取全磷测定法（fumigation-extraction-total P method，FE-Pt）和熏蒸提取无机磷测定法（fumigation-extraction-inorganic P method，FE-Pi）。下面主要介绍熏蒸提取全磷测定法。

该方法基本原理是，新鲜土壤经氯仿熏蒸后，被杀死的土壤微生物生物量磷被0.5mol/L $NaHCO_3$溶液定量地提取并测定出来，根据熏蒸与未熏蒸土壤测定结果的差异（即全磷增量）和提取测定效率（转换系数k_p）来估计土壤微生物生物量磷。

三、实验材料与用具

1. 实验设备

分光光度计，离心机，甘油浴（110～115℃），聚乙烯提取瓶（200mL），硬质消化管（75mL，可定容），容量瓶（25mL），烧杯（25mL），其他仪器设备参见微生物生物量碳测定方法。

2. 试剂配制

（1）去乙醇氯仿　同微生物生物量碳测定方法。

（2）碳酸氢钠溶液[$c(NaHCO_3)=0.5mol/L$，pH值为8.5]　42.0g分析纯碳酸氢钠溶于800mL去离子水，用1mol/L NaOH溶液缓慢调节pH值至8.5，再用去离子水稀释至1L。注意该溶液放置时间过长时，溶液的pH值升高，需要经常调节酸度。

（3）硫酸溶液[$c(H_2SO_4)=2.5mol/L$]　70.0mL分析纯浓硫酸（H_2SO_4，$\rho=1.89g/mL$），用去离子水稀释至500mL。

（4）钼酸铵溶液[$\rho((NH_4)_4Mo_7O_{24}\cdot 4H_2O)=4g/100mL$]　20.0g分析纯钼酸铵溶于去离子水，稀释至500mL。

（5）抗坏血酸溶液[$c(C_6H_8O_6)=0.1mol/L$]　1.32g抗坏血酸溶于75mL去离子水中，抗坏血酸溶液极易被氧化，应在使用当天配制。但如果向75mL此溶液中加入25mg乙烯二胺四烷基醋酸二钠和0.5mL甲酸，可长期保存。

（6）酒石酸锑钾溶液[$\rho(C_4H_4KO_7Sb\cdot 1/2H_2O)=1mg\ Sb/mL$]　0.2743g分析纯酒石酸锑钾液溶于去离子水，稀释至100mL。

（7）混合显色液　取上述硫酸溶液125mL与37.5mL钼酸铵溶液混合，再加入75mL抗坏血酸溶液和12.5mL酒石酸锑钾溶液，混匀。此溶液保存时间不易超过24h。

（8）磷酸二氢钾标准溶液[$\rho(KH_2PO_4)=4\mu g\ P/mL$]　0.1757g分析纯磷酸二氢钾（称前105℃烘2～3h）溶于少量去离子水，再加入1～2mL浓硫酸，用去离子水定容至1L，即得40μgP/mL磷酸二氢钾储存液，置4℃下保存。取50mL储存液用去离子水稀释定容至500mL，即得4μgP/mL磷酸二氢钾标准溶液，此溶液不宜久存。

四、实验方法

1. 土壤前处理

同微生物生物量碳测定方法。

2. 熏蒸

称取经处理的相当于5.0g烘干基的新鲜土壤三份，置于25mL烧杯中。用无乙醇氯仿熏蒸24h，除去土壤中残留的氯仿，详细操作步骤参见微生物生物量碳测定方法。另称取等量的土壤三份，置于另一干燥器中但未熏蒸，作为对照土壤。

3. 提取

将熏蒸与未熏蒸土壤无损失地转移到200mL聚乙烯提取瓶中，加入100mL 0.5mol/L $NaHCO_3$ 溶液（土水比为1∶20，质量浓度），充分离心30min(300r/min)，用慢速定量滤纸过滤。如果滤液浑浊，则应使用双层滤纸，或先离心再过滤。

4. 消化

取15.0mL上述提取液于75mL硬质消化管中，缓慢加入1mL33%硫酸溶液，放置4h，摇动以排除溶液中的 CO_2。为防止消化过程中磷的损失，加入1.0mL K_2SO_4 和0.5mL $MgCl_2$ 饱和溶液以及少量防暴沸颗粒。加入0.2mL H_2O_2，置于110～115℃甘油浴中消化30min，根据颜色深度再加入1～3滴 H_2O_2 继续消化30min，继续加入0.5mL $HClO_4$（70%，体积分数）消化1h，6mL 1mol/L HCl溶液消煮0.5～1h，将消化液浓缩到2～3mL，使 H_2O_2 和 $HClO_4$ 彻底分解。最后加入20mL去离子水煮沸使沉淀彻底溶解，冷却后用去离子水定容至75mL。

5. 测定

取适量（2～10mL）消化液于25mL容量瓶中，加入去离子水至约20mL，加入4mL混合显色液，用去离子水定容，显色完全后，在882nm下比色。

6. 工作曲线

分别吸取0mL、0.25mL，0.5mL、1.0mL、1.5mL、2.0mL 4μgP/mL KH_2PO_4 标准液于25mL容量瓶中，加入与样液等体积的空白消化液，同上进行显色和比色测定，即得0μgP/mL、0.04μgP/mL、0.08μgP/mL、0.16μgP/mL、0.24μgP/mL、0.32μgP/mL系列标准工作曲线。

五、实验报告

利用以下公式计算土壤微生物生物量磷含量

$$土壤微生物生物量磷\ B_p = E_{pt}/k_p$$

式中，E_{pt} 为熏蒸与未熏蒸土壤的差值；k_p 为转换系数，取值0.4。

六、注意事项

同实验9.1。

七、思考题

1. 土壤微生物生物量磷的测定方法有哪些，原理是什么？
2. 实验操作过程中应注意哪些问题？

实验9.4 土壤微生物生物量硫的测定

一、实验目的

了解土壤微生物生物量硫的测定方法

二、实验原理

土壤微生物生物量硫（soil microbial biomassS）是指土壤中所有活体微生物所含有的硫，是土壤有机硫的组成部分，是植物硫素营养的源和库。因此，土壤微生物生物量硫含量及其周转，与土壤硫素循环转化及有效性之间存在密切的联系。继建立熏蒸法测定土壤微生物生物量碳、氮和磷后，建立了熏蒸提取法测定土壤微生物生物量硫（fumigation-extraction-total S method，FE-S）。

该方法的基本原理是，新鲜土壤经氯仿熏蒸后，被杀死的土壤微生物生物量硫被0.01mol/L $CaCl_2$ 溶液定量地提取并测定出来，根据熏蒸与未熏蒸土壤测定结果的差值及提取测定效率（转化系数 k_s），估计土壤微生物生物量硫。

三、实验材料和用具

1. 实验设备

离子色谱仪，自动注射进样器，离心机，沙浴（160℃），螺纹聚乙烯离心管（45mL），刻度消化管（10mL），硝酸纤维膜（孔径 0.45μm），其他仪器设备参见微生物生物量碳测定方法。

2. 试剂配制

（1）去乙醇氯仿　同微生物生物量碳测定方法。

（2）氯化钙溶液[$c(CaCl_2)=0.01mol/L$]　1.110g 分析纯无水氯化钙（称量前105℃烘干 2～3h）溶于去离子水，稀释至 1L。

（3）盐酸溶液[$c(HCl)=1mol/L$]　83.5mL 分析纯浓盐酸（HCl，$\rho=1.19g/L$）用色谱纯水稀释至 1L。

（4）碳酸钠溶液[$c(Na_2CO_3)=0.0018mol/L$]　0.1908g 分析纯碳酸钠（称量前 105℃烘干 2～3h），溶于色谱纯水并稀释至 1L。

（5）碳酸氢钠溶液[$c(NaHCO_3)=0.0017mol/L$]　0.1428g 分析纯碳酸氢钠（称过前105℃烘干 2～3h）溶于色谱纯水并稀释至 1L。

（6）硫酸溶液[$c(H_2SO_4)=0.0125mol/L$]　6.8mL 分析纯浓硫酸（H_2SO_4，$\rho=1.84g/mL$）用色谱纯水稀释至 1L，得到 0.125mol/L 硫酸溶液，将此溶液稀释 10 倍，即得 0.0125mol/L 硫酸溶液。

四、实验方法

（1）土样前处理同微生物生物量碳测定方法。

（2）熏蒸　取经前处理相当于烘干基 10.0g 的新鲜土壤三份，置于 25mL 烧杯中，用无乙醇氯仿熏蒸 24h，除去土壤中残留的氯仿，详细步骤参见实验 9.1。另取等量的土壤三份，作为未熏蒸“对照”。

（3）提取　将熏蒸和未熏蒸土壤无损地转移至 45mL 螺纹聚乙烯离心管中，加入 20mL 0.01mol/L $CaCl_2$ 提取剂（土水比 1∶2，质量浓度），充分振荡 1h 后，离心 5min（3000r/min），再用定量滤纸过滤，提取液应立即分析或者置于－18℃下保存。

（4）消化　取 4.0mL 上述提取液或解冻后的提取液于 10mL 刻度消化管中，加入 1mL H_2O_2（分析纯，30%，体积分数），然后置 160℃沙浴消化 5h，再加入 0.5mL H_2O_2 和 0.2mL 1mol/L HCl 溶液，继续消化 15～20h，直至溶液清亮。冷却后，用色谱纯水定容至 8.0mL，再用硝酸纤维膜过滤。

（5）测定　消化液中硫含量采用离子色谱仪测定，色谱柱为 HPLC AS4A，洗脱液为 0.0018mol/L Na_2CO_3 和 0.0017mol/L $NaHCO_3$ 混合溶液，流速为 3mL/min，抗干扰剂为 0.0125mol/L 硫酸溶液，流速为 1.5mL/min。具体操作参见仪器使用说明。

五、实验报告

利用以下公式计算土壤微生物生物量磷含量

$$土壤微生物生物硫\ B_s=E_s/k_s$$

式中，E_s 为熏蒸与未熏蒸土壤的差值；k_s 为所提取并测定出来的硫占土壤微生物量硫的比例，亦即提取效率，也称转换系数，取值 0.31。

六、注意事项

同实验 9.1。

七、思考题

1. 土壤微生物生物量硫的测定方法有哪些，原理是什么？
2. 实验操作过程中应注意哪些问题？

第十章　微生物多样性的测定方法

第一节　PCR技术的基本原理与方法

聚合酶链式反应（Polymerase Chain Reaction，PCR）是一种分子生物学技术，用于放大特定的DNA片段。可看作生物体外的特殊DNA复制。

PCR技术类似于DNA的天然复制过程，其特异性依赖于与靶序列两端互补的寡核苷酸引物。PCR由变性—退火—延伸三个基本反应步骤构成。①模板DNA的变性：模板DNA经加热至93℃左右一定时间后，使模板DNA双链或经PCR扩增形成的双链DNA解离，使之成为单链，以便它与引物结合，为下轮反应作准备。②模板DNA与引物的退火（复性）：模板DNA经加热变性成单链后，温度降至55℃左右，引物与模板DNA单链的互补序列配对结合。③引物的延伸：DNA模板—引物结合物在Taq DNA聚合酶的作用下，以dNTP为反应原料，靶序列为模板，按碱基配对与半保留复制原理，合成一条新的与模板DNA链互补的半保留复制链重复循环变性—退火—延伸三过程，就可获得更多的“半保留复制链”，而且这种新链又可成为下次循环的模板。每完成一个循环需2～4min，2～3h就能将待扩目的基因扩增放大几百万倍。到达平台期（Plateau）所需循环次数取决于样品中模板的拷贝（图10-1）。

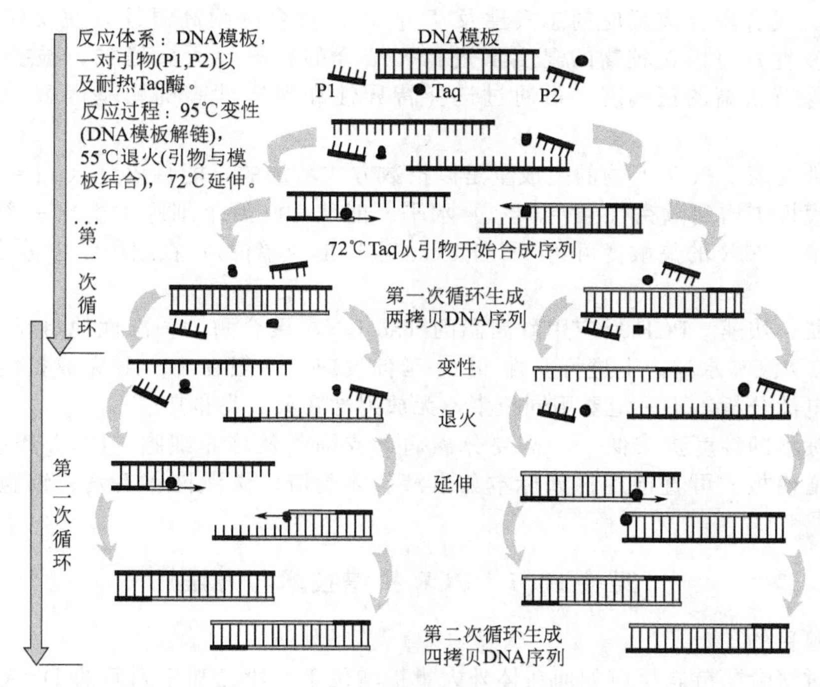

图10-1　DNA聚合酶链式反应（PCR）

PCR的三个反应步骤反复进行，使DNA扩增量呈指数上升。反应最终的DNA扩增量可用$Y=(1+X)^n$计算。Y代表DNA片段扩增后的拷贝数，X表示平均每次的扩增效率，

n代表循环次数。平均扩增效率的理论值为100%，但在实际反应中平均效率达不到理论值。反应初期，靶序列DNA片段的增加呈指数形式，随着PCR产物的逐渐积累，被扩增的DNA片段不再呈指数增加，而进入线性增长期或静止期，即出现“停滞效应”，这种效应称平台期数。大多数情况下，平台期的到来是不可避免的。

PCR扩增产物可分为长产物片段和短产物片段两部分。短产物片段的长度严格地限定在两个引物链5′端之间，是需要扩增的特定片段。短产物片段和长产物片段是由于引物所结合的模板不一样而形成的，以一个原始模板为例，在第一个反应周期中，以两条互补的DNA为模板，引物是从3′端开始延伸，其5′端是固定的，3′端则没有固定的止点，长短不一，这就是“长产物片段”。进入第二周期后，引物除与原始模板结合外，还要同新合成的链（即“长产物片段”）结合。引物在与新链结合时，由于新链模板的5′端序列是固定的，这就等于这次延伸的片段3′端被固定了止点，保证了新片段的起点和止点都限定于引物扩增序列以内，形成长短一致的“短产物片段”。不难看出，“短产物片段”是按指数倍数增加，而“长产物片段”则以算术倍数增加，几乎可以忽略不计，这使得PCR的反应产物不需要再纯化，就能保证足够纯DNA片段供分析与检测用。

PCR反应特点如下。

(1) 特异性强　PCR反应的特异性决定因素为：

① 引物与模板DNA特异正确的结合；

② 碱基配对原则；

③ Taq DNA聚合酶合成反应的忠实性；

④ 靶基因的特异性与保守性。

其中引物与模板的正确结合是关键。引物与模板的结合及引物链的延伸是遵循碱基配对原则的。聚合酶合成反应的忠实性及Taq DNA聚合酶耐高温性，使反应中模板与引物的结合（复性）可以在较高的温度下进行，结合的特异性大大增加，被扩增的靶基因片段也就能保持很高的正确度。再通过选择特异性和保守性高的靶基因区，其特异性程度就更高。

(2) 灵敏度高　PCR产物的生成量是以指数方式增加的，能将皮克（$pg=10^{-12}$）量级的起始待测模板扩增到微克（$\mu g=10^{-6}$）水平。能从100万个细胞中检出一个靶细胞；在病毒的检测中，PCR的灵敏度可达3个RFU（空斑形成单位）；在细菌学中最小检出率为3个细菌。

(3) 简便、快速　PCR反应用耐高温的Taq DNA聚合酶，一次性地将反应液加好后，即在DNA扩增液和水浴锅上进行变性-退火-延伸反应，一般在2～4h完成扩增反应。扩增产物一般用电泳分析，不一定要用同位素，无放射性污染、易推广。

(4) 对标本的纯度要求低　不需要分离病毒或细菌及培养细胞，DNA粗制品及RNA均可作为扩增模板。可直接用临床标本如血液、体腔液、洗漱液、毛发、细胞、活组织等DNA扩增检测。

实验10.1 PCR扩增技术与方法

一、实验目的

学习通过聚合酶链式反应如何在体外大量扩增位于两段已知序列间的DNA区段和以双链DNA为模板的PCR扩增方法。

二、实验原理

见本章第一节。

三、实验材料和用具

TaqDNA 聚合酶（5～10U/μL），Taq 缓冲液（10×），dNTP 混合液，无菌去离子水，无菌矿物油，引物，DNA 模板。

PCR 扩增仪，台式高速离心机，EP 管（0.5mL 微量离心管），加样器，20μL 和 200μL 吸头。

四、实验方法

(1) 打开电源开关，按 PCR 仪操作说明设定运行程序，使 PCR 仪进入预热状态。

(2) 按以下次序，将各成分在一个灭菌的标准 0.5mL 的新 EP 管内混合：去离子水 30μL；Taq 缓冲液（10×）10μL；dNTP 混合液 50pmol/L；引物 1 100pmol/L；引物 2 100pmol/L；DNA 模板 约 2～2000ng；加无菌去离子水至终体积 100μL。

用手指在管壁上轻弹几下混匀上述反应混合液，高速离心机离心 10s 使反应液集中在管底。

(3) 待 PCR 仪预热好后将上述反应混合液连同 EP 管一起，于 PCR 仪 93℃加热 5min，以使 DNA 完全变性。

(4) 将 1μLTaq DNA 聚合酶加入仍处于 94℃的反应混合液中，轻弹管壁混匀反应混合液，高速离心机离心 10s。

(5) 用 100μL 无菌矿物油覆盖于反应混合液上，防止样品蒸发。

(6) 按以下方法进行扩增。典型的变性、退火和延伸条件见表 10-1。

表 10-1 典型的变性、退火和延伸条件

循 环	变 性	退 火	延 伸
首轮循环	94℃ 5min	50℃ 2min	72℃ 3min
后续循环	94℃ 1min	50℃ 2min	72℃ 3min
末轮循环	94℃ 1min	50℃ 2min	72℃ 10min

(7) 反应结束后，取 1/10 体积的反应液进行凝胶电泳，其余样品于－20℃保存。

(8) 在紫外灯下检查电泳结果，以能看到片段大小正确、条带清晰的结果为最佳。

五、实验报告

1. 简述本实验进行的步骤及其原理。

2. 记录实验结果，并进行结果分析。

六、注意事项

1. 首次使用 PCR 仪需完全按照 PCR 仪使用说明书进行操作。

2. 除特别指出外，加入反应成分及每一步骤间隙均需在冰上进行。

3. 加入反应成分及聚合酶后都要充分混匀体系并用离心机轻甩一次。

4. 在配制 PCR 反应体系的过程中，Taq 酶应在加入 dNTP 混合物后再加入，因为有些酶的 3′-5′外切酶活性较强，反应体系中如果不含 dNTP，反应体系中的引物可能被分解。

七、思考题

1. 简述聚合酶链式反应的原理。

2. 末轮循环为何需要延伸 10min?

3. 需在体外大量扩增已克隆到载体 pUC18 上的某一目的基因，应如何设计实验步骤?

实验 10.2 微生物总 DNA 中的 16SrDNA PCR 扩增技术

一、实验目的

1. 了解以通用引物进行 l6SrDNA PCR 扩增的基本原理。

2. 掌握从活性污泥微生物总 DNA 中进行 16SrDNA PCR 扩增的方法。

二、实验原理

PCR(polymerase chain reaction) 是一种选择性体外扩增 DNA 的方法，其实验原理见实验 10.1。

在本实验中，PCR 扩增的模板是从活性污泥中提取得到的微生物总 DNA，扩增的目的序列是微生物 16SrDNA 的 V3 区。采用的引物是细菌的一对通用引物，正向引物 338F：5′-CGC CCG CCG CGC GCG GCG GGC GGG GCG GGG GCG CGG GGG GAC TCC TAC GGG AGG CAG CAG-3′。反向引物 518R：5′-ATT ACC GCG GCT GCT GG-3′。其中，正向引物 338F 的 5′端连接有 40bp 的 GC 发夹，以增加 DNA 解链区的 GC 含量，提高解链温度。

三、实验材料和用具

1. 样品

从活性污泥中提取得到的微生物总 DNA。

2. 仪器及相关用品

PCR 扩增仪，琼脂糖凝胶电泳所需的设备，凝胶成像分析系统，移液枪及吸头，PCR 管，高速离心机。

3. 试剂

Taq DNA 聚合酶，10×PCR 反应缓冲液，$MgCl_2$ 25mmol/L，四种 dNTP 混合物各为 2.5mmol/L。引物：正向引物及反向引物（浓度为 25pmol/L），灭菌的去离子水 (ddH_2O)。模板：从活性污泥中提取得到的微生物总 DNA，用无菌的去离子水稀释 10 倍后用作模板进行 PCR 扩增。DNA 分子量标准；1.0%琼脂糖；核酸上样缓冲液。

四、实验方法

1. 建立 PCR 扩增反应体系

PCR 扩增反应体系总体积为 50μL，向 PCR 反应管中依次加入以下试剂：10×PCR 反应缓冲液 5μL；dNTPs 2μL；$MgCl_2$ 5μL；引物 各 1μL；模板 1μL；Taq DNA 聚合酶 2.5U；ddH_2O 35μL。

表 10-2 PCR 反应条件

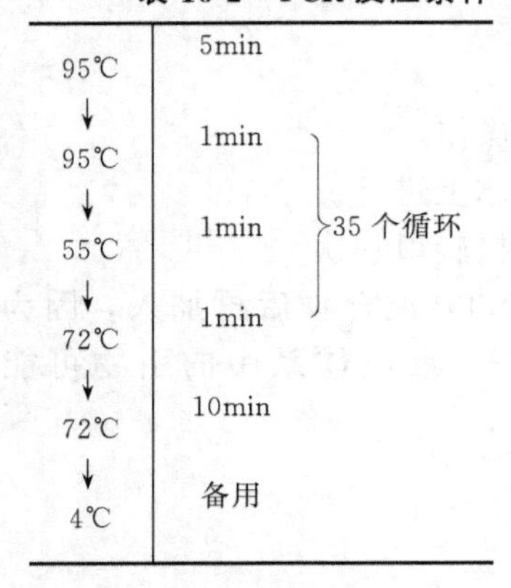

在做上述实验的同时，以 ddH_2O 代替扩增模板做一次阴性对照。

2. 设置 PCR 反应条件

PCR 反应条件见表 10-2。

3. 电泳检查结果

PCR 反应结束后，取 5μL 反应液在 1.0%(质量体积比，表示 100mL 水中有 1g 的琼脂糖) 的琼脂糖凝胶上进行电泳，检测扩增产物。DNA 上样时，加上 DNA 分子量标记作为判断 PCR 产物大小的参照物。

五、实验报告

1. 简述通用引物进行 16SrDNA PCR 扩增的基本原理。

2. 进行结果和观察、记录与分析。

六、注意事项

1. 在配制 PCR 反应体系的过程中，应在加入 dNTP 混合物后再加入 Taq DNA 聚合酶，因为有些酶的 3′→5′外切酶活性较强，如果反应体系中不含 dNTP，可能导致引物分解。

2. 应对吸头和 PCR 反应管进行高压灭菌，每次操作前必须更换吸头，以免试剂相互污染。

七、思考题

1. 以细菌通用引物扩增细菌 16SrDNA 的目的是什么？

2. 影响 PCR 扩增效率的因素有哪些？

3. 如果出现非特异性 DNA 条带，可能的原因有哪些？

实验 10.3　凝胶中 DNA 的回收、测序及系统发育树的构建

一、实验目的

1. 掌握从聚丙烯酰胺凝胶中回收和纯化 DNA 片段的技术。

2. 学习应用生物信息学软件构建基于微生物 16SrDNA 序列的系统发育树的方法。

二、实验原理

本实验采用压碎浸泡法纯化回收凝胶中的 DNA，适合于从 3.5%～5.0%聚丙烯酰胺凝胶内回收小分子量（<1kb）的 DNA 片段，具有操作简便、分离物纯度高、杂质含量少（不含酶抑制剂以及对转染细胞有毒性的物质）的优点，但存在回收率低和不能回收大片段 DNA 的缺点。由于 DNA 存在于三维网格状的聚丙烯酰胺凝胶内，凝胶被捣碎后，DNA 溶解于洗脱缓冲液中，通过高速离心，可使 DNA 分离。对回收的 DNA 片段进行测序，可得到两方面的信息。

① 将该序列与 GenBank 中的相关序列进行 Blast 比对，初步判定 DNA 条带所代表的微生物种类。

② 将该序列与其他样品中分离的序列互相比较，可建立系统发育树，判断各样品细菌种群的多样性。

三、实验材料与用具

1. 样品

采用 DGGE 技术（见实验 10.6）分离 16SrDNA 的 PCR 扩增产物所得的 DNA 条带。

2. 仪器

台式高速离心机、移液枪。

3. 试剂

洗脱缓冲液［0.5mol/L 乙酸铵，10mmol/L 乙酸镁，1mmol/L EDTA（pH 8.0），0.1%SDS］，TE 缓冲液（pH 8.0），3mol/L 乙酸钠（pH 5.2），饱和酚，氯仿/异戊醇（24∶1），100%和 70%乙醇。

四、实验方法

1. 凝胶回收

① 用洁净的刀片将含有目的 DNA 片段的凝胶切下，将胶带放入 1.5mL 的 Eppendorf 管，用小玻棒捣碎凝胶。

② 估计凝胶的体积，向离心管中加入 1～2 倍体积的洗脱缓冲液。

③ 盖紧管盖，在 37℃ 下轻摇，小片段（<500bp）洗脱 3～4h，更大片段则需要12～16h。

④ 4℃下 12000r/min 离心 1min，用拉长的吸管将上清液转移至另一个新的离心管中，

转移时要小心，不要夹带聚丙烯酰胺凝胶碎片。

⑤ 再加0.5倍体积的洗脱缓冲液，充分混匀后，离心，合并两部分上清液。

⑥ 将上清液通过一个装有硅烷化的玻璃棉的一次性吸头，除去残余的聚丙烯酰胺凝胶碎片。

⑦ 加2.5倍体积的乙醇，置−20℃ 30min，12000r/min离心10min，回收沉淀的DNA。

⑧ 用200μL TE缓冲液溶解DNA，再以等体积酚和氯仿/异戊醇各抽提一次，将水相转移到另一Eppendorf管中。

⑨ 加1/10体积的3mol/L乙酸钠和2.5倍体积的乙醇再次沉淀DNA，置−20℃ 30min。

⑩ 12000r/min离心15min，弃上清液后，用70%乙醇清洗沉淀，真空干燥后，将DNA溶解于10～20μL TE缓冲液中。

2. 将回收得到的DNA样品寄送到有关生物技术公司测序。

3. 细菌DNA序列的种属判定

① 应用BLast程序，将测得的DNA序列进行同源比对。

② 根据同源比对返回的结果，初步判定该DNA条带所代表的微生物（前提是DGGE中DNA分离彻底，该条带只含有一种微生物的16SrDNA）的种属范围。

4. 系统进化树的建立

① 登录密歇根州立大学的RDP网站，上载所有测得的DNA序列，如果测得的DNA序列数量有限，也可在网站数据库内选取相关细菌的16SrDNA序列作为参比菌株序列。

② 按照网站上的指示步骤，将各有关参数选定为默认值，逐步操作最终建立各序列的系统发育树。

五、实验报告

1. 记录DNA样品的测序结果。

2. 根据建立的系统发育树，比较样品内各细菌之间的种群关系以及不同样品各细菌之间的种群关系。

六、注意事项

1. 如果由于某些原因导致DNA回收量过低，不能达到测序所需的DNA数量，则可用回收的DNA作为模板，以细菌16SrDNA序列的通用引物（不含GC夹）进行扩增，再对特异性的扩增产物进行测序。

2. 在构建细菌16SrDNA序列系统发育树的过程中，选取不同的参数会返回不同的结果，若需构建多个系统发育树，应注意选取参数的一致性。

六、思考题

1. 进行DNA的Blast比对，为什么不能根据返回结果直接判定该条带DNA所代表的DNA种属类别?

2. 在分析细菌的种属系统发育树时，发育树的横向距离代表什么含意?

第二节 微生物多样性的测定方法

传统的微生物多样性研究方法主要通过分离培养纯的微生物菌种，对分离出来的纯菌种分别研究。这种方法存在着一定的局限性，如可分离培养的微生物种类有限、分离培养后微生物的生理特性易发生改变等。据有关研究表明，利用平板培养法测定的土壤微生物类群数量只能占到土壤中实际存在的微生物总数的1%～10%。近年来，基于微生物群落总体活性与代谢功能的Biolog方法、基于生物标志物（biomarker，磷脂脂肪酸法等）的测定方法，为微生物多样性研究开辟了一些新的途径。

近些年来，分子生物学技术逐渐被运用到微生物生态学研究中，使人们可以避开传统的分离培养过程，通过DNA水平上的研究，直接探讨土壤微生物的种群结构及其与环境的关系。只要各种微生物的靶核酸序列（即DNA）存在，即使含量低，或者存在于复杂的混合物（如土壤中各类微生物的细胞提取液）中，通过PCR技术也能够把它们扩增和检测出来。目前涌现出许多用于研究土壤微生物多样性的技术，比如DGGE、SSCP和RFLP等。这些技术和方法的采用，使得在土壤微生物多样性、微生物种群的结构和功能、土壤微生物的系统发生和分类、土壤微生物与污染土壤的相互作用及影响等多领域中的研究得以突破，发挥了传统方法不可替代的作用。

实验10.4 Biolog分析方法

一、实验目的

了解Biolog分析方法。

二、实验原理

Biolog方法的测定原理是，微生物在利用碳源的过程中产生的自由电子，与四唑盐染料发生还原显色反应，颜色的深浅可以反映微生物对碳源的利用程度。由于微生物对不同碳源的利用能力很大程度上取决于微生物的种类和固有性质，因此在一块微平板上同时测定微生物对不同单一碳源的利用能力（sole-carbon source utilization，SCSU），就可以鉴定纯种微生物或比较分析不同的微生物群落。

该方法由美国的Biolog公司于1989年开发成功，最初应用于纯种微生物鉴定，至今已经能够鉴定包括细菌、酵母菌和霉菌在内的2000多种病原微生物和环境微生物。1991年，Garland和Mill开始将这种方法应用于土壤微生物群落的研究。Biolog方法用于环境微生物群落研究具有以下特点。①灵敏度高，分辨力强。对多种SCSU的测定可以得到被测微生物群落的代谢特征指纹（metabolic fingerprint），分辨微生物群落的微小变化。②无需分离培养纯种微生物，可最大限度地保留微生物群落原有的代谢特征。③测定简便，数据的读取与记录可以由计算机辅助完成。微生物对不同碳源代谢能力的测定在一块微平板上一次完成，效率大大提高。

三、Biolog系统

1. Biolog系统的组成

Biolog系统主要包括Biolog微平板、微平板读数器和一套微机系统。具体见表10-3。

表10-3 Biolog系统组成与说明

系统组成	说明
Biolog平板	共96孔，孔中含有营养盐和四唑盐染料TTC；其中一孔不含碳源为对照孔，其他95孔含有不同单碳源
读数器	测定一定波长下每个小孔内的吸光度及变化
微机系统	与读数器相连，自动完成数据采集、传输、存储与分析

2. Biolog方法的主要流程与操作步骤

Biolog方法的一般流程包括平板的选择、样品制备、加样、温育与读数等几个过程（表10-4）。平板可根据研究目的进行选择。不同的Biolog平板具有不同的碳源组成特点及其应用范围（表10-5）。

表 10-4 Biolog 方法操作主要流程

序号	步骤	说明
1	平板选择	针对 G^+ 和 G^- 细菌选择不同平板(Biolog GP、CN),各孔内碳源也可调控
2	样品制备	将微生物从环境介质中提取出来,控制到适宜浓度(浊度表示)
3	加样	取一定体积菌液(一般 150μL/孔),平行加入各孔
4	培育与读数	恒温培育,用微平板读数器或酶标仪记录各孔吸光度值变化

表 10-5 Biolog 板的特点及其应用范围

微孔板种类	用途	微孔板种类	用途
GN2	用于革兰阴性好氧菌的鉴定	ECO	用于微生物特性和群落分析研究(31 种碳源)
GP2	用于革兰阳性好氧菌的鉴定	MT2	用于微生物代谢研究(不含碳源)
AN	用于厌氧菌的鉴定	SF-N2	用于革兰阴性放线菌和真菌代谢研究
YT	用于酵母菌的鉴定	SF-P2	用于革兰阳性放线菌和真菌代谢研究
FF	用于丝状真菌的鉴定		

四、实验方法

Biolog 的具体实验操作步骤如下。

① 加 250mL 0.1mol/L 磷酸缓冲液（K_2HPO_4/KH_2PO_4，pH＝7.0）于三角瓶中，灭菌。

② 称相当于 25g 烘干重的新鲜土壤，加入三角瓶中，封口（1∶10 提取液）。

③ 摇床振荡 1min 后，浸冰浴 1min，如此重复 3 次。

④ 静置 2min，取上清液 5mL 于已灭菌的 50mL 三角瓶中，加入 45mL 0.1mol/L 无菌磷酸缓冲液，稍加振荡（1∶100 提取液）。

⑤ 重复步骤④，直至稀释适宜浓度。

⑥ 将 Biolog GN 微平板从冰箱内取出，预热到 25℃。

⑦ 用 200μL 移液器将稀释液平行加到微平板孔中，每孔加 150μL，将加好样的 Biolog GN 微平板在 28℃条件下温育。

⑧ 在温育过程中，每隔一定时间，用微平板读数器（microlplate reader）或酶标仪在 590nm 处测定各孔吸光值。

五、实验报告

对于纯菌株鉴定，将 95 种基质的测定结果与菌种库中的数据进行对比，可判断菌种的归属。对于微生物群落分析，一般要记录每孔的吸光度值及其时间变化。95 个孔吸光度的平均值（average well color development，AWCD）的计算公式为：

$$\mathrm{AWCD}=[\sum(C_i-R)]/95$$

式中，C_i 是除对照孔外各孔吸光度值；R 是对照孔吸光度值；AWCD 及其时间变化可以用来表示微生物的平均活性。

95 种碳源的测定结果形成了描述微生物群落代谢特征的多元向量，不易于直观比较。通过主成分分析可以将不同样本的多元向量变换为互不相关的主元向量（PC_1 和 PC_2 是主元向量的分量），在降维后的主元向量空间中可以用点的位置直观地反映出不同微生物群落的代谢特征。另外，可以通过用各种多样性指数的计算来反映微生物群落代谢功能的多样性状况。

实验 10.5　PLFA 分析方法

一、实验目的

了解 PLFA 分析方法。

二、实验原理

磷脂脂肪酸（phospholipid fatty acid，PLFA）是微生物细胞膜的重要组成部分，调节细胞膜的流动性，也是许多酶促反应的激活剂，在蛋白质代谢等许多生物化学过程中起重要作用。磷脂是脂肪酸与磷酸根结合的产物，磷脂中的脂肪酸有多种类型，包括直链脂肪酸、支链脂肪酸、饱和脂肪酸、不饱和脂肪酸等。不同种类的微生物细胞所含脂肪酸的碳原子数量、结构、支链成分等都有很大的差异。因此，通过测定土壤磷脂中磷含量和脂肪酸的组成，可以估算土壤微生物生物量及其群落结构与多样性状况。

土壤磷脂分析方法的基本原理是，将新鲜土壤用浸提剂浸提，再进行萃取和色谱柱分离出磷脂，磷脂中的磷含量可指示微生物生物量。磷脂与甲醇进行酯化反应，形成脂肪酸甲酯，再用色谱法测定各种脂肪酸含量。

三、实验材料与用具

1. 实验设备

分液漏斗（250mL），带螺纹的玻璃试管，硅酸色谱柱，硅胶板，搅拌器，振荡机，N_2 流动干燥装置，分光光度计，气相色谱仪，质谱仪等。

2. 试剂配制

① 柠檬酸盐缓冲液（pH＝4.0）。0.15mol/L 柠檬酸（$C_6H_8O_7$）与 0.15mol/L 柠檬酸三钠（$C_6H_5O_7Na_3$）以 5.9∶4.1（体积比）的比例混合。

② 氯仿、甲醇、乙烷、PtO_2、冰醋酸、二甲基二硫化物（$C_2H_6S_2$）、甲醇＋甲苯混合液（1∶1 体积比）、乙烷＋二乙醚混合液（1∶1，体积比）。

③ 饱和过硫酸钾溶液（5%，质量分数）。5g 过硫酸钾（$K_2S_3O_8$）溶于 100mL 0.18mol/L H_2SO_4 溶液中。

④ 钼酸铵溶液（2.5%，质量分数）。2.5g 钼酸铵（$(NH_4)_6Mo_7O_{24}$）溶于 100mL 2.86mol/L H_2SO_4 溶液中。

⑤ 孔雀绿溶液。0.111g 聚乙烯醇溶于 100mL 温度为 80℃ 的去离子水中，冷却后加入 0.011g 孔雀绿，混匀。

⑥ 氢氧化钾溶液[$c(KOH)$0.2mol/L]。11.22g 氢氧化钾用去离子水溶解并定容至 1L。

⑦ 醋酸溶液[$c(C_2H_4O_2)=1mol/L$]。57.2mL 冰醋酸，加去离子水定容至 1L。

⑧ 若丹明溶液（0.1%，质量分数）。0.1g 若丹明 B 溶于 100mL 酒精中。

⑨ 碘溶液（6%，质量分数）。6g 碘（I_2）溶于 100mL 二乙醚中。

⑩ 硫代硫酸钠溶液（5%，质量分数）。5g 硫代硫酸钠（$Na_2S_2O_3$）溶于 100mL 去离子水中。

⑪ 甘油磷酸二钠标准溶液。0.3241g 甘油磷酸二钠（$C_3H_7O_6PNa_2 \cdot 6H_2O$）溶于去离子水中并定容至 1L，此溶液浓度为 1mmol/L，稀释到浓度为 1μmol/L，再配制浓度分别为 0nmol/L、1nmol/L、2nmol/L、5nmol/L、10nmol/L、15nmol/L、20nmol/L、30nmol/L、40nmol/L 的标准工作溶液。

四、实验方法

1. 磷脂提取

基本操作步骤见图 10-2。称取新鲜土壤 50.0g 于 250mL 分液漏斗中，加入 142.5mL 氯仿-甲醇-柠檬酸盐缓冲溶液（1∶2∶0.8），室温下剧烈振荡2h；再加入37.5mL氯仿和37.5mL柠檬酸盐缓冲溶液，摇匀后静置过夜，使溶液分为两层，脂肪溶于下层氯仿中（上层可用于分析糖脂）。吸取1～2mL下层氯仿-脂肪溶液于带螺纹的玻璃试管中，用流动氮气除去氯仿，干燥。干燥后的脂肪样品应立即分析，或置于－20℃下保存。

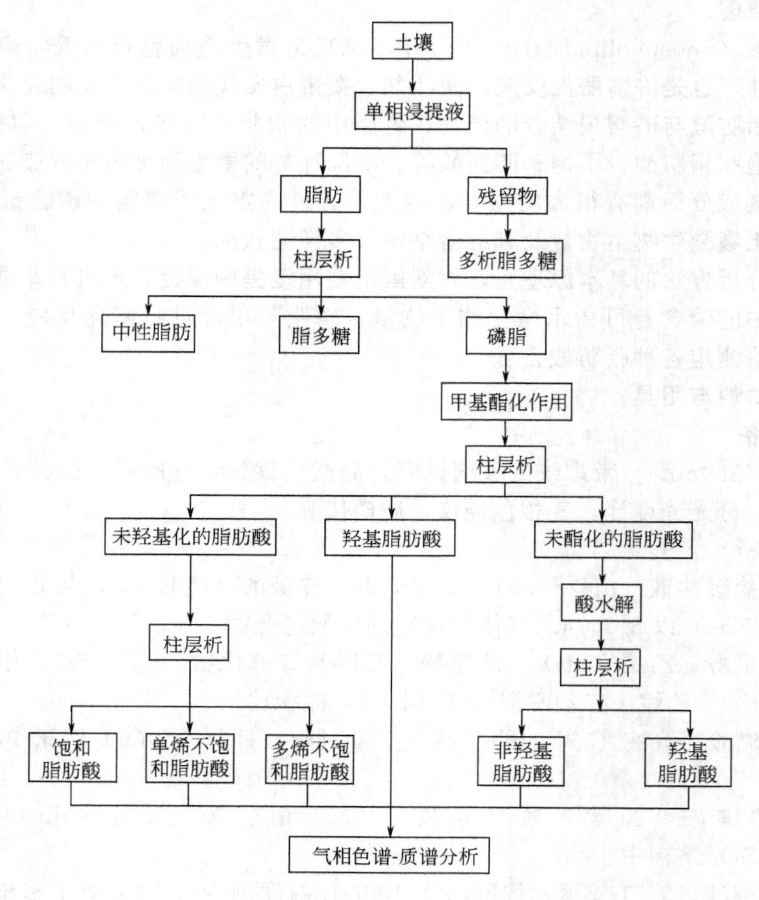

图10-2 提取测定土壤磷脂的基本步骤

2. 脂肪酸分离

将上述干燥的脂肪样品溶于少量氯仿中（3×100μL），再注入含有0.5g硅酸（干重，100～200目）的SPE SI色谱柱，中性脂肪用5mL氯仿洗脱，糖脂用20mL丙酮洗脱，极性的磷脂用5mL甲醇洗脱，洗脱的组分用氮气干燥。

3. 磷酸盐测定

将上述步骤1. 或2. 制备的干样溶于2～3mL氯仿中，吸取100μL样液（含磷酸盐1～20nmol）于5mL玻璃瓶中，氮气下干燥，加入0.45mL饱和过硫酸钾溶液，塞紧瓶塞，95℃过夜。加入0.1mL钼酸铵溶液，摇匀后静置10min，再加入0.45mL孔雀绿溶液，摇匀，静置30min，在610nm下比色。同时作甘油磷酸二钠系列标准曲线，以计算磷酸盐含量。

4. 甲醇酯化作用

将步骤2. 分离后干燥的磷脂样品，溶于1mL甲醇＋甲苯混合液（1∶1，体积比）中，再加入1mL 0.2mol/L KOH溶液，37℃下保持15min，再依次加入2mL乙烷、0.3mL

1mol/L 醋酸溶液和 2mL 去离子水，充分混匀，静置 5min 后离心（300r/min，5min）。收集上层含有脂肪酸甲酯的乙烷溶液，再加入 2mL 乙烷萃取下层溶液中的脂肪酸甲酯，收集所有乙烷溶液用氮气干燥。干燥后的样品应立即分析或置于－20℃下保存。

5. 脂肪酸分离

经干燥的脂肪酸甲酯溶于少量氯仿中，点于薄层硅胶板末端（0.25mm，20cm×20cm），同时以十九烷酸甲酯作为标准，用乙烷十二乙基醚混合液（1∶1，体积比）跑胶后，在末端喷雾 0.1%（质量分数）的若丹明以检查十九烷酸甲酯。根据十九烷酸甲酯的 R_f 值，将硅胶刮下，再用乙烷将硅胶上的脂肪酸甲酯洗脱，用氮气干燥后，用乙烷稀释到合适的体积，用于气相色谱分析。同时加入甲基十九烷酸盐作为内标，以测定脂肪酸总量。

饱和与不饱和脂肪酸甲酯也用上述方法进行分离，但硅胶板应预先用 20g $AgNO_3$、60mL 去离子水及 120mL 纯乙醇在暗室中进行处理，也可以用 SPENH$_2$-色谱柱进行分离。

未被羧基代换而酯化的脂肪酸用乙烷＋二氯甲烷（3∶1，体积比）洗脱，被羟基代换酯化的脂肪酸用二氯甲烷＋乙酸乙酯（9∶1，体积比）洗脱，未酯化的脂肪酸用甲醇醋酸溶液（2%）洗脱，用苯磺酰基丙基色谱柱（SPE-SCX-column）进行层析。饱和脂肪酸用乙烷＋三氯甲烷（3∶7，体积比）洗脱，单烯不饱和脂肪酸用丙酮十二氯甲烷（1∶9，体积比）洗脱，多烯脂肪酸用丙酮＋乙腈（9∶1，体积比）洗脱，流速控制在 0.5mL/min。

未酯化的脂肪酸经过酸解（甲醇∶氯仿∶浓盐酸为 10∶1∶1，60℃过夜），再用乙烷＋甲苯（1∶1，体积比）浸提，最后同上用 SPENH$_2$-色谱柱分离出未被羟基代换的和被羟基代换的脂肪酸。

所有被羟基代换的脂肪酸组分溶于 0.5mL 吡啶＋三氯乙酰胺＋六甲基二硅氮烷＋三甲基氯硅烷混合液中（0.2∶1∶2∶1，体积比），60℃加热 15min，在氮气下干燥用于色谱分析。

6. 脂肪酸双键位置测定

经氮气干燥的样品放入标准的 2mL 气相色谱瓶中，加入 50μL 乙烷溶解，再加入 100μL 二甲基二硫化物和 1～2 滴碘溶液，塞紧瓶塞，在气相色谱炉中反应 48h(50℃)，冷却后加入 500μL 乙烷，再加入 500μL 5%硫代硫酸钠溶液，充分摇匀，静置分层后收集有机相，再加入乙烷＋氯仿混合液（4∶1，体积比）浸提。将收集的有机相用氮气干燥，备用。

对于多烯脂肪酸，首先将其溶于 2-氨基-2-甲基丙醇，在 180～200℃下过夜，再用二氯甲烷浸提，用氮气干燥，备用。

7. 环丙烷位置测定

样品经 PtO_2(2mg) 和 0.2mL 冰醋酸氢化 20h(275kPaH_2)，氢化过程中不断用磁棒搅拌，然后用氮气干燥。

8. 气相色谱分析

经氮气干燥的样品加入少量乙烷溶解后，注入气相色谱仪进行分析。气相色谱仪测定条件为：火焰离子化检测器，非极性交联甲基硅树脂毛细管色谱柱（长 50m，内径 0.2mm），进样温度 250℃，检测器温度 270℃。炉温变化程式：从 80℃到 140℃，每分钟升高 20℃；从 140℃到 270℃，每分钟升高 4℃；再保持恒温 10min，氢气作为载气，流速为 30cm/s。根据滞留时间，将标准样品和已知数据进行比较，从而确定脂肪酸类型。也可用气相色谱与质谱联合分析确定脂肪酸类型。一些脂肪酸在色谱柱的滞留时间和分子式可参见《土壤微生物生物量测定方法及应用》（吴金水等编著，2006）。

五、实验报告

磷脂脂肪酸浓度可用甲基十九烷脂肪酸作为内标来进行定量分析，总量用 nmol/cm^3 表示。磷脂脂肪酸的定性分析可根据质谱标准图谱和已有的相关报道进行（表 10-6）。根据脂肪酸的类型及其含量组成可以对土壤微生物群落结构及其多样性进行深入分析。

表 10-6 指示特定微生物的 PLFA 生物标记物

PLFA	指示的特定微生物
i15：0,a15：0,15：0,i16：0,16：1ω9,16：1ω7t,i17：0,a17：0,17：0	好氧细菌
18：1ω7c	厌氧细菌
18：2ω6c,18：3ω6c,18：3ω3c	真菌
iso-,anteiso-支链脂肪酸	革兰阳性菌
单烯脂肪酸,环丙基脂肪酸	革兰阴性菌
16：1ω6c,16：1ω6c	甲烷营养菌Ⅰ
10Me16：0,cy18：0(ω7,8)	脱硫杆菌
18：1ω8c,18：1ω8t,18：1ω6c	甲烷营养菌Ⅱ
20：2ω6,20：3ω6,20：4ω6	原生动物
10Me18：0	放线菌

注：磷脂酸的命名按以下顺序：总碳原子数，双键数量，随后是从分子甲基末端数的双键位置。c、t 分别表示双键的顺式和反式结构，a、i 分别指反异支链和异式支链脂肪酸，cy 表示具环状结构，10Me 表示第 10 个碳原子的甲基（从羟基端起）。

实验 10.6 PCR-DGGE 分析方法

一、实验目的

1. 了解 PCR-DGGE 分析技术的原理。

2. 熟悉 PCR-DGGE 分析技术的实验操作方法。

二、实验原理

变性梯度凝胶电泳（DGGE）是一种根据 DNA 片段的溶解性质而使之分离的凝胶系统。核酸的双螺旋结构在一定条件下可以解链，称之为变性。核酸 50%发生变性时的温度称为熔解温度（T_m）。T_m 主要取决于 DNA 分子中的 GC 含量的多少。DGGE 将凝胶设置在双重变性条件下：温度 55～60℃，变性剂 0～100%。当一双链 DNA 片段通过变性剂浓度呈梯度增加的凝胶时，此片段迁移至某一点变性剂浓度恰恰相当于此段 DNA 的低熔点区 T_m 值，此区便开始熔解，而高熔点区仍为双链，这种局部解链的 DNA 分子迁移率发生改变，达到分离的效果。T_m 的改变依赖于 DNA 的序列，即使一个碱基的替代就可引起 T_m 值的升高和降低。因此，DGGE 可以监测 DNA 分子中的任何一种单碱基的替代、移码突变以及少于 10 个碱基的缺失突变。

为了提高 DGGE 的突变检出率，可以人为地加入一个高熔点区——GC 夹。GC 夹就是在一侧引物的 5′端加上一个 30～40bp 的 GC 结构，这样在 PCR 产物的一侧可产生一个高熔点区，使相应的感兴趣的序列处于低熔点区而便于分析，因此，DGGC 的突变检出率可提高到将近 100%。

作为一种突变及微生物多样性的监测技术，DGGE 具有以下优点：①突变检出率高，为 99%以上；②检测片段长度可达 1kb，尤其适用于 100～500bp 的片段；③非同位性，DGGE 不需同位素的掺入，可避免同位素污染及对人体造成的伤害；④操作简便、快速，DGGE 一般在 24h 即可获得结果；⑤重复性好。

三、实验材料和用具

1. 样品采集

根据实验研究目的，采集有代表性的土壤样品。采集后的土壤样品放在冷藏盒中，带回实验室，于-20℃冰箱保存。

2. 仪器设备

水浴锅，冷冻离心机，分光光度计，电泳仪，凝胶影像系统。

四、实验方法

1. 基因组DNA的提取

采用化学裂解法直接从土壤样品中提取基因组DNA。

(1) 提取缓冲液的配制 配比为0.1mol/L磷酸盐（pH=8.0），0.1mol/L EDTA，0.1mol/L Trisbase(pH=8.0)，1.5mol/L NaCl，1.0%CTAB。

(2) 土壤样品处理 将5g土壤加入13.5mL提取缓冲液和50μL蛋白K（10mg/L），37℃下225r/min振荡30min后，加入1.5mL 20%的SDS，65℃水浴加热2h。

(3) 基因组DNA的抽提 将上述土壤处理液以2000～3000r/min离心5min后收集上清液，加入1∶1的氯仿抽提上清液，9000r/min离心5min后在上清液中加入1∶1的预冷的无水乙醇过夜沉淀DNA，9000r/min离心5min，用双蒸水或TE缓冲液溶解沉淀即为所得的基因组DNA粗提液。

(4) DNA粗提液的测定 使用分光光度计对提取的DNA粗提液样品的OD_{260}、OD_{280}和OD_{230}进行测定，计算所得样品DNA产量和纯度。

2. 基因组DNA的纯化

采用DNA提取试剂盒，按照所采用的DNA提取试剂盒的操作说明对DNA粗提液进行纯化。

3. 基因组DNA的PCR扩增

(1) 16SrRNA基因V3区的扩增 将纯化后的基因组DNA作为聚合酶链反应（PCR）的模板，使用PCR仪，采用对大多数细菌和古细菌的16SrRNA基因V3区具有特异性的引物对F357GC和R518，它们的序列分别为：F357GC，（5′-CGC CCG CCG CGC GCG GCG GGC GGG GCG GGG GCA CGG GGG GCC TAC GGG A GGC A G CAG-3′)；R518，（5′-A TT ACC GCG GCT GCT GG-3′)，扩增产物片段长约230bp。

(2) PCR反应体系 100μL的PCR反应体系组成如下：100ng的模板、30pmol每种引物、200μmol/L dNTPs（每种10mmol/L）、10μL的10×PCRbuffer（without $MgCl_2$）、1.5mmol/L的$MgCl_2$、5U的PfuDNA聚合酶、800ng的牛血清白蛋白BSA和适量的双蒸水补足100μL。

(3) PCR反应条件 PCR反应采用降落PCR策略，即预变性条件为94℃ 5min，前20个循环为94℃1min，65～55℃1min和72℃3min（其中每个循环后复性温度下降0.5℃），后10个循环为94℃ 1min，55℃ 1min和72℃3min，最后在72℃下延伸7min。PCR反应的产物用1.7%琼脂糖凝胶电泳检测。

4. 变性梯度凝胶电泳（DGGE）分析

(1) 变性胶的制备 使用梯度胶制备装置，制备变性剂浓度为30%～50%（100%的变性剂为7mol/L的尿素和40%的去离子甲酰胺的混合物）的10%的聚丙烯酰胺凝胶，其中变性剂的浓度从胶的上方向下方依次递增。

(2) PCR样品的加样 待胶完全凝固后，将胶板放入装有电泳缓冲液的装置中，在每个加样孔加入含有10%的加样缓冲液的PCR样品20～25μL。

(3) 电泳及染色 在120V的电压下，60℃电泳5h，电泳完毕后，将凝胶在EB中染色20～30min。

(4) 照相及观察 将染色后的凝胶用凝胶影像系统分析，观察每个样品的电泳条带并拍照。

5. DGGE 电泳条带分析

观察各个样品的 PCR 产物经变性梯度凝胶电泳（DGGE）分离后的电泳图谱照片，采用分析软件通过分析样品电泳条带的多少来比较各个土壤样品的微生物多样性的一些基本指标。也可以通过对数目不等的不同 DNA 片断（它们有可能就是一些种类微生物的 165rRNA 基因 V3 区的 DNA 片断）的测序以及和国际标准核酸库的比对，就可以得出这些在 DGGE 中被分离的 DNA 片断所代表的微生物的种属关系，从而确定不同土壤中所含有的微生物的种类，通过相关分析，获取其中微生物多样性的信息。

五、实验报告

1. 简述 DGGE 的原理和实验步骤。
2. 电泳结果分析，分析土壤样品中可能的微生物种类及其他有用信息。

六、注意事项

1. 配置试剂时一定要用去离子水，制胶洗膜时用的各个容器也要用去离子水洗涤干净，以防止氯离子污染。
2. 制胶是实验的关键。在往玻璃板中灌胶时，要匀速地转动滑轮，将凝胶液匀速地灌入玻璃板。
3. 灌完胶后，立刻清洗注射器，以防丙烯酰胺凝固，堵塞管子。
4. DGGE 的电泳缓冲液要超过“RUN”刻度线，不要超过“Maximam”刻度线。
5. 点样时，要用小型注射器，伸入点样孔底部点样。
6. 银染的整个过程中，一定要戴手套，以避免手接触胶而带来的污染。
7. 每次用完仪器后要及时清理，清洗玻璃板培养皿等玻璃仪器。

七、思考题

1. PCR-DGGE 的检测原理是什么？
2. 为什么要在上游 5′端添加 GC 夹？
3. 如何确定样品的变性梯度？

第三部分　环境微生物监测与评价技术

环境监测是以分析化学、物理和物理化学测定、生物指示及某些高新技术为基础，对环境中的化学污染、物理污染（噪声、光、热、电磁辐射、放射性等）和生物污染因素（病原体等）进行现场的、长期的、连续的监视和测定，并且研究它们对环境质量的影响。其监测效果在于能早期发现环境恶化的征兆，找出原因，采取对策和预测将来，起到有效保护环境的作用。

环境质量的生物监测是环境监测中重要的组成部分，它是以生态学理论为基础，利用环境中生命表现形式的各级水平（分子、细胞、组织、器官、个体、种群、群落和生态系统）对环境污染或变化所产生的反应，来阐明环境污染状况，从生物学角度为环境质量的监测和评价、污染控制、环境管理等提供重要依据。

生态环境中微生物是环境污染的直接承受者，环境状况的任何变化都对微生物群落结构和生态功能产生影响，因此可以用微生物来指示环境污染状况。微生物的某些独有的特性使微生物在环境监测中具有特殊作用。随着现代科学技术的发展，高新技术在环境监测中广泛应用，生物监测和理化监测紧密配合，可以为保护环境造福人类发挥更大的作用。

第十一章　水中微生物监测

第一节　水样的采集和保存

采集的样品应尽可能地代表所采的环境水体特征，应采取一切预防措施尽力保证从采样到实验室分析这段时间间隔里不受污染和水样成分不发生任何变化。

一、采样

1. 采水容器

（1）采样瓶　通常采用以耐用玻璃制成的带螺旋帽或磨口玻塞的500mL广口瓶，也可用适当大小、广口的聚乙烯塑料瓶或聚丙烯耐热塑料瓶。要求在灭菌和样品存放期间，该材料不应产生和释放出抑制细菌生存能力或促进繁殖的化学物质。螺旋帽必须配以氯丁橡胶衬垫。

（2）采样瓶的洗涤　一般可用加入洗涤剂的热水洗刷采样瓶，用清水冲洗干净，最后用蒸馏水冲洗1～2次。新的采样瓶必须彻底清洗，先用水和洗涤剂清洁尘埃和包装物质，再用铬酸和硫酸洗涤液洗涤，然后用稀硝酸溶液冲洗，以除去任何一重金属或铬酸盐的残留物，最后用自来水冲洗干净，再用蒸馏水淋洗。对于聚乙烯容器，可先用约1mol/L盐酸溶液清洗，再依次用稀硝酸溶液浸泡，蒸馏水冲洗干净。

（3）采样瓶的灭菌　将洗涤干净的采样瓶盖好瓶塞（盖），用牛皮纸等防潮纸将瓶塞、瓶顶和瓶颈处包裹好，置干燥箱160～170℃干热灭菌2h，或用高压蒸汽灭菌器，121℃经15min灭菌。不能使用加热灭菌的塑料瓶则应浸泡在0.5%的过氧乙酸溶液中10min或用环氧乙烷气体进行低温灭菌。聚丙烯耐热塑料瓶，可用121℃高压蒸汽灭菌15min。灭菌后的采样瓶，两周内未使用，需重新灭菌。

2. 去氯

采集加氯处理的水样时，余氯的存在会影响待测水样在采集时所指示的真正细菌含量，因此须经去氯处理。可在洗涤干净的样品瓶内，于灭菌前按 500mL 采样瓶加入 0.3mL 10% $Na_2S_2O_3$ 溶液。然后盖好瓶盖（塞），如上所述的灭菌方法进行灭菌。

当被测水样含有高浓度重金属时，则须在采样瓶内，于灭菌前加入螯合剂以减少金属毒性，采样点位置较远，须长距离运输的这类水样更为重要。可按 500mL 采样瓶加入 1mL 15%的乙二胺四乙酸二钠盐（EDTA-Na_2）溶液。

3. 采样步骤及注意事项

① 已灭菌和封包好的采样瓶，无论在什么条件下采样时，均要小心开启包装纸和瓶盖，避免瓶盖及瓶子颈部受杂菌污染，并注意在使用船只或附带的采样缆绳等附加设备采样时可能造成的污染。

② 采集江、河、湖、库等地表水样时，可握住瓶子下部直接将已灭菌的带塞采样瓶插入水中，约距水面 10～15cm 处，拔玻塞，瓶口朝水流方向，使水样灌入瓶内然后盖上瓶塞，将采样瓶从水中取出。如果没有水流，可握住瓶子水平前推，直到充满水样为止。采好水样后，迅速盖上瓶盖和包装纸。

③ 采集一定深度的水样时，可使用单层采水器（图 11-1）或深层采水器（图 11-2）。采样时，将已灭菌的采样瓶放入采水器架内，当采水器下沉到预定深度时，扯动挂绳，打开瓶塞，待水灌满后，迅速提出水面，弃去上层水样，盖好瓶盖，并同步测定水深。

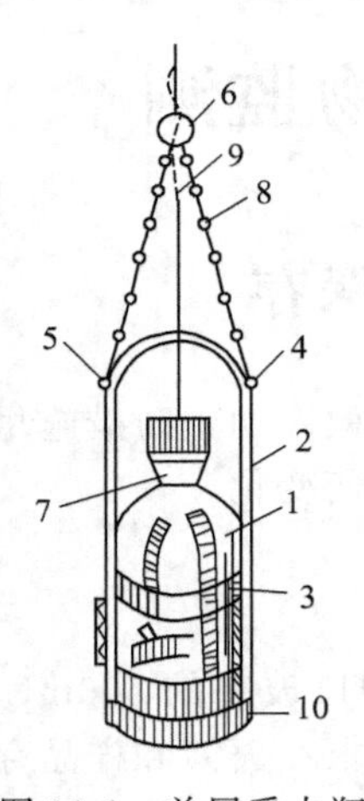

图 11-1 单层采水瓶

1—水样瓶；2,3—采水瓶架；4,5—控制采水瓶平衡的挂钩；6—固定采水瓶绳的挂钩；7—瓶塞；8—采水瓶绳；9—开瓶塞的软绳；10—铅锤

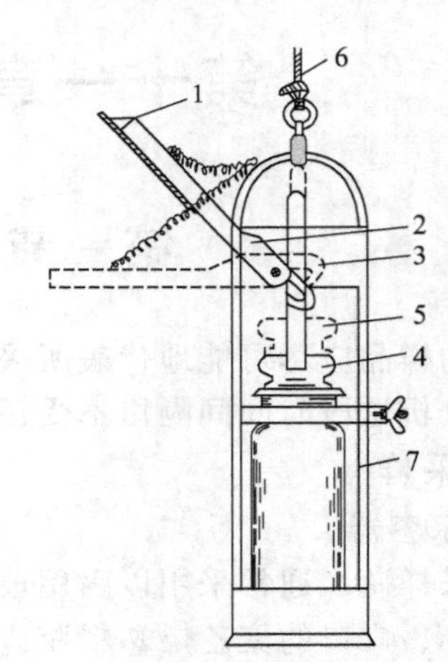

图 11-2 深层采水瓶

1—叶片；2—杠杆（关闭位置）；3—杠杆（开口位置）；4—玻璃塞（关闭位置）；5—玻璃塞（开口位置）；6—悬挂绳；7—金属架

④ 从自来水龙头采集样品时，不要选用漏水的龙头，采水前可先将水龙头打开至最大，放水 3～5min；然后将水龙头关闭，用酒精灯火焰灼烧约 3min 灭菌或用 70%的酒精溶液消毒水龙头及采样瓶口；再打开龙头，开足，放水 1min，以充分除去水管中的滞留杂质。采水时控制水流速度，小心接入瓶内。

⑤ 采样时不需用水样冲洗采样瓶。采样后在瓶内要留足够的空间，一般采样量为采样瓶容量的 80%左右，以便在实验室检查时，能充分振摇混合样品，获得具有代表性的样品。

⑥ 在同一采样点进行分层采样时，应自上而下进行，以免不同层次的搅扰；同一采样

点与理化监测项目同时采样时，应先采集细菌学检验样品。

⑦ 在危险地点或恶劣气候条件下采样时，必须有防护措施，保证采样安全，并作好记录，以便对检验结果正确解释。

⑧ 采样完毕，应将采样瓶编号，作好采样记录。将采样日期、采样地点、采水深度、采样方法、样品编号、采样人及水温、气温情况等登记在记录卡上。

二、样品保存

1. 各种水体，特别是地表水、污水和废水的水样，易受物理、化学或生物的作用，从采水至检验的时间间隔内会很快发生变化。因此，当水样不能及时运到实验室，或运到实验室后不能立即进行分析时，必须采取保护措施。

2. 采好的水样，应迅速运往实验室，进行细菌学检验。一般从取样到检验不宜超过2h，否则应使用10℃以下的冷藏设备保存样品，但不得超过6h。实验室接到送检样后，应将样品立即放入冰箱，并在2h内着手检验。如果因路途遥远，送检时间超过6h者，则应考虑现场检验或采用延迟培养法。

第二节　水体中微生物数量的监测

实验11.1　水中细菌总数的监测

一、实验目的

了解水中细菌总数的测定方法。

二、实验原理

水中细菌总数往往同水体受有机物污染的程度呈正相关。因此，它是评价水质污染程度的一个重要指标之一。由于重金属及某些其他的有毒物质对细菌有杀灭或抑制作用，在总细菌数少的水样中并不能排除这些物质的污染。

本试验采用标准平皿法对水样中细菌计数，这是测定水中好氧和兼性厌氧异养细菌密度的方法。由于细菌在水体中能以单独个体、成对、链状、成簇或成团的形式存在，此外没有单独的一种培养基或某一环境条件能满足一个水样中所有细菌的生理要求，所以由此法所得的菌落数实际上要低于被测水样中真正存在的活细菌的数目。细菌总数是指1mL水样在营养琼脂培养基中，37℃24h培养后所生长的菌落数。一般规定，1mL自来水的总菌数不得超过100个。

三、实验材料和用具

1. 培养基

（1）营养琼脂培养基（见实验4.1）。

（2）2216E培养基 蛋白胨50g；酵母膏1.0g；$FePO_4$ 0.01g；琼脂18.0g；蒸馏水1000mL；pH 7.6～7.8。

2. 用具

无菌采样瓶，灭菌移液管，灭菌培养皿，盛有90mL无菌水的三角烧瓶，盛有9mL无菌水的试管。

四、实验方法

（1）采集水样，注意采集水样的代表性和数量。

（2）吸取10mL水样（河水、污水、游泳池水或港湾水等），注入盛有90mL无菌水的三角烧瓶中，混匀成10^{-1}稀释液，注意在吸水样前，水样及稀释水应彻底搅动均匀。

(3) 吸稀释液 1mL 按 10 倍稀释法稀释成 10^{-2}、10^{-3}、10^{-4} 等连续的稀释度（图 11-3）。

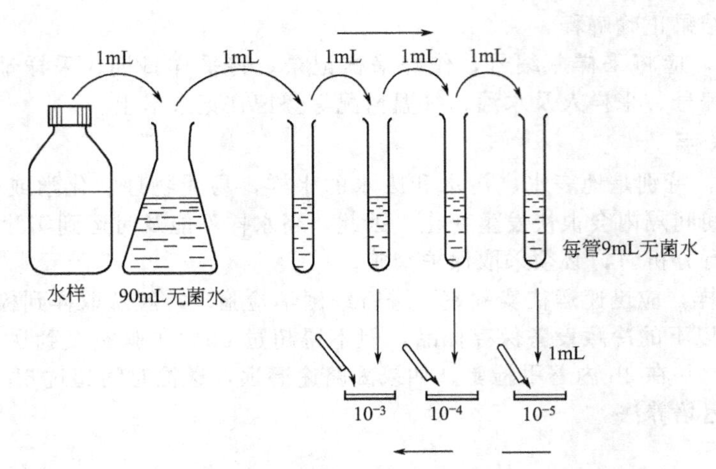

图 11-3 菌液逐级稀释过程示意图

(4) 根据水样的洁净程度，污染严重者选取 10^{-2}、10^{-3}、10^{-4} 三个连续稀释度，中等的选取 10^{-1}、10^{-2}、10^{-3} 三个连续稀释度。稀释度的选择是本试验精确度的关键，选择适宜者，单个平皿上菌落总数介于 30 和 300 之间。

(5) 吸取由低倍至高倍的稀释液，每个稀释液分别注入两个培养皿，每皿 1mL。

(6) 注入彻底融化，然后冷却到 45℃的营养琼脂培养基（用于河水样）或 2216E 培养基（用于海水、港湾水样）约 15mL，立即旋摇培养皿，充分混匀。方法是握住平皿，先往一个方向画圆，再朝相反方向回转；或一面画圆，一面适当倾斜。小心勿使这个混合液体溅到培养皿的边缘。让平皿培养基于水平位置放置至固化。

(7) 接种河水样的培养皿，倒置于 37℃培养 24h，接种海水样、港湾水样的培养皿，应倒置后于 18～20℃下培养到长出明显菌落（5d 左右）。

五、实验报告

取同一稀释度的平板培养物，依菌落计算原则进行计算（详见实验 6.1）。

1. 阐述细菌计数原则。
2. 报告样品中细菌总数。

稀释度	10^{-1}		10^{-2}		10^{-3}	
平板	1	2	1	2	1	2
菌落数						
平均菌落数						
计算方法						
细菌总数/mL						

六、注意事项

1. 从取样到检测的时间间隔不得超过 4h。若不能及时检测，应将水样保存在冰箱内，但存放时间不得超过 24h，并需在检验报告上注明。

2. 搞清每个培养皿的菌落数、每个稀释度的平均菌落数（代表值）和细菌总数三者之间的关系。

七、思考题

1. 微生物检测应考虑哪些原则？

2. 培养时，为什么要把已接种的培养基倒置保温培养？

实验 11.2　水中大肠菌群（*Coliform group*）的监测

一、实验目的

1. 了解饮用水和水源水大肠菌群检测的原理和意义

2. 学习饮用水和水源水大肠菌群检测的方法。

二、实验原理

大肠菌群又称总大肠菌群（*Coliform group*），是能在 37℃下生长并能在 24h 内发酵乳糖产酸产气的革兰阴性无芽孢杆菌的总称，主要包括肠菌科的埃希菌属（*Escherichia*）、柠檬酸杆菌属（*Citrobacter*）、肠杆菌属（*Enterobacter*）和克雷伯菌属（*Klebsiella*）。其中，一些大肠菌群细菌能在 44℃下生长并发酵乳糖产酸产气，由于它们主要来自粪便，因此将它们称为"粪大肠菌群"（*fecal coliform*）。据调查，在人类粪便中，粪大肠菌群占总大肠菌群数的 96.4%。大肠菌群已成为国际上公认的粪便污染指标。

我国现行生活饮用水标准（GB 5749—85）规定，每升水中总大肠菌群数不得超过 3 个；如果只经过加氯消毒即供作生活饮用水，每升水源水中的总大肠菌群数不得超过 1000 个；如果经过净化处理和加氯消毒后再供作生活饮用水，每升水源水中的总大肠菌群数不得超过 10000 个。

三、实验材料和用具

（一）培养基

1. 乳糖蛋白胨培养基

蛋白胨 10g；牛肉膏 3g；乳糖 5g；NaCl 5g；1.6%溴甲酚紫乙醇溶液 1mL；蒸馏水 1000mL；pH 7.2～7.4。

将蛋白胨、牛肉膏、乳糖及 NaCl 加热溶解于 1000mL 蒸馏水中，调节 pH 至 7.2～7.4。加入 1.6%溴甲酚紫乙醇溶液 1mL，充分混匀，分装于含有倒置的发酵管的试管中，每管 10mL，115℃灭菌 20min。

2. 三倍浓缩乳糖蛋白胨培养基

按上述乳糖蛋白胨培养基浓缩 3 倍配制，分装于含有倒置的小发酵管的三角瓶或试管中，其中试管每管分装 5mL，而三角瓶（150mL）中分装 50mL，115℃灭菌 20min。

3. 乳糖蛋白胨半固体培养基

蛋白胨 10g；牛肉膏 5g；乳糖 10g；酵母浸膏 5g；琼脂 5g 左右；蒸馏水 1000mL；pH 7.2～7.4。

将上述成分加热溶解于 1000mL 蒸馏水中，调整 pH 为 7.2～7.4，过滤后分装于小试管内，置高压蒸汽灭菌器，在 115℃灭菌 20min，冷却后置于冰箱内保存。此培养基存放以不超过二周为宜。

4. 伊红亚甲基蓝培养基（EMB 培养基）

蛋白胨 10g；K_2HPO_4 2g；乳糖 10g；琼脂 20g；蒸馏水 1000mL；pH7.2～7.4；2%伊红水溶液 20mL；0.5%亚甲基蓝水溶液 13mL。

先将琼脂加入 900mL 蒸馏水中，加热溶解，然后按配方加入蛋白胨、磷酸氢二钾，溶解后，加蒸馏水补足至 1000mL，调节 pH 至 7.2～7.4，趁热用脱脂棉或多层纱布过滤，再加入乳糖，混匀后定量分装于烧瓶中，115℃灭菌 20min，取出，储存于冷暗处备用。

临制平板前，加热融化上述培养基，按比例分别加入无菌2%伊红水溶液和0.5%亚甲基蓝水溶液，混匀，每个无菌培养皿中倒入12～15mL培养基，制成平板，冷凝后倒置于冰箱中保存备用。

5. 品红亚硫酸钠培养基

(1) 多管发酵用　蛋白胨10g；乳糖10g；磷酸氢二钾3.5g；琼脂20～30g；蒸馏水1000mL；无水亚硫酸钠5g左右；5%碱性品红乙醇溶液20mL。

① 储备培养基。先将琼脂加至900mL蒸馏水中，加热溶解，然后加入磷酸氢二钾及蛋白胨，混匀使其溶解，再以蒸馏水补足至1000mL，调整pH为7.2～7.4。趁热用脱脂棉或多层纱布过滤，再加入乳糖，混匀后定量分装于烧瓶内，置高压蒸汽灭菌器中，在115℃灭菌20min，储存于冷暗处备用。

② 平板培养基。将上述储备培养基加热融化。以无菌操作，根据瓶内培养基的容量，用灭菌吸管按1∶50的比例吸取一定量的5%碱性品红乙醇溶液置于灭菌空试管中；再按1∶200的比例称取所需的无水亚硫酸钠置于另一灭菌空试管内，加无菌水少许使其溶解，再置于沸水浴中煮沸10min灭菌。用灭菌吸管吸取已灭菌的亚硫酸钠溶液，滴加于碱性品红乙醇溶液内至深红色褪成淡红色为止（不宜多加）。将此混合液全部加入已融化的储备培养基内并充分混匀（防止产生气泡）。立即将此种培养基适量（约15mL）倾入已灭菌的空平皿内，待其冷却凝固后，倒置冰箱内备用。此种已制成的培养基于冰箱内保存不宜超过两周，如培养基已由淡红色变成深红色，则不能再用。

(2) 滤膜法用　蛋白胨10g；牛肉浸膏5g；酵母浸膏5g；乳糖10g；琼脂20g；磷酸氢二钾3.5g；蒸馏水1000mL；无水亚硫酸钠 约5g；5%碱性品红乙醇溶液20mL。

制备方法同(1)。

6. M-远腾氏培养基（M-Endo液态培养基）

胰胨或多胨10g；蛋白胨10g；酵母浸膏1.5g；乳糖12.5g；氯化钠5.0g；磷酸氢二钾（K_2HPO_4）4.375g；磷酸二氢钾（KH_2PO_4）1.375g；硫酸十二烷基钠0.050g；去氧胆酸钠0.10g；亚硫酸钠2.10g；碱性品红1.05g；pH 7.1～7.3。

将上述成分置于含有20mL95%乙醇的1000mL蒸馏水中。将培养基加热煮沸后，立即从热源移开，并冷却到45℃以下。不可用高压蒸汽灭菌，最后pH值应在7.1～7.3之间。配好的培养基储存于2～10℃的暗处，如存放超过96h应弃去。

7. M-远腾氏防腐培养基

按M-远腾氏培养基配制，每升再加3.84g苯甲酸钠。另外，要根据水样情况来决定是否把环已亚胺加到M-远藤氏防腐培养基中。如已发现有蔓生霉菌或真菌的水样，按每100mL M-远藤氏防腐培养基加入50mg环已亚胺。

8. LES MF保存性培养基

胰胨3.0g；M-远藤肉汤MF 3.9g；磷酸氢二钾（K_2HPO_4）3.0g；苯甲酸钠1.0g；磺酸胺1.0g；对氨基苯甲酸；1.2g；环已亚胺0.5g；蒸馏水1000mL。

将上述成分溶于蒸馏水中，不可加热，最后pH值应为7.1±0.1。

9. LES远藤氏琼脂培养基

酵母浸膏1.2g；酪胨或胰酪胨3.7g；硫胨3.7g；胰胨7.5g；乳糖9.4g；磷酸氢二钾3.3g；磷酸二氢钾1.0g；氯化钠3.7g；去氧胆酸钠0.1g；硫酸十二烷基钠0.05g；亚硫酸钠1.6g；碱性品红0.8g；琼脂15.0g；蒸馏水1000mL。

将上述成分置于含有20mL95%乙醇的1000mL蒸馏水中，加热沸腾后冷却到45～50℃，以4mL的量分装到直径为60mm的培养皿底部。如果使用其他大小的培养皿，则应调节分装的量，使其在皿底所占的厚度不变。平皿应放在2～10℃的暗处，两周后尚未使用应弃去。

（二）试剂

革兰染色液，显微镜擦镜液（或二甲苯），香柏油，无菌水。

（三）用具

载玻片，盖玻片，烧瓶，无菌空瓶（500mL），无菌培养皿，试管等

四、实验方法

（一）多管发酵法

多管发酵是根据大肠菌群细菌能发酵乳糖、产酸产气以及具备革兰染色阴性、无芽孢、呈杆状等有关特性，通过三个步骤进行检验，以求得水样中的总大肠菌群数。

多管发酵法是以最可能数（most probable number）简称MPN来表示试验结果的。实际上它是根据统计学理论，估计水体中的大肠杆菌密度和卫生质量的一种方法。如果从理论上考虑，并且进行大量的重复检定，可以发现这种估计有大于实际数字的倾向。不过只要每一稀释度试管重复数目增加，这种差异便会减少，对于细菌含量的估计值，大部分取决于那些既显示阳性又显示阴性的稀释度。因此在实验设计上，水样检验所要求重复的数目，要根据所要求数据的准确度而定。水中大肠菌群多管发酵法测定的步骤和结果见图11-4。

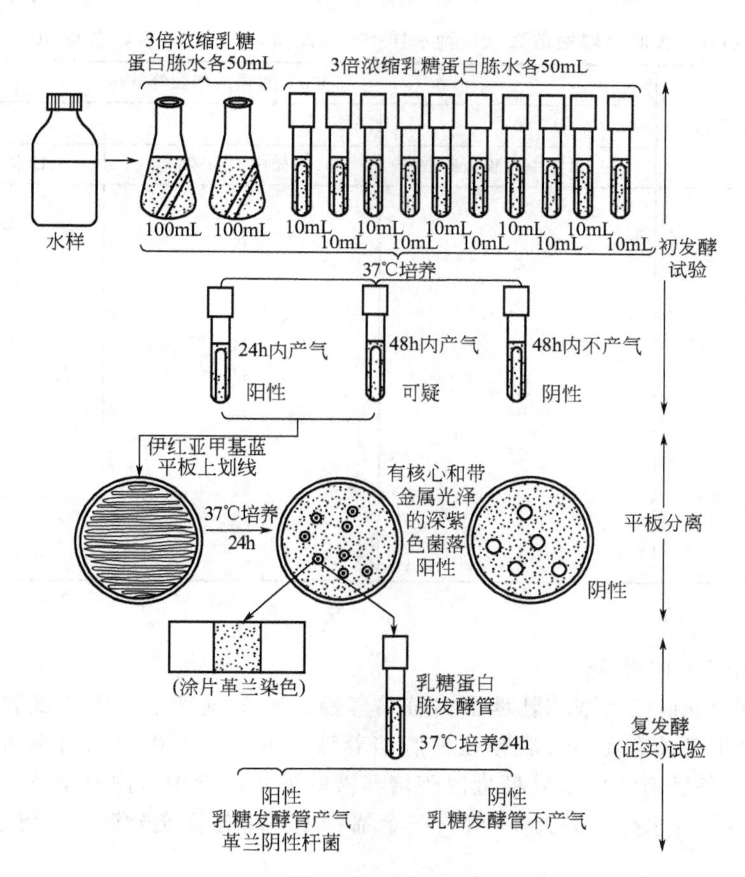

图11-4 水中大肠菌群多管发酵法测定的步骤和结果

1. 生活饮用水

(1) 初发酵试验　在两个装有50mL已灭菌的三倍浓缩乳糖蛋白胨培养液的大试管或烧

瓶中（内有倒置的发酵管），以无菌操作各加入已充分混匀的水样 100mL；在 10 支装有 5mL 已灭菌的三倍浓缩乳糖蛋白胨培养液的试管中（内有倒置的发酵管），以无菌操作加入充分混匀的水样 10mL，混匀后置于 37℃恒温箱培养 24h。

（2）平板分离　经初发酵试验培养 24h 后，发酵试管颜色变黄为产酸，倒置的发酵管内有气泡为产气。将产酸产气及只产酸发酵管，分别用接种环划线接种于品红亚硫酸钠培养基或伊红亚甲基蓝培养基上，置 37℃恒温箱内培养 18～24h，挑选符合下列特征的菌落，取菌落的一小部分进行涂片、革兰染色、镜检。

品红亚硫酸钠培养基上的菌落：紫红色，具有金属光泽的菌落；深红色，不带或略带金属光泽的菌落；淡红色，中心色较深的菌落。

伊红亚甲基蓝培养基上的菌落：深紫黑色，具有金属光泽的菌落；紫黑色，不带或略带金属光泽的菌落；淡紫红色，中心色较深的菌落。

（3）复发酵试验　上述涂片镜检的菌落如为革兰阴性无芽孢的杆菌，则挑选该菌落的另一部分接种于普通浓度乳糖蛋白胨培养液中（内有倒置的发酵管），每管可接种分离自同一初发酵管（瓶）的最典型菌落 1～3 个，然后置于 37℃恒温箱中培养 24h，有产酸产气者，即证实有大肠菌群菌存在。根据证实有大肠菌群存在的阳性管（瓶）数查表 11-1，报告每升水样中的大肠菌群数。

表 11-1　大肠菌群检数表（接种水样 100mL2 份，10mL10 份，总量 300mL）

10mL 水量的阳性管数	100mL 水量的阳性管数		
	0	1	2
	1L 水样中大肠菌群数	1L 水样中大肠菌群数	1L 水样中大肠菌群数
0	<3	4	11
1	3	8	18
2	7	13	27
3	11	18	38
4	14	24	52
5	18	30	70
6	22	36	92
7	27	43	120
8	31	51	161
9	36	60	230
10	40	69	>230

2. 水源水

① 将水样作 1∶10 稀释。

② 于各装有 5mL 三倍浓缩乳糖蛋白胨培养液的五个试管中（内有倒置的发酵管），各加 10mL 水样；于各装有 10mL 乳糖蛋白胨培养液的五个试管中（内有倒置的发酵管），各加 1mL 水样；于各装有 10mL 乳糖蛋白胨培养液的五个试管中（内有倒置的发酵管），各加入 1mL 1∶10 稀释的水样。共计 15 管，三个稀释度，将各管充分混匀，置于 37℃恒温箱培养 24h。

③ 平板分离和复发酵试验的检验步骤同“1. 生活饮用水”检验方法。

④ 根据证实总大肠菌群存在的阳性管数查表 11-2，即求得每 100mL 水样中存在的总大肠菌群数。

表 11-2　水样的总大肠菌群检索表

出现阳性反应的试管数			每 100mL 中的细菌的 MPN
10mL 管中	1mL 管中	0.1mL 管中	
0	0	0	0
0	0	1	2
0	0	2	4
0	0	3	5
0	0	4	7
0	0	5	9
0	1	0	2
0	1	1	4
0	1	2	6
0	1	3	7
0	1	4	9
0	1	5	11
0	4	0	8
0	4	1	9
0	4	2	11
0	4	3	13
0	4	4	15
0	4	5	17
0	5	0	9
0	5	1	11
0	5	2	13
0	5	3	15
0	5	4	17
0	5	5	19
1	0	0	2
1	0	1	4
1	0	2	6
1	0	3	8
1	0	4	10
1	0	5	12
1	1	0	4
1	1	1	6
1	1	2	8
1	1	3	10
1	1	4	12
1	1	5	14
1	2	0	6
1	2	1	8
1	2	2	10
0	2	0	4
0	2	1	6
0	2	2	7
0	2	3	9
0	2	4	11
0	2	5	13
0	3	0	6
0	3	1	7
0	3	2	9
0	3	3	11
0	3	4	13
0	3	5	15
1	3	0	8
1	3	1	10
1	3	2	12
1	3	3	15
1	3	4	17
1	3	5	19
1	4	0	11
1	4	1	13
1	4	2	15
1	4	3	17
1	4	4	19
1	4	5	22
1	5	0	13
1	5	1	15
1	5	2	17
1	5	3	19
1	5	4	22
1	5	5	24
2	0	0	6
2	0	1	7
2	0	2	9
2	0	3	12
2	0	4	14
2	0	5	16
2	1	0	7
2	1	1	8
2	1	2	12
1	2	3	12
1	2	4	15
1	2	5	17
2	2	0	9
2	2	1	12
2	2	2	14
2	2	3	17
2	2	4	19
2	2	5	22
2	3	0	12
2	3	1	14
2	3	2	17
2	3	3	20
2	3	4	22
2	3	5	25
2	4	0	15
2	4	1	17
2	4	2	20

续表

出现阳性反应的试管数			每100mL中的细菌的MPN
10mL管中	1mL管中	0.1mL管中	
2	4	3	23
2	4	4	25
2	4	5	28
2	5	0	17
2	5	1	20
2	5	2	23
2	5	3	26
2	5	4	29
2	5	5	32
3	0	0	8
3	0	1	11
3	0	2	13
3	0	3	16
3	0	4	20
3	0	5	23
4	0	0	13
4	0	1	15
4	0	2	21
4	0	3	26
4	0	4	30
4	0	5	36
4	1	0	17
4	1	1	21
4	1	2	26
4	1	3	31
4	1	4	36
4	1	5	42
4	2	0	22
2	1	3	14
2	1	4	17
2	1	5	19
3	1	0	11
3	1	1	14
3	1	2	17
3	1	3	20
3	1	4	23
3	1	5	27
3	2	0	14
3	2	1	17
3	2	2	20
3	2	3	24
3	2	4	27
3	2	5	31
3	3	0	17
3	3	1	21
3	3	2	24
3	3	3	28
3	3	4	32
3	3	5	36
3	4	0	21
3	4	1	24
3	4	2	28
3	4	3	32
3	4	4	36
3	4	5	40
3	5	0	25
3	5	1	29
3	5	2	32
3	5	3	37
3	5	4	41
3	5	5	45
4	5	0	41
4	5	1	48
4	5	2	56
4	5	3	64
4	5	4	72
4	5	5	81
5	0	0	23
5	0	1	31
5	0	2	43
5	0	3	58
5	0	4	76
5	0	5	95
5	1	0	33
4	2	1	26
4	2	2	32
4	2	3	33
4	2	4	44
4	2	5	50
4	3	0	27
4	3	1	33
4	3	2	39
4	3	3	45
4	3	4	52
4	3	5	59
4	4	0	34
4	4	1	40
4	4	2	47
4	4	3	54
4	4	4	62
4	4	5	69
5	4	0	130
5	4	1	170
5	4	2	220
5	4	3	230
5	4	4	250

续表

出现阳性反应的试管数			每100mL中的细菌的MPN	出现阳性反应的试管数			每100mL中的细菌的MPN
10mL管中	1mL管中	0.1mL管中		10mL管中	1mL管中	0.1mL管中	
5	4	5	430	5	3	0	79
5	1	1	46	5	3	1	110
5	1	2	63	5	3	2	140
5	1	3	84	5	3	3	180
5	1	4	110	5	3	4	210
5	1	5	130	5	3	5	250
5	2	0	49	5	5	0	210
5	2	1	70	5	5	1	350
5	2	2	94	5	5	2	510
5	2	3	120	5	5	3	920
5	2	4	150	5	5	4	1000
5	2	5	180	5	5	5	>1600

3. 地表水和废水

① 地表水中较清洁水的初发酵试验步骤同“2. 水源水”检验方法。有严重污染的地表水和废水初发酵试验的接种水样应作1∶10、1∶100、1∶1000或更高的稀释，检验步骤同“2. 水源水”检验方法。

② 如果接种的水样量不是10mL、1mL和0.1mL，而是较低的或较高的三个浓度的水样量，也可查表求得MPN指数，再经下面的公式换算成每100mL的MPN值。

$$\text{MPN}=\text{MPN指数}\times\frac{10(\text{mL})}{\text{接种量最大的一管的水样量}(\text{mL})}$$

我国目前以1L为报告单位，MPN值再乘10，即为1L水样中的总大肠菌群数。

（二）滤膜法

滤膜是一种微孔性薄膜。将水样注入已灭菌的放有滤膜（孔径0.45μm）的滤器中，经过抽滤，细菌即被截留在膜上，然后将滤膜贴于品红亚硫酸钠培养基上，进行培养。因大肠菌群细菌可发酵乳糖，在滤膜上出现紫红色具有金属光泽的菌落，计数滤膜上生长的此特性的菌落数，计算出每升水样中含有总大肠菌群数。如有必要，对可疑菌落应进行涂片染色镜检，并再接种乳糖发酵管做进一步鉴定。

滤膜法具有高度的再现性，可用于检验体积较大的水样，能比多管发酵技术更快地获得肯定的结果。不过在检验混浊度高、非大肠杆菌类细菌密度大的水样时，有其局限性。

多管发酵法和滤膜法的结果作统计学比较，可显示出后者较为精密。虽然从这两种技术所得到的数据都提供了基本相同的水质情报，但检验结果的数值不同。在做水源水的检验时，可以预期约有80%的滤膜试验的数据落在多管发酵试验数据95%的置信界限内。

1. 过滤水样

（1）滤膜及滤器的灭菌　将滤膜放入烧杯中，加入蒸馏水，置于沸水浴中煮沸灭菌三次，每次15min。前两次煮沸后需更换水洗涤2～3次，以除去残留溶剂，也可用121℃灭菌10min，10min一到，迅速将蒸汽放出，这样可以尽量减少滤膜上凝集的水分。滤器、接液瓶和垫圈分别用纸包好，在使用前先经121℃高压蒸汽灭菌30min。滤器灭菌也可用点燃的酒精棉球火焰灭菌。

（2）过滤装置安装　以无菌操作把滤器装置装好（依照第三章第一节的图3-9）。

（3）水样量的选择　待过滤水样量是根据所预测的细菌密度而定的（见表11-3对总大肠菌群做滤膜试验应过滤水样的参考体积）。

表 11-3 对总大肠菌群做滤膜试验时应过滤水样的参考体积

水样种类	过滤的体积/mL							
	100	50	10	1	0.1	0.01	0.001	0.0001
饮用水	×							
游泳池	×							
井水、泉水	×	×	×					
湖泊、水库	×	×	×					
供水的进水			×	×	×			
沙滩浴场			×	×	×			
河水				×	×	×	×	
加氯的污水				×	×	×		
原污水					×	×	×	×

一个理想的水样体积，可以产生大约 50 个大肠菌群细菌菌落，而全部类别的菌落数则不超过 200 个。当过滤水样（稀释的或未稀释的）体积少于 20mL 时，应在过滤之前加少量的无菌稀释水到过滤漏斗中，以便水量的增加有助于悬浮的细菌均匀分布在整个过滤器表面。

(4) 过滤 用无菌镊子夹取灭菌滤膜边缘，将粗糙面向上，贴放在已灭菌的滤床上，稳妥地固定好滤器。将适量的水样注入滤器中，加盖，开动真空泵即可抽滤除菌。

2. 培养

水样抽滤完后，再抽约 5s，关上滤器阀门取下滤器，用灭菌镊子夹取滤膜边缘部分，移放在品红亚硫酸钠培养基上，滤膜截留细菌面朝上，滤膜应与培养基完全贴紧，两者间不得留有气泡。然后将平皿倒置，放 37℃恒温箱内培养 24h。培养期间，保持充足的湿度（大约 90%相对湿度）。

挑选符合下列特征的菌落进行革兰染色、镜检：紫红色，具有金属光泽的菌落；深红色，不带或略带金属光泽的菌落；淡红色，中心色较深的菌落。

凡系革兰阴性无芽孢杆菌，需再接种于乳糖蛋白胨培养液或乳糖蛋白胨半固体培养基（接种前应将此培养基放入水浴中煮沸排气，冷却凝固后方能使用），经 37℃培养，前者于 24h 产酸产气或后者经 6～8h 培养后产气，则判为总大肠菌群阳性。

计数滤膜上生长的大肠菌群菌落总数，根据过滤的水样量计算水样中总大肠菌群数

$$\text{总大肠菌群数(个/L)} = \frac{\text{滤膜上生长的大肠菌群菌落数} \times 1000}{\text{过滤水样量(mL)}}$$

(三) 延迟培养法

延迟培养法可以允许水样经滤膜过滤后，将滤膜装运、输送到实验室，进行培养并完成检验。在常规的检验步骤不能实现时，例如在水样运输的途中不能保证所要求的温度，或者在采样后不能在允许的时间内进行检验等都可应用延迟培养。

延迟培养法和标准的滤膜法比较表明两者的数据可以相符。延迟培养试验基本上是依照检验总大肠菌群的滤膜法进行修正而来的。此法是将水样在现场过滤后，将滤膜置于培养基上，然后运到实验室。这种运送滤膜的培养基能在运输过程中保持大肠菌群细菌的活性，但又不允许它们在运输到实验室的途中长成可见的菌落。

延迟培养试验两种可选择的方法是 M-远腾氏法和 LES 法。

1. 采样前的准备

(1) 过滤装置 滤膜和滤器的灭菌见（二）滤膜法。

(2) 培养皿 无菌的、密封保湿的塑料培养皿 50mm×12mm。这种培养皿质量轻，不

易破碎。紧急情况下，也可使用无菌的玻璃培养皿，但要用塑料薄膜或类似的材料包装起来。

2. 水样的保存和运输

① 用灭菌镊子把一片灭菌吸收垫放在一个灭菌的培养皿底部，并吸收足够的、已选择好的、在运输过程中可抑制大肠杆菌生长的运输培养基（如 M-远腾氏防腐培养基或 LES-MF 保存性培养基），使垫片浸湿饱和（小心地吸去剩余培养基）。

② 用灭菌镊子从过滤设备上取下滤膜［要求同（二）滤膜法］，放在已用运输培养基饱和过的吸收垫上。紧闭塑料培养皿就能保持高湿度，防止滤膜损失水分。注意运输途中不使滤膜脱水，但也不要使皿中有过多的液体。把放置有滤膜的培养皿放在适当的容器里送到实验室去做试验。运输时，样品可在此种培养基上保存 72h 而无明显生长。这种运输培养基可用邮递或普通方法运送。当遇到高温时，偶然能在运输培养基上发现有菌落生长。

3. 转移和培养

在实验室里，以无菌操作把滤膜从运输用的塑料培养基皿上移到含有 M-远滕氏培养基或 LES-远滕氏琼脂培养基的第二个无菌的平皿中。

（1）M-远腾氏方法　从 M-远腾氏防腐培养基上把滤膜转移到含有没有抑菌剂的 M-远腾氏培养基的吸收垫平皿中，在 37℃±1℃培养 20～22h。

（2）LES 法　把滤膜从 LES-MF 保存性培养基转移到 LES-远腾氏琼脂培养基里，在 37℃±1℃培养 20～22h。

在转移时，如果不用放大镜已可观察到清晰的菌落，则在放进 37℃±1℃的温度培养 16～18h 之前，将含有转移滤膜的培养皿先存放在 5～10℃处。缩短培养时间是为检验员提供一种控制细菌生长过度或菌落光泽消散的办法，以免影响对大肠菌群的菌落计数。

4. 总大肠菌群数的估算

见（二）滤膜法。同时要记录采样、过滤和实验室检验的时间，并计算其所延迟的时间。

五、实验报告

1. 多管发酵法检测结果

初发酵管			复发酵管数/个	阳性管数/个
初发酵管数	每管取样数/mL	产酸产气管数/个		
5	10			
5	1			
5	0.1			
查表结果得出总大肠菌群数/(个/L)				

2. 滤膜法检测结果

过滤水样量/mL	
37℃培养后特征菌落数/个	
接种乳糖培养基后的阳性管数/个	
总大肠菌群数/(个/L)	

六、注意事项

1. 如果检测被严重污染的水样或检测污水，稀释倍数可选得大些。

2. 对于被严重污染的水样和污水，可根据初步发酵试验中的阳性管数，计算每升水样的大肠菌群数。

3. 滤膜上菌落数以20～60个/片较为适宜。

七、思考题

1. 测定水中大肠菌群数有什么实际意义？为什么选用大肠菌群作为水的卫生指标？
2. 比较多管发酵法与滤膜法测定水中大肠菌群的优缺点。
3. 根据我国饮用水水质标准，讨论这次检验结果。

实验 11.3 水中粪链球菌的监测

一、实验目的

1. 了解水中粪链球菌（*Fecal streptococcus*）检测的原理和意义。
2. 学习水中粪链球菌检测的方法。

二、实验原理

同大肠菌群细菌一样，粪链球菌类细菌也正常栖居于人与温血动物的肠道内，因此这类细菌也可作为粪便污染的指示生物。由于这类细菌排出肠道进入天然水体后存活时间有限，因此，水中如果有它们存在就意味着最近发生的污染。

在实践中利用粪链球菌检测水质时，须与大肠菌群的检测数据联合参考。在人和其他动物的肠道内，大肠菌群（即FC）与粪链球菌（FS）的比值有所不同（表11-4）。

表11-4 人与动物粪便中粪大肠菌群与粪链球菌数

动物名称	样品件数	24h粪便湿重/g	每克粪内粪大肠菌群平均数/百万	每克粪内粪链球菌平均数/百万	24h粪内粪大肠菌群平均数/百万	24h粪内粪链球菌平均数/百万	粪大肠菌群/粪链球菌比值
人	43	150	13.0	3.0	2000	450	4.4
鸭	8	336	33.0	54.0	11000	18000	0.6
羊	10	1130	16.0	38.0	18000	43000	0.4
鸡	10	180	1.3	3.4	240	620	0.4
牛	11	23600	0.23	1.3	5400	31000	0.2
猪	11	2700	3.3	84.0	8900	230000	0.04

比值大于或等于4时，可以用来指示生活污水中含有人的粪便污染；比值小于或等于0.7则意味着污染来自人以外的途径；比值居于0.7～4之间时，通常表示污染来源于人和其他动物的粪便混合在一块。

三、实验材料和用具

1. 培养基：

（1）叠氮化钠葡萄糖肉汤　牛肉浸膏4.5g；胰蛋白胨15.0g；葡萄糖7.5g；氯化钠7.5g；叠氮化钠0.2g；溴甲酚紫（也可不加）0.015g；琼脂20.0g；蒸馏水1000mL；pH 7.2±0.1。

将各成分溶解于蒸馏水中，调节pH使灭菌后为7.2±0.1，分装于试管内，每管约10mL，121℃灭菌15min。

（2）乙基紫叠氮化钠肉汤　胰胨（或蛋白胨）20.0g；葡萄糖5.0g；氯化钠5.0g；磷酸氢二钾2.7g；磷酸二氢钾2.7g；叠氮化钠0.4g；乙基紫0.00083g；蒸馏水1000mL；pH 7.0左右。

将上述各成分溶解于蒸馏水中，调节pH为7.0左右，分装于试管内，每管约10mL，121℃灭菌15min。

(3) KF链球菌琼脂培养基 胰胨(或蛋白胨)10.0g;酵母浸膏10.0g;氯化钠5.0g;甘油磷酸钠10.0g;麦芽糖20.0g;乳糖1.0g;叠氮化钠0.4g;溴甲酚紫(也可不加)0.015g;琼脂20.0g;蒸馏水1000mL;1%2,3,5-三苯基四唑化氯水溶液10mL;pH 7.2。

根据需要,按上述配方比例将各组分(除2,3,5-三苯基四唑化氯水溶液外)加热溶解于蒸馏水中,再煮沸15min灭菌。待冷却至50～60℃时,于每100mL培养基内加入已灭菌的1%2,3,5-三苯基四唑化氯水溶液1mL,混匀。必要时用10%碳酸钠校正pH为7.2,倾注入灭菌平皿中制成平板待用。制成的平板在4℃±2℃的暗处可存放30d。

(4) 胆汁-七叶苷-叠氮化物琼脂培养基 蛋白胨20.0g;酵母浸膏5.0g;牛胆汁(脱水的)10.0g;氯化钠5.0g;七叶苷1.0g;柠檬酸铁(Ⅲ)铵0.5g;叠氮化钠(NaN_3)0.15g;琼脂15.0g;蒸馏水1000mL;pH 7.1±0.1。

加热溶解上述各成分,调整pH使其灭菌后为7.1±0.1。121℃灭菌15min,冷却至50～60℃,倒入平皿中,其深度至少为3mm。

2. 用具

烧瓶,无菌空瓶(500mL),无菌培养皿,灭菌移液管,试管等。

四、实验方法

(一)多管发酵法

水中粪链球菌的密度也可采用MPN法估计。此法检测粪链球菌虽然手续较繁杂,适用于较混浊的水样或含有有害化学物质(特别是金属物质)或杂菌数过多的水样,但不适用于海水样品。

此法的步骤是将水样接种于叠氮化钠葡萄糖培养液中,叠氮化钠可抑制一般革兰阴性细菌的生长,能在此种培养液中生长可认为是粪链球菌推测试验阳性。自推测试验阳性管用接种环接种三环至含有叠氮化钠和乙基紫两种抑制剂的培养液中,如能在此种培养基中生长,表示粪链球菌的证实试验为阳性。

1. 推测试验

① 将水样充分混匀后,根据水样污染的程度,接种三个不同量的水样(如10mL、1mL、0.1mL或1mL、0.1mL、0.01mL等)于叠氮化钠葡萄糖培养液内(如接种水样量为10mL,则可接种于普通浓度的叠氮化钠葡萄糖培养液内),每一不同量水样分别接种五管,即共接种15管。

② 混匀后置于37℃恒温箱中培养24h。

③ 如培养管内未见明显混浊生长,则继续再培养24h。

④ 经培养24h或48h,在叠氮化钠葡萄糖培养液中呈现混浊有细菌生长,即表示推测试验阳性,需进一步作证实试验。

2. 证实试验

① 自推测试验阳性管用接种环(内径3mm)接种三环(或自制一有三个内径3mm环串一起的接种环,则接种一次即可)至乙基紫叠氮化钠培养液中(阳性管继续保留在37℃恒温箱内)。

② 于37℃培养24h。

③ 如于管底部显一紫色沉淀小圆块者,或培养液有明显混浊生长的,表示证实试验阳性,即有粪链球菌存在(凡出现菌膜或絮状生长不应作为阳性)。

④ 如经24h培养后未见有生长,则自保留在恒温箱中原推测试验阳性管再接种三环至此原培养液内,继续再培养24h,如管底出现紫色沉淀小圆块或呈明显混浊生长的,证实试验亦为阳性。

（二）滤膜法

滤膜法用的 KF 链球菌培养基中含有叠氮化钠，可抑制革兰阴性细菌的生长，含有的 2,3,5-三苯基四唑化氯（TTC）可进入链球菌菌体被还原成为红色，使滤膜上的粪链球菌落呈现红色或粉红色。计数该滤膜上的红色菌落即可推算出水中粪链球菌的数量。每一滤膜上以生长 20～100 个粪链球菌菌落最适于计数。滤膜上生长的红色或粉红色菌落一般皆为粪链球菌，必要时可选取一些菌落加以证实，如粪链球菌过氧化氢酶试验阴性、能在 44.5℃生长、水解七叶苷等。滤膜法对含菌稀少的水样检测最为适合。

1. 推测试验

（1）水样过滤　根据水质情况决定过滤水样量（表 11-5），过滤注意事项参见实验 11.2 总大肠菌群测定中的有关部分。

表 11-5　接种用水量参考表

水样种类	检测方法	接种量/mL								
		100	50	10	1	0.1	10^{-2}	10^{-3}	10^{-4}	10^{-5}
较清洁的湖水	滤膜法	×	×	×						
井水	多管发酵法			×	×	×				
一般的江水	滤膜法		×	×	×					
河水、塘水	多管发酵法				×	×	×			
城市内的河水	滤膜法				×	×	×			
湖水、塘水	多管发酵法						×	×	×	
城市原污水	滤膜法					×	×	×		
	多管发酵法							×	×	×

（2）过滤后将滤膜置于 KF 链球菌琼脂培养基平板上，注意滤膜与平板之间不得有气泡，倒转平板，置 37℃恒温箱中培养 48h。

（3）粪链球菌菌落在滤膜上呈现大小不等的红色或粉红色菌落，菌落大小随细菌多少和培养时间而有变化，一般为 1～2mm。

2. 证实试验

将推测阳性菌落转种于胆汁-七叶苷-叠氮化物琼脂平板上，在 44℃±0.5℃下培养 48h，菌落内或菌落周围呈现褐色至黑色，则为粪链球菌。

对确证培养基上菌落有怀疑时，可做过氧化氢酶试验。向胆汁-七叶苷-叠氮化物琼脂平板上生长的典型菌落上滴一滴过氧化氢溶液，产生氧气泡的为过氧化氢酶阳性反应菌，只有过氧化氢酶反应阴性的菌落，才是粪链球菌。

（三）倾注平板培养法

如水样过于混浊或经氯消毒处理的污水样不适宜用上述滤膜法检验时，可用此法计数生长在培养基内部或表面的典型菌落。但如水样中含粪链球菌数过少，则不宜用此法检测。

① 测定方法与测定水中细菌总数基本相同。将水样用力混匀，根据水样污染情况用灭菌吸管吸取原水样或各种不同稀释度的水样 1mL 置于已灭菌的平皿的底部（应作平行样品）。

② 将已灭菌融化并冷却至 45℃左右的 KF 链球菌琼脂培养基约 12～15mL 倾倒于皿底，并转动平皿使培养基与水样混匀，平置，待凝固。

③ 将平皿倒置，置 37℃恒温箱中培养 48h。

④ 用菌落计数器或低倍双目解剖显微镜（放大 10～15 倍）观察计数培养基内部与表面大小不等的红色或粉红色菌落（其他色泽不计数）。

五、实验报告

1. 多管发酵法检测结果

初发酵管			复发酵管数/个	阳性管数/个
初发酵管数	每管取样数/mL	产酸产气管数/个		
5	10			
5	1			
5	0.1			
查表结果得出粪链球菌数/(个/L)				

2. 滤膜法检测结果

过滤水样量/mL	
37℃培养后特征菌落数/个	
经证实实验菌落数/个	
粪链球菌数/(个/L)	

3. 倾注平板培养法检测结果

参见菌落计算原则，计算出每1L水样中的粪链球菌数。

稀　释　度	10^{-1}		10^{-2}		10^{-3}	
平板	1	2	1	2	1	2
菌落数						
平均菌落数						
计算方法						
粪链球菌数/L						

六、注意事项

1. 要测量水样的pH值，因为水的pH值在9.0以上或4.0以下时，链球菌的密度会有急剧改变。

2. 尽可能靠近污染源采集水样，因为粪链球菌一离开动物寄主后存活时间不长。

3. 当各种污染源都存在时，利用比值来判定可能不可靠，此时要调查污染的确切来源。

七、思考题

1. 测定水中粪链球菌数有什么实际意义？

2. 根据我国水质标准，讨论这次检验结果。

实验11.4　水中病毒的监测

一、实验目的

掌握水中病毒一般的监测方法。

二、实验原理

水中病毒问题是一项重要的水质质量标准。水体被病毒污染后，使成了传播病毒性疾病的媒介。迄今为止，已经知道的有脊髓灰质炎病毒、柯萨基病毒、埃可病毒、肠病毒、腺病毒、轮状病毒、呼肠病毒、甲型肝炎病毒、传染性肝炎病毒等100多种人类病毒，都可通过粪-口途径，由水传播并引起流行。因此，监测水体中受病毒污染的程度已引起了广泛的关注。

由于病毒不是肠道中正常的菌丛，只是从病人体内排出，且数量上同大肠菌群细菌相比要少上几个数量级，在监测时，首先须对水样中的病毒进行浓缩。

三、材料与器皿

1. 病毒寄主细胞培养物

绿猴肾的 Vero 系细胞管，人喉癌 Hep-2 系细胞管，Hela 细胞。

2. 试剂

硫代硫酸钠（$Na_2S_2O_3 \cdot 5H_2O$），$AlCl_3$ 或 $MgCl_2$，1mol/L HCl，0.14mol/L NaCl，甲醇。

3. 器皿

灭菌玻璃采样瓶、赛氏滤器。

4. 滤纸、甲基纤维素（MC）。

5. 洗脱液

3%牛肉膏（pH 9）或 10%小牛血清生理盐水（pH 9）。

四、实验方法

（一）采样

选取生活污水排污口、医院废水处理装置排放口、湖中心、自来水厂取水点进水泵站等处，以高压灭菌的玻璃采样器分别采集表层水样，每次取样 10L。

如果水样中含有余氯（如医院废水处理装置排水），应立即加入 $Na_2S_2O_3$，使 $Na_2S_2O_3$ 最终浓度为 50mg/L，用以脱氯。

水样采集后应尽快进行处理，不可让水样在 25℃放置 2h 以上，或在 2～10℃放置 48h 以上，也不可使水样冻结。

（二）水样的浓缩

1. 吸附层的制备

将一张直径为 125mm 的圆形滤纸平铺于赛氏滤器的网板上，用灭菌水浸湿滤纸，把经过高压灭菌的滑石粉-硅藻土混悬液（滑石粉与硅藻土的比例为 3∶1）倒在滤纸上，然后轻轻摇动滤器，使之形成均匀的薄层，再用 2 张同样规格的滤纸覆盖于滑石粉-硅藻土层。

2. 水样的处理

在 10L 水样中，加入 0.05mol/L $AlCl_3$ 溶液 100mL，用于促进病毒的吸附，然后用 1mol/L HCl 将水样的 pH 调到 4.5 左右。

3. 水样的浓缩

将已处理的水样加到吸附层上，加压过滤。如滤过液流出缓慢，可用无菌镊子轻轻地揭去上层滤纸，待水样全部通过吸附层后，再将揭去的滤纸放至原位。用 0.14mol/L NaCl 溶液将滤膜中过多的 Al^{3+} 清洗掉，然后用 10mL pH 9 的洗脱液洗脱吸附层中的病毒。得到的浓缩液再用 0.3μm 的微孔滤膜过滤除菌，最后得到浓缩约 1000 倍的 8～10mL 待测浓缩液。

（三）病毒的测定

1. 病毒的定性测定

取浓缩后待测水样分别接种 2～4 支 Hela、Vero 和 Hep-2 细胞管，每管 0.2mL，设细胞对照 2～3 管，置 37℃培养 7～10d，逐日观察细胞病变（CPE），连续传三代阳性者均判定病毒分离阳性。

2. 病毒的定量测定

将原浓缩液用 10 倍稀释法进行稀释。每个稀释度接种 2～3 支细胞管，每管 0.2mL，置37℃吸附90min，再加甲基纤维素MC，并设阳性对照和阴性对照，37℃静止培养，逐日观察对照管中CPE情况。如阳性对照管中已出现CPE，则可倾倒覆盖液，加甲醇固定细胞，然后观察病毒空斑形成情况（凡有空斑的水样则可判定病毒分离为阳性），并计算每升水中含空斑形成（PFU）的数目。

五、实验报告

计算并记录不同水样中空斑形成（PFU）的数目，分析其PFU数目差异的原因，并了解水样受病毒污染的状况。

六、注意事项

由于水中病毒量少，所以病毒检测时水样的采集量要大。

七、思考题

1. 水体中病毒的常用浓缩方法有几种？各有什么优缺点？
2. 如何分离水中肠道病毒？试验前需作哪些准备工作？
3. 何谓“PFU”？你所测的水样中含有多少病毒？

实验11.5 水体沉积物中的H_2S产生菌的测定

一、实验目的

学习沉积物中H_2S产生菌的测定方法，了解H_2S产生菌的种群组成。

二、实验原理

在自然环境中，通过新陈代谢作用能够产生H_2S的菌类微生物主要是化能异养菌，产生H_2S的过程可分为两种类型。①分解含硫有机物产生H_2S，所有能够分解利用有机物的细菌、放线菌、真菌都具有此作用，它们可以是好氧的，也可以是厌氧的。②还原SO_4^{2-}、SO_3^{2-}、$S_2O_3^{2-}$产生H_2S，具有此作用的微生物为能够进行无氧呼吸的微生物，它们可以是厌氧菌，也可以是兼性厌氧菌，但都能够利用SO_4^{2-}中的氧作为氢和电子的受体。

如果我们在固体或半固体培养基中加入乙酸铅，接种沉积物后，异养微生物生长繁殖产生的H_2S就会与其周围的铅离子作用，形成黑色硫酸铅，菌体繁殖形成菌落，在菌落周围就会形成黑色斑块。

三、实验材料与用具

1. 样品

取自河、湖、水库或池塘的沉积物样品。

2. 培养基

蛋白胨20g；琼脂10g；Na_2SO_3 0.5g；蒸馏水1000mL；NaCl 5g；溶解后调pH为7.2；乙酸铅0.5g。

分装于250mL三角瓶中，每瓶150mL，0.075kPa蒸汽灭菌15min备用。

3. 仪器与用具

高压蒸汽消毒锅，托盘天平，采泥器，烘箱，细菌培养箱，试管架，量筒，烧杯，移液管，试管，三角瓶

四、实验方法

（1）用蚌式采泥器采取河道沉积物，迅速转移至无菌加盖广口瓶中，带回实验室备用。

（2）在托盘天平上称取沉积物1g，放于盛有99mL无菌水的三角瓶中，振摇3～5min，按实验11.1的方法进行稀释，最大稀释倍数为10^{-5}，同时称取10g沉积物在105～110℃下烘干，再称重，计算湿泥含水率（%）。

（3）取10^{-3}、10^{-4}、10^{-5}三个稀释度的稀释液各3mL，分别放于三个无菌试管中（每

个稀释三管，每管1mL)，再将融化后冷却40～50℃的培养基8～10mL倒入试管中混匀。

(4) 凝固后放于(37±1)℃的培养箱中培养24h，然后取出观察，试管培养基中有黑色团块者为阳性。

(5) 将观察结果填入下表中。

样品号 \ 阳性管数 \ 稀释度	10^{-3}	10^{-4}	10^{-5}
1			
2			
3			

根据每个稀释度的阳性管数，查表11-6，得最大可能数。

表11-6 MPN法统计表(三次重复用)

阳性指标	细菌最可能数	阳性指标	细菌最可能数	阳性指标	细菌最可能数
000	0.0	201	1.4	302	6.5
001	0.3	202	2.0	310	4.5
010	0.3	210	1.5	311	7.5
011	0.6	211	2.0	312	11.5
020	0.6	212	3.0	313	16.5
100	0.4	220	2.0	320	9.5
101	0.7	221	3.0	321	15.5
102	1.1	222	3.5	322	20.0
110	0.7	223	4.0	323	30.0
111	1.1	230	3.0	330	25.0
120	1.1	231	3.5	331	45.0
121	1.5	232	4.0	332	110.0
130	1.6	300	2.5	333	140.0
200	0.9	301	4.0		

(6) 计算　查表所得值为取10^{-2}稀释液3×10mL、10^{-3}稀释液3×1mL、10^{-4}稀释液3×0.1mL时，100mL稀释液中的最可能数也就是1g湿泥中的最可能数。本实验取的最低稀释倍数为10^{-3}，所以1g湿泥中的菌数应为：

$$\text{菌数(个)/g 湿泥} = \text{MPN} \times \frac{10}{0.1}$$

1g干泥中的硫化氢产生菌数N应为：

$$N = \text{MPN} \times \frac{10}{0.1 \times (1-\text{湿泥含水率})}$$

五、实验报告

1. 记录试管培养结果

2. 求1g泥中H_2S产生菌数。

六、思考题

简述H_2S产生菌的监测原理。

实验11.6 循环水冷却系统中有关的微生物监测

一、实验目的

了解循环水冷却系统中有关微生物及其检测方法。

二、实验原理

循环水冷却系统通常分为密闭式循环水冷却系统和敞开式循环水冷却系统。由于循环冷却水的水温、溶解氧、营养物（C、N、P）等给微生物提供了有利于生长繁殖的条件，使得微生物生长繁殖，微生物所引起的黏泥、污垢和腐蚀在冷却水系统中十分普遍。循环水冷却系统中的微生物呈悬浮状态或附着状态存在，而且种类繁多，因此，通过对微生物数量的测定，可判断微生物造成的危害程度以及评价杀微生物药剂的效果。关于各类微生物数量检测的实验材料与用具、测定方法等，与土壤、水体中的测定一样，只是在样品的采集、处理等方面有差异。

三、实验方法

（一）污垢中菌类的测定

循环水冷却系统的污垢中菌类数量的多少是判断微生物危害程度的重要依据。在工厂进行大检修时，应及时采集污垢样品进行菌类的测定。

1. 实验材料与用具

（1）培养基

① 牛肉膏蛋白胨琼脂培养基（见实验 4.1）。

② 查氏琼脂培养基（见实验 4.1）。

③ 铁细菌用培养基：硫酸镁 0.5g；硫酸铵 0.5g；硫酸氢二钾 0.5g；氯化钙 0.2g；硝酸钠 0.5g；柠檬酸铁铵 10.0g。

将上述试剂溶解在 1000mL 水中，调节 pH 至 6.8±0.2，并分装在试管中，每管 5mL，塞上棉塞，数支一捆，每捆管口用牛皮纸包扎，(121±1)℃灭菌 15min。

④ 硫酸盐还原菌用培养基：磷酸氯二钾 0.5g；氯化铵 1.0g；硫酸钠 0.5g；氯化钙 0.1g；硫酸镁 2.0g；乳酸钠 3.5g；酵母汁 1.0g；

将上述试剂溶解在 1000mL 水中，调节 pH 至 7.2±0.2，并分装在 500mL 刻度三角瓶中，每瓶不超过 350mL，瓶口塞上棉塞，并用牛皮纸包好，(121±1)℃灭菌 15min。

（2）灭菌稀释水、灭菌吸管、灭菌培养皿。

2. 垢样的采集

污垢样品的采集一般用广口瓶和不锈钢小勺，采样时所用器具都要预先经过灭菌处理。垢样采集地点一般为水冷器的管壁、系统管道内壁、冷却塔、集水池等处，注意采集有明显生物黏泥特征的垢样。采样点应具有代表性，争取每次取样都在同一处，以便使测定结果具有可比性。

水冷器中的垢样应在封头打开后立即采集，否则会引起微生物的死亡或增殖，使测定结果与实际不符。若设备内污垢较厚时，可分层采集垢样，每个垢样采集量不得少于 5g。采样时，要详细记录采样时间、地点、垢样的颜色、外观性状、垢层厚度等项内容。

3. 垢样的保存

采集的垢样应立即进行测定，若暂时不能测定，应存放于冰箱中，存放温度为 4～10℃，时间不宜超过 24h。

如果垢样中硫酸盐还原菌的测定不能立即进行时，垢样应单独采集，并用无菌水充满采样瓶后再存放。

4. 垢样的处理

将垢样用无菌滤纸吸干表面水分，直到滤纸上不再有明显的湿迹为止。然后，调拌均匀，称取两份，每份均为 1.0g。

将其中一份垢样置于 105℃下烘干至恒重，并记录最后重量。将另一份放入无菌研钵内中充分磨细，然后全部转移到装有100mL无菌稀释水的三角烧瓶中（瓶内预置适量的玻璃珠），再充分摇匀。根据样品中各类菌的可能数，采用倍比稀释的方法稀释到适当的浓度，通常稀释到10^{-7}～10^{-8}。

5. 菌类的测定

一般情况下测定异养菌、铁细菌、硫酸盐还原菌、真菌四类，如有特殊需要，可再测定其他菌类。

不同的菌类应选取不同的稀释度进行测定。一般来说，异养菌选取10^{-8}～10^{-5}，真菌选取10^{-4}～10^{-2}，铁细菌和硫酸盐还原菌选取10^{-6}～10^{-2}较适宜。

6. 结果计算

结果可以有两种表示方式，一是按测得的菌数结果直接报告，即

某类菌＝测得的菌数(个)/垢样湿重(g)

二是用干重法表示，即

某类菌＝测得的菌数(个)/垢样干重(g)

（二）悬浮型黏泥量的测定

循环水冷却系统的生物性黏泥有悬浮型、附着型、沉积型三种类型，它们之间有着十分密切的联系。因此，测定水中悬浮型黏泥量，可以间接地判断系统中生物性黏泥的危害状况。

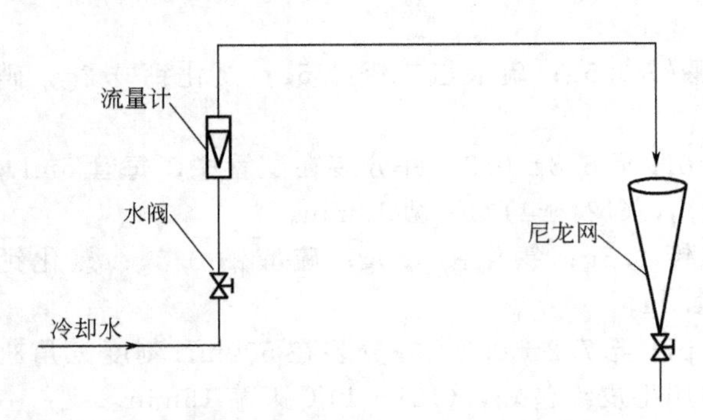

图11-5 悬浮型黏泥量测定装置

1. 实验材料与用具

测定用的器具有25＃浮游植物网、转子流量计（0～2m^3/h）、量筒（20～100mL）和定时钟，测定装置如图11-5所示。

2. 测定步骤

将进水阀打开，调节流量为1.0m^3/h，然后关闭浮游网下端，将其挂在出水口并开始计时。过滤水量一般为0.5～2.0m^3，可根据黏泥量的多少来选择。黏泥量很少时（例如小于2mL/m^3），过滤的水量应多一些，以减少误差；黏泥量较多时（例如大于10mL/m^3），过滤的水量应少些，以防止网孔堵塞后水从上部溢流。

达到要求的过滤水量后，关闭进水阀，取浮游植物网，然后从网的外侧喷水冲洗，将滤出的黏泥冲洗到网的下端，并打开网下端的开关，使黏泥进入量筒中。重复几次，直到网中的截留物全部移至量筒中为止。

封住量筒口部，使量筒倒转数次，静置沉淀30min后，读出量筒底部黏泥的体积。

3. 结果计算

悬浮型黏泥量的测定结果，可按下式计算：

黏泥量＝量筒内黏泥体积(mL)/过滤的水量(m^3)

（三）异养菌的静态杀菌实验

循环水冷却系统中微生物的控制主要是靠投加杀菌剂。杀菌剂的种类很多，性能各异，而且各地区微生物的种群及各工厂的生产工艺条件差别很大，因此，在选择杀菌剂时应当进行实验评价，择优使用。本实验用于选择合适的药剂种类和恰当的投加浓度。

1. 实验菌种与菌量

为了做到切合实际，实验时应直接采用工厂现场冷却水中的混合异养菌。试样中的菌量

对药剂的杀菌率影响甚大，为使实验结果有可比性，试样的异养菌总数应控制在 10^5～10^7 个/mL。

若现场冷却水中的异养菌数低于 10^5 个/mL时，应进行富集培养，提高菌量。富集培养采用普通牛肉膏蛋白胨液体培养基。另外，在同一批次的实验中，实验的菌量应相同或相近。

2. 实验药剂与浓度

根据杀菌剂的性能结合生产工艺条件（如温度、pH值、污染物质、水稳剂配方等）选取几种相对较为合适的药剂进行实验。对某些杀菌剂的性能尚不了解时，也可以直接用来实验，通过实验了解其性能。

作为高效的杀菌剂，在一般循环冷却水的正常处理中，投加浓度不应超过100mg/L，在此范围内选取几个浓度等级进行实验。

3. 实验步骤

取含菌量在 10^5～10^7 个/mL的现场水样或富集培养后的水样，分装于若干只500mL三角烧瓶中（具体瓶数由同一批次实验的药剂种数和浓度等级而定），每瓶200mL，并加上棉塞。测定所取水样的异养菌数，此即为同一批次实验的起始菌数。将试样瓶编号，每瓶对应地加入实验用的药剂稀释液1mL，充分摇匀。将全部试样瓶置于30℃恒温条件下，药剂加入后的第1h、4h、8h、12h、16h、20h、24h分别测定各试样瓶中的异养菌总数，此即为不同时间的存活菌数。

4. 杀菌率计算

杀菌率按下式计算

$$杀菌率=\frac{起始菌数-存活菌数}{起始菌数}\times 100\%$$

（四）铁细菌的静态杀菌实验

通过本实验可以筛选出针对铁细菌杀菌效果良好的杀菌剂。

1. 实验菌种与菌量

实验用的菌种可以采用人工培养的铁细菌，也可以直接采用循环水冷却系统中的铁细菌。

实验水样中的铁细菌量应控制在 10^3～10^5 个/mL范围。若现场冷却水中的铁细菌量低于 10^3 个/mL时，应进行富集培养，以提高菌量。

2. 实验药剂与浓度

与异养菌的静态杀菌实验中的规定相同。

3. 实验步骤

取含铁细菌量为 10^3～10^5 个/mL的水样，分装于500mL三角烧瓶中，每瓶200mL，并加上棉塞。按铁细菌的计数方法，测定供试水样的铁细菌数，此即为起始菌数。将试样瓶编号，每瓶对应地加入药剂稀释液1mL，充分摇匀后置30℃恒温条件下。在加药后的第1h、8h、16h、24h分别取样测定各试样瓶中的铁细菌数，此即为不同时间的存活菌数。

4. 杀菌率计算

杀菌率按下式计算

$$杀菌率=\frac{起始菌数-存活菌数}{起始菌数}\times 100\%$$

四、实验报告

1. 计算循环水冷却系统中各类微生物的菌数及药剂杀菌率。

2. 分析不同种类杀菌剂及同一杀菌剂不同浓度及作用时间对各类菌杀菌效果的影响。

五、注意事项

杀菌实验时要注意菌数、杀菌剂的选择等因素。

六、思考题

1. 冷却水循环系统中主要有哪些类微生物？它们的主要特点是什么？
2. 进行微生物杀菌剂的选择过程中应注意哪些问题？

实验 11.7 应用 PCR 与基因 DNA 分子探针监测污染水体大肠杆菌

一、实验目的

1. 了解 PCR 与 DNA 分子探针监测污染水体大肠杆菌的意义及基本原理。
2. 掌握 PCR 与分子杂交的操作技术。

二、实验原理

大肠杆菌（*Escherichia coli*）是指示粪便污染的重要指示物。当水体出现大量的 *E. coli* 时就说明近期内水体受到了粪便污染。PCR 监测这种微生物非常敏感，即使每 100mL 水体中只有 1 个个体，也能被检验出来。

对大肠杆菌的监测主要靠水的细菌学常规监测方法，即多管发酵法（MPN 法）和膜滤法（MF 法）等。1988 年，Olive 率先将 PCR 技术应用于对大肠杆菌不耐热肠毒素（LT）基因的检测，随后 PCR 和分子探针检测法得到不断应用。结果表明，PCR 方法应用于污染水体大肠杆菌的检测，具有许多其他方法难以比拟的优点。

本实验中先提取样品生物的 DNA，然后针对大肠杆菌中特有的靶基因 DNA 序列进行靶基因 DNA 的 PCR 扩增和靶基因 DNA 的探针检验，PCR 检测大肠杆菌的靶基因 DNA 序列是 lacZ 和 lamB 基因，lacZ 基因用来检测总大肠菌群，而 lamB 基因用于检测粪大肠杆菌 *E. coli*。

三、实验材料和用具

1. 待测水样
2. 菌株

标准 *E. coli*，*Enterobacter cloacae*，*Salmonella typhimurium*，*Citrobacter freundii*，*Klebsiella pneumoniae*，*Shigella flexneri*，*Shigella sonnei*，*Pseudomonas putida*，*Lactococcus lactis*。

3. 试剂及溶液

含有适当抗菌素的 LB 培养基，TaqDNA 聚合酶，正向引物（20μmol/L）及反向引物（20μmol/L）溶于水中，DNA 分子量标准，乙酸铵（10mol/L），糖原（50mg/mL）或酵母 tRNA（10mg/mL）。

无水乙醇，【a-^{32}P】dATP(10mCi/mL，比活性 3000Ci/mol)，甲醛。

TSEL(50mmol/L Tris-HCl，pH8.0，20%蔗糖，50mmol/L EDTA，1μg/μL 溶菌酶)。

SSK(50mmol/L NaCl，1%SDS，3mg/mL 蛋白酶 K)。

TE 缓冲液，10×扩增缓冲液（500mmol/L KCl，100mmol/L Tris-HCl，15mmol/L $MgCl_2$）

4 种 dNTP 贮存液（20mmol/L，pH8.0），预杂交/杂交液（6×SSPE），琼脂糖溶液（0.7%），电泳缓冲液（1×TAE），溴化乙锭染色液，6×凝胶上样缓冲液。

4. 仪器及其他用具

PCR 仪，水浴锅，培养箱，电泳仪，自动微量移液器，滤膜，PCR 管，离心管，Sephadex G-75 离心柱（用 TE 平衡），玻璃烤盘，放射性墨水，水溶胶条，滤纸等。

四、实验方法

（一）PCR 扩增

1. 水样的处理及模板 DNA 的制备

① 取水样 1mL，低速（2000r/min）离心 5min，以除去不溶性杂质。取出上清液，经 6000r/min 离心 5min，收集菌体。

② 将菌体悬于 100μL TSEL 溶液中，置 37℃水浴作用 30min。

③ 向反应混合物中加入 300μL SSK 溶液，置 37℃继续作用 30min。

④ 向反应混合物中加入 2 倍体积的无水乙醇，摇匀后置－20℃ 2h。12000r/min 离心 15min，收集沉淀，室温晾干后将沉淀物溶于 100～300μL 无菌去离子水或 TE 缓冲液中备用。

如果是纯培养的菌落，即将菌落挑入 100μL 无菌去离子水中，加热煮沸 1min，即可作为 PCR 模板。

2. 引物设计

本实验的引物来自 *E. coli* 的 lacZ 和 lamB 基因。

lacZ 引物 1：ZL-1675(5′-ATGAAAGCTGGCTACAGGAAGGCC-3′)

引物 2：ZR-2025(5′-GGTTTATGCAGCAACGAGACGTCA-3′)

lamB 引物 1：BL-4910(5′-CTGATCGAATGGCTGCCAGGCTCC-3′)

引物 2：BR-5219(5′-CAACCAGACGATAGTTATCACGCA-3′)

3. PCR 扩增体系

按以下次序，将各成分加在 0.5mLPCR 薄壁管内混合：10× 扩增缓冲液 5μL；20mmol/L 4 种 dNTP 混合液（pH8.0）1μL；20mmol/L 正向引物 2.5μL；20mmol/L 反向引物 2.5μL；模板 DNA 5～10μL；TaqDNA 聚合酶 1～2 单位；补足 H_2O 至总体积 50μL。

4. PCR 循环

按以下方法进行 PCR 扩增，典型的程序有变性、复性和聚合（延伸反应）。依扩增产物大小与引物碱基组成来确定时间与温度。时间与温度会影响到产物的特异性，具体参数需摸索，下表为常用参数。

循环数	变　性	复　性	聚　合
首步骤	94℃,1min	—	—
30 个循环	94℃,30s	55℃,30s	72℃,1min
末轮循环	94℃,1min	55℃,30s	72℃,1min

5. 扩增产物的检测和分析

扩增产物的检测方法需依据实验的原初设计。如果没有 DNA 干扰，则可将引物荧光染料标记后，直接观察产物是否存在；如果扩增产物大小与其他非特异性 DNA 片段相差很大，则可直接电泳，通过大小来判断；如果扩增产物中有特异性限制酶切位点，则酶切后电泳，由其大小来判断；如果上述办法无法判断，则可根据靶序列中特异性片段合成寡核苷酸探针，通过分子杂交判断。

（二）在滤膜上进行细菌 DNA 的杂交

1. 探针的制备

① 在 0.5mL Eppendorf 管中设置下列扩增/放射性标记反应体系：

10×扩增缓冲液 5μL；10mmol/L dNTP 溶液 1μL；0.1mmol/L dATP 1μL；20mmol/L

正向引物 2.5μL；20mmol/L 反向引物 2.5μL；模板 DNA（2～10ng 或约 1fmol）3～10μL；10mCi/mL【a-^{32}P】dATP（比活性 3000Ci/mol）5μL；1～5U/μL TaqDNA 聚合酶 2.5 单位；补足 H_2O 至总体积 48μL。

② 变性、复性、聚合时间见下表：

循环数	变　性	复　性	聚　合
首步骤	94℃,1min	—	—
30 个循环	94℃,30～45s	55～60℃,30s	72℃,1～2min
末轮循环	94℃,1min	55℃,30s	72℃,1min

③ 加入载体 tRNA(10～100μg) 或糖原（5μg），用等体积的 4mol/L 乙酸铵和 2.5 体积的乙醇沉淀 DNA，放置于－20℃ 1～2h 或－70℃ 10～20min。4℃下以最大速度离心 5～10min，收集沉淀的 DNA。

④ 将 DNA 溶于 20μL TE(pH7.6)，用 Sephdex G-75 离心柱层析除去残存未掺入的 dNDP 和寡核苷酸引物。

⑤ 用液体闪烁计数仪测定 1μL 离心柱外水体积的放射活性。储存剩余的放射性标记 DNA 于－20℃以备用。

2. 菌落杂交

(1) 滤膜的预洗脱和预杂交　将已经过烤干或交联处理的滤膜漂浮于托盘中 2×SSC (3mol/L NaCl，0.03mol/L 柠檬酸钠，pH7.0）液体表面，直至滤膜从底部完全浸湿，再浸泡 5min。

将滤膜转移至盛有至少 200mL 预洗脱液的玻璃烤盘内，将液体中的滤膜叠成一摞，用保鲜膜封好烤盘，置于培养箱内的旋转平台上，50℃保温 30min。

刮去滤膜表面的细菌残体，将细菌残体刮除不会影响阳性杂交信号的密度和清晰度。

将滤膜转移至盛有 150mL 预杂交液的玻璃烤盘内，于适当温度下缓慢晃动 1～2h 或更长。

(2) 探针的变性与杂交滤膜　100℃加热 5min 使^{32}P 标记的双链 DNA 探针变性，然后立即置于冰浴中。

将探针加入到覆盖滤膜的预杂交液中，适当温度温育直至放射性强度在 1×10^5～1×10^6 cpm 之间。杂交过程中，应将容器密封以防止液体因蒸发而丢失。

杂交完成后，倾去杂交液，并迅速将滤膜浸泡于大体积（300～500mL）的洗液 1【2×SSC，0.1%(质量体积比）SDS】中，缓慢晃动滤膜并至少翻转一次。5min 后，将滤膜转至盛有新洗液的容器内，继续缓缓晃动，重复洗膜两次以上。

于 68℃在 0.5～1.5h 内，用 300～500mL 洗液 2【1×SSC，0.1%(质量体积比）SDS】洗膜两次。

将滤膜置于 3mm 滤纸上，室温干燥。在滤膜下面贴上水溶胶条，再将滤膜置于一张干净的、干燥而平展的 3mm 滤纸上，紧贴滤膜使之与滤纸粘牢。

用放射性墨水在 3mm 滤纸几个不对称位置上做标记。用保鲜膜覆盖滤膜和已做标记的滤纸，用胶条从滤纸的背面粘牢保鲜膜，平展覆盖滤膜的保鲜膜去除皱褶。

(3) 杂交信号的分析和阳性克隆鉴定　用 X 射线片在－70℃曝光 12～16h。

用放射性墨水留下的标记对 X 射线片与滤膜进行校对，用非放射性纤维头铅笔以非黑颜色在编号的滤膜上作出与 X 射线片不对称点位置一致的标记。

在 X 射线片上贴一张透明纸，在透明纸上标记出阳性杂交信号的位置，也标记出（用不同颜色）不对称点的位置。从 X 射线片上揭下透明纸，通过透明纸上的标记与琼脂板标记的对应关系，鉴定出阳性克隆。

五、实验报告

1. PCR 检测结果

（1）灵敏度的检测结果 用已知浓度的标准大肠杆菌悬液经无菌蒸馏水稀释成不同浓度，按常规的细菌培养方法检测其大肠杆菌数量。利用上述不同浓度的大肠杆菌悬液进行 PCR 扩增，然后将使用琼脂糖凝胶电泳得出的结果填入下表。

1mL 悬液内含大肠杆菌数/个	扩增结果	1mL 悬液内含大肠杆菌数/个	扩增结果
0		2	
1		4	
1.5		8	

注：如果扩增结果是阳性则标“+”，否则标“—”

（2）特异性的检测结果 以 *Enterobacter cloacae*、*Salmonella typhimurium*、*Citrobacter freundii*、*Klebsiella pneumoniae*、*Shigella flexneri*、*Shigella sonuei*、*Pseudomonas putida*、*Lactococcus lactis* 等分别制成每毫升含 10～30 个菌的悬液，用 PCR 的方法进行扩增，结果填入下表，并讨论其特异性。

菌 种	PCR 结果	菌 种	PCR 结果
Enterobacter cloacae		*Shigella flexneri*	
Salmonella typhimurium		*Shigella sonuei*	
Citrobacter freundii		*Pseudomonas putida*	
Klebsiella pneumoniae		*Lactococcus lactis*	

2. 分子探针的检测结果

以 *Enterobacter cloacae*、*Salmonella typhimurium*、*Citrobacter freundii*、*Klebsiella pneumoniae*、*Shigella flexneri*、*Shigella sonuei*、*Pseudomonas putida*、*Lactococcus lactis* 等分别制成每毫升含 10～30 个菌的悬液，用在滤膜上进行细菌 DNA 杂交的方法进行检测，结果填入下表，并讨论其特异性。

菌 种	分子杂交结果	菌 种	分子杂交结果
Enterobacter cloacae		*Shigella flexneri*	
Salmonella typhimurium		*Shigella sonuei*	
Citrobacter freundii		*Pseudomonas putida*	
Klebsiella pneumoniae		*Lactococcus lactis*	

注：请附电泳条带照片和分子杂交实验照片

六、思考题

1. 分子杂交中预洗脱的作用是什么？
2. 如果 PCR 仪没有配制加热盖，在反应混合液上层应加一滴轻矿物油，其作用是什么？在反应结束后如何去除？
3. 琼脂糖凝胶电泳的原理什么？
4. 常规 PCR 反应包括哪几种基本成分？其作用都是什么？

实验 11.8 富营养化湖泊中藻类的监测（叶绿素 a 法）

一、实验目的

1. 掌握叶绿素 a 的测定方法。

2. 通过测定不同水体中藻类的叶绿素 a 浓度，得知其营养化程度。

二、实验原理

生物监测已经成为水质监测及其评价的重要手段之一。近年来，水体污染和水中藻类的快速生长直接影响了自来水的生产和供应。加上水质标准的提高，水中藻类的监测研究日益迫切。藻类是指悬浮生活在水中的植物，一般个体大小在 2～200μm，极少数小于 2μm，种类繁多，均含叶绿素，在显微镜下观察是带绿色的有规则的小个体或群体。水中藻类的含量能间接地反映水体被污染程度和水处理的效果。

"叶绿素 a 法"是生物监测浮游藻类的一种方法，是对浮游植物的一种定量测量方法。根据叶绿素的光学特征，叶绿素可分为 a、b、c、d 四类，其中叶绿素 a 存在于所有的藻类浮游植物中，由于其他三类叶绿素光合作用所吸收的光能，最终都要传送给叶绿素 a，因此，叶绿素 a 是最重要的一类。叶绿素 a 的含量，在浮游藻类中大约占有机质干重的 1%～2%，是估算藻类生物量的一个良好指标。

三、实验材料和用具

1. 水样

两种不同污染程度的湖水各 2L。

2. 试剂

90%的丙酮溶液，$MgCO_3$ 悬液（1g $MgCO_3$ 细粉悬浮于 100mL 蒸馏水中）。

3. 仪器及其他用具

分光光度计（波长选择大于 750nm，精度为 0.5～2nm），台式离心机（3500r/min 以上），真空泵（最大压力不超过 300kPa），冰箱，离心管（15mL 具刻度和塞子），比色杯，匀浆器或小研钵，蔡氏滤器，滤膜（45μm）。

四、实验方法

1. 过滤水样

在蔡氏滤器上装好滤膜，取两种湖水各 50～500mL 减压过滤。待水样剩余若干毫升之前加入 0.2mL $MgCO_3$ 悬液，摇匀直至抽干水样。加入 $MgCO_3$ 可增进藻细胞滞留于滤膜上，同时还可防止提取过程中叶绿素 a 被分解。如果过滤后的载藻滤膜不能马上进行提取处理，则应将其置于干燥器内，放冷暗处理器 4℃保存，放置时间最多不能超过 48h。

2. 提取

将滤膜放于匀浆器或小研钵内，加 2～3mL90%的丙酮溶液，匀浆破碎藻细胞。然后用移液管将匀浆液移入刻度离心管中，用 5mL90%丙酮冲洗两次，最后补加 90%丙酮于离心管中，使管内总体积为 10mL。塞紧塞子并在管子外部罩上遮光物，充分振荡，放入冰箱内避光提取 18～24h。

3. 离心

提取完毕后，置离心管于台式离心机上（3500r/min）离心 10min 取出离心管。用移液管将上清液移入刻度离心管中，塞上塞子，3500r/min 再离心 10min，正确记录提取液的体积。

4. 测定光密度

藻类叶绿素 a 具有其独特的吸收光谱（663nm），因此可用分光光度计测其含量。用移液管将提取液移入 1cm 比色杯中，以体积分数 90%的丙酮溶液作为空白，分别在 750nm、663nm、645nm、630nm 波长下测提取液的光密度（OD）。注意样品提取液 OD_{663} 的要求在 2.0 与 1.0 之间，如不在此范围内，应调换比色杯，或改变过滤水样量。OD_{663} 小于 1.0 时，应改用较宽的比色杯或增加水样量，OD_{663} 大于 1.0 时，可稀释提取液或减少水样滤过量，使用1cm比色杯比色。

5. 叶绿素a浓度计算

将样品提取液在663nm、645nm、630nm波长下的光密度（OD_{663}、OD_{645}、OD_{630}）分别减去在750nm下的光密度值（OD_{750}），此值为非选择性本底物光吸收校正值。叶绿素a浓度计算公式如下：

样品提取液中的叶绿素a浓度：

$$P_Q = 11.64 \times (OD_{663} - OD_{750}) - 2.16 \times (OD_{645} - OD_{750}) + 0.1 \times (OD_{630} - OD_{750})$$

水样中叶绿素a浓度为：

$$P_{Q水} = \frac{P_Q V_{丙酮}}{V_{水样} b}$$

式中，P_Q为样品提取液中叶绿素a的浓度，$\mu g/L$；$V_{丙酮}$为体积分数为90%的丙酮提取液体积，mL；$V_{水样}$为过滤水样的体积，L；b为比色杯宽度。

五、实验报告

将藻类叶绿素测定结果记录于下表中：

水样	OD_{750}	OD_{663}	OD_{645}	OD_{630}	叶绿素 a/(μg/L)
A水样					
B水样					

根据测定结果，参照表11-7中指标，评价被测水样的富营养化程度。

表11-7 湖泊富营养化的叶绿素评价标准

指标	类型		
	贫营养型	中营养型	富营养化型
叶绿素 a/(μg/L)	<4	4～10	10～100

六、注意事项

整个实验中所使用的玻璃仪器应全部用洗涤剂清洗干净，避免酸性条件引起叶绿素a分解。

七、思考题

1. 比较两种水样中的叶绿素a浓度，并判断它们的污染程度。
2. 如何保证水样叶绿素a浓度测定结果的准确性？主要注意哪几个方面的问题？

实验 11.9 PFU微型生物群落监测法

一、实验目的

学习并掌握PFU微型生物群落监测法。

二、实验原理

PFU微型生物群落监测方法（Water quality-microbial community biomonitoring-PFU method，简称PFU法）已经成为国家标准的环境质量和生态毒性监测方法（GB/T 12990—91）。它是应用泡沫塑料块（Polyurethane foam unit，PFU）作为人工基质收集水体中的微型生物群落（microbial community），测定该群落结构与功能的各种参数，以评价水质。此外，用室内毒性试验方法，以预报工业废水和化学品对收纳水体中微型生物群落的毒性强度，为制定其安全浓度和最高允许浓度提出群落级水平的基准。

微型生物群落是指水生态系统中，在显微镜下才能看见的微型生物，主要是细菌、真菌、藻类和原生动物，此外也包括小型的后生动物，如轮虫等。它们占据着各自的生态位，彼此间有复杂的相互作用，构成具有某一特点的群落，称之为微型生物群落。在野外监测中，PFU 法适用于淡水水体，包括湖泊、水库、池塘、大江、河流、溪流。在室内毒性试验中，适用于工厂排出的废水、城镇生活污水、各种有害化学物质。该法不仅适用于受单一污染物污染水体的水质评价，而且适用于综合水体评价。

微型生物群落在水生态系统中客观存在。将 PFU 浸泡水中，暴露一段时间后，水体中大部分微型生物种类均可群集到 PFU 内，挤出的水样能代表该水体中的微型生物群落。已证明原生动物（包括植物性鞭毛虫、动物性鞭毛虫、肉足虫和纤毛虫）在群集过程中符合生态学上的 MacArthur-Wilson 岛屿区域地理平衡模型。由此可求出群集过程中的三个功能参数。在生物组建水平中，群落水平高于种和种群水平，因而在群落水平上的生物监测和毒性试验比种和种群水平更具有环境真实性，为环境管理部门提供符合客观环境的结构和功能参数，有助于作出科学的判断。

三、实验材料和用具

(1) 50mm×65mm×75mm 聚氨酯泡沫塑料块，白色或淡黄色均可。使用前在蒸馏水中浸泡 12～24h，取出并挤出水分。用细绳将 PFU 束腰捆紧，留出 150～200mm 长的绳头便于悬挂。

(2) 55mm×260mm×540mm 的搪瓷盘或塑料盘和玻璃培养柜。玻璃培养柜可隔成三层，层距 660mm，每层装 40W 日光灯。

(3) 可调恒流稀释装置 1 台，直径 400mm、高 200mm 的有机玻璃平底圆形试验槽 8 个，槽底均匀分布 6 个直径 10mm 的出水孔。

(4) 配有相差镜头的生物显微镜 1 台。

(5) 其他毒物测试用试剂和仪器依测试毒物而定。测叶绿素 a 含量常规方法中用的试剂和仪器包括 90%丙酮、抽滤装置、分光光度计、孔径 0.7～1.0μm 玻璃纤维滤膜。测量灰分干重常规方法中用的试剂和仪器包括烘箱、马弗炉、10mL 的坩埚、分析天平。

四、试验方法

(一) 野外监测

PFU 的悬挂数量依工作要求而定，PFU 均需有重物悬垂，以免漂移。悬挂的方式有三种。

(1) 漂浮式（图 11-6） 浮桶用固体物固定采样位置后，用绳线把两个浮桶吊住。

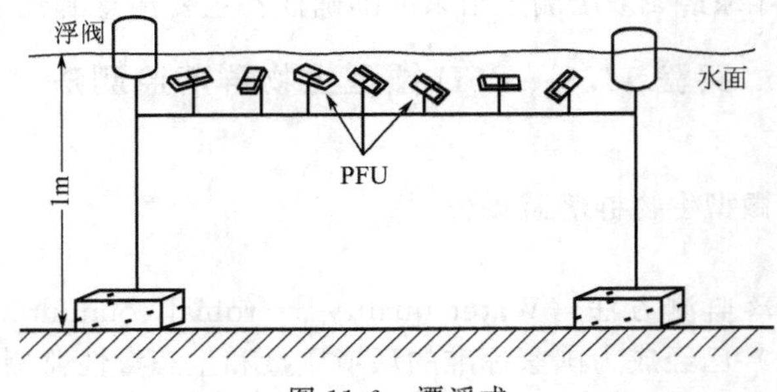

图 11-6 漂浮式

(2) 沉式（图 11-7） 把 PFU 绑一束，用石块下沉。用重物系一束 PFU 抛入水中，不能将 PFU 沉在底部，以免影响污染监测的效果。

(3) 分散式（图 11-8） 在同一采样点分散挂放，每处只放 2～4 个 PFU，绳端固定在采样岸边。

图 11-7 沉式

图 11-8 分散式

不同的水环境条件，采用不同的悬挂方法，PFU 暴露天数根据工作要求而异，常规监测暴露不能少于 1d。评价水质要做一个完整的群集曲线，暴露时间规定 1d、3d、7d、11d、15d、21d 和 28d 时采样，静水和流水分别在 28d 和 15d 结束。如流速较快，还可追加 12h。采样时从挂放的 PFU 随机取两块，供生物平行观察。

如需进行叶绿素 a 和去灰分干重的测定，则取第三块 PFU。采集的 PFU 块分别放在塑料食品袋中带回实验室，袋中不要加水。回室后，带上薄膜塑料手套，把 PFU 中的水全部挤于烧杯中，把袋中的水也倒入，观察一个样品挤一个样品。全部镜检样品必须在 48h 内完成。

（二）毒性试验

稀释水用没有污染的天然水或去氯自来水，加热到 60℃维持 20min，以便杀死水中的生物。在冷却过程中自然曝气，备用。

种源（Epicenter）是指事先在无污染水体中已放了数天（流水 3d，静水 15～20d）的 PFU，其上已群集了许多微型生物种类，接近平衡期的、未成熟的群落。

未成熟群落要比成熟群落（平衡期后）对污染的毒性反应敏感得多。毒性试验开始前，须镜检种源 PFU。

静态毒性试验的布局是在试验盘的两端各绑 4～5 个空白 PFU，并使 PFU 吸满受试水。在盘中央再挂放种源 PFU（图 11-9、图 11-10）。各空白 PFU 须与种源 PFU 距离相等。各浓度梯度均应有两个试验盘，置于玻璃培养柜内，40W 日光灯保持试验盘光强 1000～2000lx。白天开灯 12h，天黑关灯 12h，成为一个实验室微生态系统（也称微宇宙）。

动态毒性试验的布局是把盛稀释水和盛母液的容器出水管分别引入恒流稀释装置内进行配比，然后再把恒流稀释装置的出水管自流到试验槽的中央，根据实验要求可调试至所需的稀释倍数。如果采用 0.5 稀释因子（Dilution factor），理论上可得到毒物浓度为 100%、50%、25%、12.5%、6.25%、0%等组，可根据人力情况删去个别低浓度组。测试浓度梯度后，再在试验槽中先挂空白 PFU，再挂种源 PFU，两者距离相等。试验期间仍需按时分析浓度梯度。

在静态试验中按 1d、3d、7d、11d、15d 采样，在动态试验中按 0.5d、1d、3d、7d、11d、15d 采样，采样是随机的。小心地解开 PFU 绳索，在试验盘（槽）中提出，挤出溶液于烧杯后，仍将 PFU 小心放回原地绑好，做好记号表示此时 PFU 已用过，试验结束后对各盘中种源 PFU 进行镜检。

（三）原生动物镜检

1. 种类鉴定

把水样摇匀，用细吸管从烧杯底部、向光部、背光部和表层水部各吸一滴于玻片上，盖上 22mm×32mm 盖玻片。按高、中、低倍镜顺序仔细全片检查原生动物种类，要求看到

85%种类，若要求种类多样性指数（Species diversity index），则需定量计算。

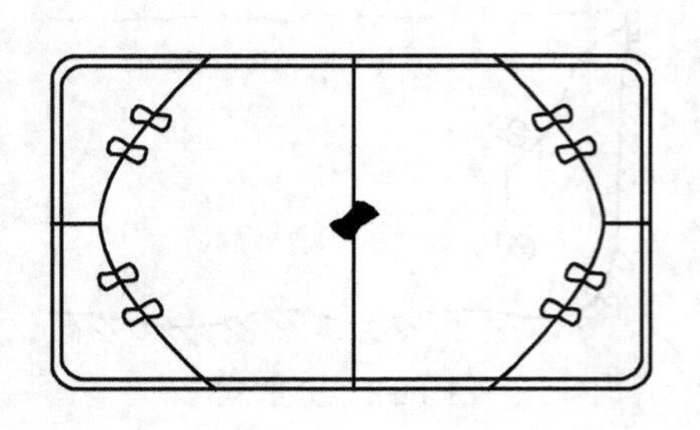

图 11-9 静态毒性试验盘中 PFU 的布放

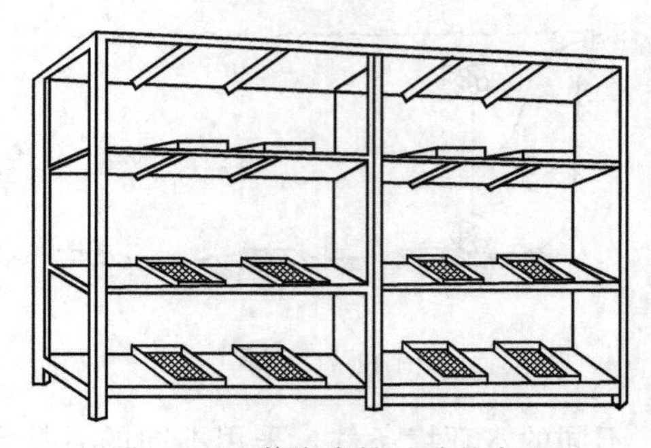

图 11-10 静态毒性试验的布置

2. 活性计数

把水样摇匀，用有刻度的改良吸管分别在烧杯的表层、边壁中层和底层各吸 0.1mL 水样于 0.1mL 计数框内，在显微镜下全片进行活体计数。

五、实验报告

1. 微型生物群落结构和功能参数

PFU 法的结果可用各种参数来表示（表 11-8），对表内的这些参数的生态学意义已有许多说明，有的也已划定了指示水质好坏的范围。表中的分类学参数表示要进行种类鉴定，主要是原生动物，非分类学参数是指用仪器或化学分析方法测定整个微型生物群落。群落过程是根据 MacArthur-Wilson 岛屿区域地理平衡模型修订公式：

$$S_t=\frac{S_{eq}(1-e^{-Gt})}{1+He^{-Gt}}$$

式中，S_t 为 t 时的种数；S_{eq} 为平衡时的种数；G 为群集速度常数；$T_{90\%}$ 为达到 90%S_{eq} 所需时间；H 为污染强度（也称环境压迫因素）。

在 S_{eq} 与毒物浓度之间能获得统计学的相关公式，据此公式可获得 EC_5、EC_{20}、EC_{50} 的效应浓度。

表 11-8 PFU 微型生物群落结构和功能参数

结构参数		功能参数
分类学	①种类数 ②指示种类 ③多样性指数	①群集过程(S_{eq},G,$T_{90\%}$) ②功能类群(光合自养者 P,食菌者 B,食藻者 A,食肉者 R,腐生者 S,杂食者 N)
非分类学	①异养性指数(HI) ②叶绿素 a	①光合作用速度(P) ②呼吸作用速度(R)

2. 结果的有效性

在工厂的排污口、上下游挂放不少于 1d 的 PFU，根据原生动物种群可监测到暴露期内工厂是否有污染事故发生。毒性强度试验可对水质进行现状和预评价并估测毒物最大允许浓度（MATC）。

六、注意事项

1. PFU 不同的悬挂方法应依水文条件而定。

2. 样品的采集方式、时间及样品保存时间对监测的结果影响较大，应严格按照要求操作。

七、参考题

试比较不同类型水体中原生动物的种类、数量的不同与环境的关系。

第十二章 土壤中微生物的监测

第一节 土样的采集及保存

一、土壤环境样品采集

土壤是一种不连续、异质的环境，土壤又是一种高度复杂的混合体，不同地区、不同类型、不同深度的土壤其颜色、pH 值和化学组成等方面都不相同，所以其中的微生物生态群落结构和功能也不相同，而且，即使在同一土壤小区内，因为微环境的不同，也可能有很大的区别。如在植物根际和距植物根际几厘米的地方微生物群落结构就有较大的差异。因为群体间巨大的差异，为得到某地区有代表性的土壤环境微生物分析样品，多点采样往往是非常必要的。所以，规划采样策略以确保样品质量非常重要。采样方案将取决于许多因素，包括分析目的、可用资源以及采样地点状况。最精确的方法是在一个指定地点内采取多个样品，然后对每个样品进行单独的分析。然而，在许多情况下，将采集的不同样品混合成一个复合样品，以减少分析工作量，这样就可以节省大量时间和精力。另一种常用的方法就是在一段时间内对同一地点的一个位置进行连续采样，以测定时间对土壤环境微生物的影响。采样质量保证方案应包括采样技巧细节的描述（如采样位置、深度、时间、间隔等)、采样的方法以及样品的保存。

1. 表层土壤采样技巧和方法

表层土样用铲子就很容易地采到，当然最好是用土样掘凿钻。土样掘凿钻比简单的铲子更精确，因为它能确保每次采样的深度相同，这非常重要，因为各个土样参数随深度变化而明显不同，如氧气、湿度、有机碳含量和土壤温度。对采集那些水未饱和区域的浅层土壤而言，用手动掘凿钻非常方便。若仅为微生物分析而采样，还得考虑掘凿钻采集土样时造成的污染。在这种情况下，在掘凿钻插入土壤和掘进时黏附在其侧面的微生物可污染土样芯的底部。为了降低这种污染，可以使用一个无菌抹刀将土样芯的外层刮掉，而只用内芯进行微生物分析。污染还可能发生在样品间，但只要每次采样后清洁掘凿钻，就可避免此类污染。清洁过程包括用水洗，再用 75%的酒精或 10%的漂白剂溶液冲洗，最后用无菌水冲洗。

因为土壤的异质性以及掘凿钻有限的直径，所以采得的单个样品并不一定真正代表该采样点土壤。因此，可以采集几个样品并混合成一个复合样品，以便减小样品总量及相关的分析费用。要获得复合样品，一般先是大面积采样，随后从每个样品中称取等量土样，并将它们放进桶或塑料包里进行混合。为了减小样品的体积以便于贮藏，可以采用对角线四分法，去掉一部分复合样品，从而得到可供分析的土壤样品。

在所有情况下，在处理和分析前，样品都应该冷藏保存，有些时候，需要采集一系列实验样方，以便测试土壤改良（如肥料、杀虫剂或污泥）对微生物群体的影响。在这种情况下，土样必须从每个不同的样方中采集，以便将未处理的样方同已改良的样方样品进行对比。例如，无机氮肥对土壤固氮菌种群的影响，那么可以将采集未施肥的土样（对照）同已施用了无机氮肥的土样进行对比；另一个例子就是在施用污泥前后土壤的病毒、病原体对比分析。在以上的两种情况下，多样品或备份就可以给出精确的重要参数。然而，现场采样比较复杂，费用昂贵，因而采样的数量必须权衡分析费用和可用资金。在给出的例子中，二维

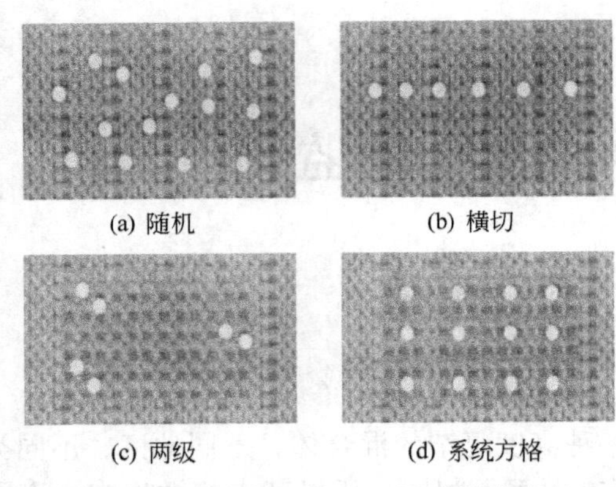

图 12-1 可供选择的空间采样模式

采样法可以用来确定采样数量和采样位置，这种方法要求每个采样区都作空间相等的划分，而且采样点的设置也将按照已建立的质量保证方案进行。图 12-1 给出了几种典型的二维采样模式，包括随机、横切、两级和系统方格采样。

随机采样包括在目标区域内随机选择采样点，然后采样到一定深度。横切采样就是单方向收集样品。例如，在河流地区，横切面可选择在河床附近并与河床成直角。这种方法可以得出溪流对微生物种群的影响。在两级采样法中，通常将一个地区划成规则的亚区域（也叫主单元）。在每个主单元内，亚样品的采集可以系统地也可以随机地进行。这种方法特别适于当一个地区包含一个山坡和一个平原，而且在主单元间可能存在差异的情况下。最后一种是系统方格采样，样品的采集按规则的时间间隔和固定空间间隔系统地进行，此方法适用于对事先不知道土壤微生物多样性的区域进行调查。

二维采样法并不能提供微生物群体随深度变化的信息。因此，当需要得到有关深度的信息时，需采用三维采样。当评价地点因污染物的处置不当或泄露而受到污染时，这些深度信息将非常重要。三维采样要得到 50～200cm 深度的样品，甚至几百米乃至地下渗流带的样品。就地下采样而言，需要一些特殊设备，同时也要注意确保地下样品不被表层土污染。

最后，要注意存在一个受植物根系影响的特别土壤区，这就是所谓的根际区。因为根际区微生物活动性增强，并且存在特异性植物-微生物之间的相互作用。土壤微生物学家和植物病原学家对此非常感兴趣。根际土壤是作为一个连续统一体而存在的，其范围是从根表（根面）到根系对微生物特性不产生影响的土层（一般 2～10mm）。因此，根际土壤是可变的而且难以采集。在通常情况下，先小心挖掘根系，并轻轻摇动以除掉土块或非根际土壤，然后将黏附在根系上的土壤作为根际土壤。尽管这是一个粗糙的采样方式，但它仍在沿用。

2. 深层土采样技巧与方法

对于深层土的采样，需要用钻探设备，这就明显增大了采样的费用，特别是在较深的地下。迄今仅有极少地下深层土芯被采出，而且这些取芯工作要牵涉到大批研究人员，用于深或浅地下环境采样的方法取决于深层土壤水饱和与否。对于未饱和系统，可用空气旋转钻来取样，取样深度可达几百米。空气旋转钻或泥浆旋转钻先推动钻杆向下，将钻渣转到钻的外侧，并向上推移到地面。在该装置中，用一个大的压缩机将空气向下压入一根钻管，然后从钻头逸出，最后沿洞壁外排。但是，在钻探中冷却非常重要，其原因是如果钻探管过热，样品中的微生物就会因过热死亡，给后续的微生物分析带来困难。在标准空气钻中，少量含表面活性剂的水被注入气流，以便控制灰尘，并帮助冷却钻头。然而，这就增加了污染的可能性。为了帮助钻头冷却，整个取芯过程都应该非常缓慢地进行，以避免过热。为有助于维持无菌环境和防止源于地表空气的污染，所有用于取芯的空气都要预先经过一个 0.3μm 高效微粒空气过滤器过滤。在土芯样采到后，其表层的土应立即用无菌铲刮掉，然后，亚土芯样用一个 60mL 的无菌开口塑料注射器盛装，这样得到的样品立即冷冻并运送实验室，微生物分析在采样后的 18h 内进行。

水饱和地下环境的采样稍有不同，这是因为沉积物的黏着性要比未饱和土样小得多，因此，钻孔口必须保持开启以便在每个想要的深度都能取到完整的土样。在深至 30.5m 的采样中，使用比较广泛的是一种带采样推管的中空采掘钻（图 12-2）。这种采掘钻包含一根顶端带旋转钻头的空管，靠该钻头进行掘钻。中空采掘钻外套的表面是反向螺纹，钻孔时，切割物会沿螺纹上行而排出孔外。在钻孔过程中，可以在适当的位置提起采掘钻外套，以保持孔口开启，这样，该外套起一种套筒的作用，当钻孔达到所需的深度时，向其中插入第二根管（芯筒）。

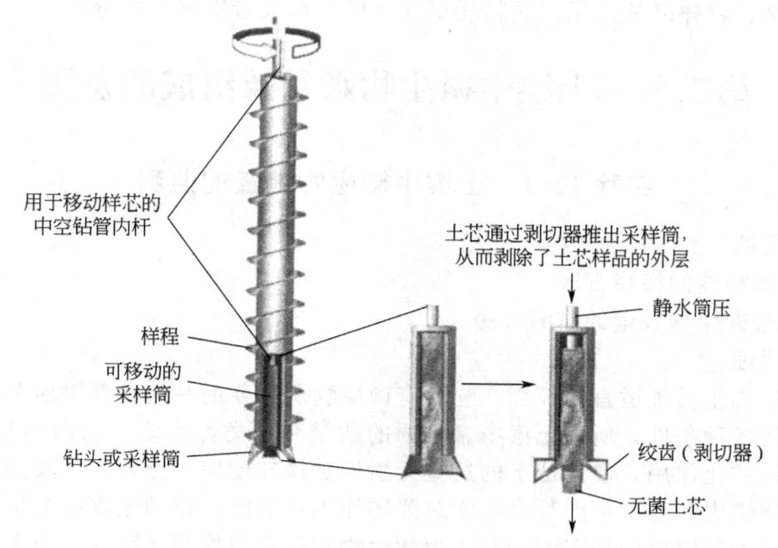

图 12-2　中空钻杆采掘钻的示意图

用裂勺式取样器或推管取每一采集芯样的亚芯，两种情况下都必须将芯样看作已经被污染。因此，芯样的外表面应该用无菌铲去除，或用无菌的塑料筒取亚芯，如图 12-2 所示。可自动剥除原始芯样外面的污染物，从而获得无菌内芯。

芯筒基本上是根无菌导管，被置于中空采掘钻的尖端，将它推下可以采集沉积物，拉上可以取回样品，然后可以继续钻到下一个所需深度并重复该采芯样过程。每一个采集的芯样都要覆盖、冷冻并送往实验室研究。为了避免样品的污染，芯样的外层应刮除，或从芯样取亚芯样。

需要着重强调的是无论采集水饱和还是未饱和环境的芯样都是一个困难的过程，难以精确地确认该芯样代表的真实深度。另外，地下土质是水平异质的，这种异质性意味着两个相距咫尺的样品可能具有不同的物理、化学和微生物学特征。最后，对微生物分析而言，仅仅取回样品是不够的，样品必须是未污染的，在样品的保存和分析中都必须防止污染。

二、样品的处理与保存

微生物分析应该在采样后尽早进行，减小保存对微生物群体的影响，无论如何保存，一旦离开原来的位置，样品中的微生物群体就可能发生变化。据报道即使土壤样品在一个潮湿的场所如在 4℃条件下保存仅 3 个月，其微生物数量和活性也会减小。

表层土样进行微生物分析的第一步通常是用一个 2mm 规格的筛子除掉石子和碎片，不过，在此之前通常需将样品风干，以利于筛分。但需保证土壤水分含量不要太低，以防微生物群体的减少。过筛之后，应该将样品在 4℃下短期保存以待分析。即使是保存样品也应该当心不能让样品干透，因为这样也会改变微生物群体结构。请注意，常规的表层土壤采样并不需要无菌处理，由于表层土壤总是暴露在大气中，所以开放性的采样和处理不会对结果产到很大的影响。

处理深层土样必须十分小心，其原因有三个：第一，它们只有较少的数量，一旦外界的微生物污染就会显著影响其计数；第二，地下沉积物通常不与大气接触，大气中的微生物污染可能会从本质上影响样品中检出微生物的类型；第三，深层土样的采集耗费比地表高得多，而且一般不会有第二次采集的机会。钻孔采集的深层样应立即整体冰冻并送实验室，也可就地处理。不管哪种情况，通常都要用无菌铲去掉芯样外层的土，或用较小口径的塑料筒制取亚芯样，接着将样品放进无菌塑料袋里并立即分析或者冷冻后待分析。

第二节 土壤中微生物数量及组成的监测

实验 12.1 土壤中微生物数量的监测

一、实验目的

1. 学会土壤悬液的稀释方法。

2. 掌握土壤微生物数量的监测方法。

二、实验原理

土壤是微生物生活最适宜的环境，它具有微生物所需要的一切营养物质和微生物进行生长繁殖及生存的各种条件，所以土壤中微生物的数量和种类都很多，它们参与土壤中的氮、碳、硫、磷等的矿化作用，使地球上的这些元素能被循环使用。此外，土壤微生物的活动对土壤形成、土壤肥力和作物生产都有非常重要的作用，因此，查明土壤中微生物的数量及其组成情况，对发掘土壤微生物资源和对土壤微生物实行定向控制无疑是十分必要的。

三、实验材料和用具

1. 培养基

营养琼脂培养基

查氏琼脂培养基

2. 灭菌稀释水、灭菌吸管、灭菌培养皿。

3. 土壤样品、天平、称量纸。

四、实验方法

(1) 取新鲜土壤样品 10g，加入 90mL 无菌水中，塞上灭菌塞子，在摇床上振荡 10min，制成土壤悬液。

(2) 按 10 倍稀释法，将上述土壤悬液稀释至 10^{-6}。

(3) 分别吸取 10^{-2}、10^{-3} 的稀释土壤悬液 0.1mL 至灭菌培养皿中。

(4) 将加热完全融化后冷却至 45℃的查氏琼脂培养基倾入已加有稀释土壤悬液的平皿中约 15mL，摇匀后平置，待其固化。

(5) 按同样方法吸取 10^{-5}、10^{-6} 的稀释土壤悬液 0.1mL 至灭菌平皿内，并倾入营养琼脂（稀释度视土壤肥瘦而定，肥沃的土壤稀释度较高，贫瘠土壤稀释度可较低）。

(6) 营养琼脂平板倒置后于 28℃培养，查氏平板于 25℃培养。

五、实验报告

根据平皿上菌落数与平皿内土壤悬液的稀释倍数算得每克土壤中微生物的数量。

六、注意事项

1. 在营养琼脂平板上长出的菌落以土壤中异养细菌占绝对优势，对偶然出现的霉菌和放线菌菌落可根据菌落外现形态特征的差异而将其删除，必要时可挑取菌落培养物制成悬滴标本后加以观察。

2. 查氏培养基含有3%蔗糖，它能抑制大多数细菌的生长，而霉菌和放线菌能忍受高渗透压，故能在这种培养基上生长，所得菌数为霉菌和放线菌的菌数。

七、思考题

1. 为什么说土壤是微生物最好的培养基？

2. 如何进行土壤中微生物的分离和计数？

实验12.2　微生物在自然界氮素循环中的作用

一、实验目的

考察微生物在自然界氮素循环中的作用。

二、实验原理

在生态系统中氮素循环是一个相当复杂的过程，这些过程大多是由微生物参与的，因此，微生物在氮素循环中起着非常重要的作用。氮元素在自然界中的存在形式主要有以下五种：铵盐、亚硝酸盐、硝酸盐、有机含氮物和大气中的游离氮气。氮素转化主要由生物反应所致，各生物反应的作用方式及起关键作用的微生物见表12-1。

表12-1　氮素循环的生物反应

反　应	术　语	涉及的生物
$N_2 \rightarrow NH_3$	生物固氮	固氮细菌
$NH_3 \rightarrow$有机物	氨的同化	植物、细菌、低等真核生物
有机物$\rightarrow NH_3$	氨化作用	各种(微)生物
$NH_3 \rightarrow NO_2^-, NO_3^-$	硝化作用	硝化细菌
$NO_3^-, NO_2^-, NO, N_2O \rightarrow N_2$	反硝化作用	反硝化细菌
$NO_3^-, NO_2^- \rightarrow NH_3$	异化性硝酸盐还原作用	发酵性细菌
$NO_2^-, NH_4^+ \rightarrow N_2$	厌氧氨氧化	厌氧氨氧化菌

三、实验材料与用具

1. 菌种

蜡状芽孢杆菌（*Bacillus cereus*）

荧光假单胞菌（*Pseudomonas fluorescens*）

普通变形菌（*Proteus vulgaris*）

铜绿假单胞菌（*Pseudimonas aeruginosa*）

2. 菜园土壤样品

3. 培养基

(1) 4%蛋白胨液体培养基

(2) 亚硝酸盐生成培养基　$(NH_4)_2SO_4$ 2.0g；K_2HPO_4 1.0g；$MgSO_4$ 0.5g；$FeSO_4$ 0.4g；$CaCO_3$ 5.0～10.0g；蒸馏水1000mL；分装于三角瓶中，每瓶约30mL使成浅层，0.1MPa灭菌30min。

(3) 硝酸盐生成培养基　$NaNO_3$ 1.0g；K_2HPO_4 1.0g；$MgSO_4$ 0.3g；Na_2CO_3 1.0g；NaCl 0.5g；$FeSO_4$ 0.4g；蒸馏水1000mL；分装于三角瓶中，每瓶约30mL使成浅层，0.1MPa灭菌30min。

(4) 硝酸盐培养基　蛋白胨5.0g；牛肉膏3.0g；KNO_3（或$NaNO_3$）5.0g；蒸馏水1000mL；pH 7.0；分装于1.8cm×18cm试管中，每管10mL左右以达到试管1/3以上，加一杜氏小管，0.1MPa灭菌20min。

(5) 固氮菌培养基　甘露糖醇15.0g；K_2HPO_4 0.5g；$MgSO_4$ 0.2g；$CaSO_4$ 0.1g；

NaCl 0.2g；$CaCO_3$ 5.0g；琼脂 18g；pH 8.3。

4. 试剂

（1）奈氏试剂　称 45.5gHgI_2 和 34.9gKI 溶于 500mL 无氨蒸馏水中。

（2）查氏试剂

① 在含有 4.0g 淀粉的 150mL 水溶液中，不断搅拌并缓缓加入 100mL 煮沸的 20% $ZnCl_2$ 水溶液。继续加热使淀粉尽可能多地溶解，溶液应澄清。

② 用水稀释并加 2gKI。

③ 稀释至 1L，过滤，盛于带塞的棕色瓶中备用。

（3）二苯胺试剂　二苯胺 0.7g；浓硫酸 60.0mL；水 28.8mL；浓盐酸 11.3mL。

将二苯胺溶于硫酸中，然后加水，慢慢冷却，再加入盐酸，放置过夜后备用。

（4）α-萘胺试剂　溶解 0.6gα-萘胺于含 1mL 浓盐酸的蒸馏水中，然后稀释至 100mL，储于棕色瓶中，保存于冷处，备用。

（5）对氨基苯磺酸试剂　溶解 0.6g 对氨基苯磺酸于 70mL 沸蒸馏水中，冷却后加入 20mL 浓盐酸。然后加水稀释成 100mL，储于棕色瓶中，保存于冷处，备用。

5. 器皿

培养皿、试管、锥形瓶、比色板

四、实验方法

1. 氨化作用

① 按下述方式在 5 支 4%的蛋白胨液体培养基试管中接种：a. 接一环菜园土壤；b. 接种蜡状芽孢杆菌；c. 荧光假单胞菌；d. 普通变形菌；e. 不接种（对照管）。

② 在 30℃培养 48h。

③ 检查各管中有无氨存在，方法为：在比色板的凹坑内加一滴奈氏试剂，然后用吸管吸一滴待测试管中的液体，若呈黄色表示有氨存在。

2. 硝化作用

（1）亚硝酸盐的生成

① 在亚硝酸生成培养基中接种 0.1g 土样（中性至微碱性），在 25℃培养。

② 培养 1 周后测试有无亚硝酸盐存在，方法为加三滴查氏试剂与一滴硫酸（浓硫酸：水＝1：3）至比色板凹坑中，再以吸管加一滴培养物，呈蓝黑色表示有亚硝酸盐存在。

③ 用奈氏试剂测试培养物中是否存在氨，若有氨存在则再培养一段时期，直至奈氏试剂反应呈阴性，亦即氨全部氧化成亚硝酸盐。

（2）硝酸盐生成

① 在硝酸盐生成培养基中接种 0.1g 土样，在 30℃培养。

② 每隔一周用查氏试剂测试培养物，直至亚硝酸盐试验反应是阴性（因为二苯胺试剂对硝酸盐和亚硝酸盐都呈阳性反应）。

③ 在比色板凹坑中加一滴二苯胺试剂和两滴浓硫酸，然后再加一滴培养物，深蓝黑色表示有硝酸盐存在。

3. 反硝比作用

① 在一支放有杜汉氏小管的硝酸盐液体培养基中接种 0.1g 土样，另一管接种铜绿假单胞菌。

② 在 30℃培养 1 周。

③ 观察气体的产生。

④ 加 1mL α-萘胺试剂和 1ml 对氨基苯磺酸试剂至培养管中（注意勿用口吸），在 30 秒

内呈红色表示有硝酸盐存在。

4. 自生固氮作用

① 在一个含有一薄层自生固氮菌培养基的锥形瓶中，接种 1g 菜园土，30℃培养数天。

② 当表面有生长物产生时，对其进行染色，并在显微镜下检查黏性物质是否有杆状和椭圆形细胞。

五、实验报告

记录并分析结果，根据试验绘出氮循环图。

六、注意事项

1. 在测定硝酸根时，要先加浓硫酸，后缓加二苯胺溶液。

2. 为了更好地观察细菌，可进行富集培养，以使培养液中硝化细菌占绝大多数。

七、思考题

1. 简述微生物在氮素循环中的作用。

2. 在测定硝化作用时，培养基为何要求装成浅层；而测定反硝化作用时，培养基为何要求装成试管 1/3 以上的深层？

实验 12.3 利用 16SrDNA 方法分析不同污染土壤中微生物种群的变化

一、实验目的

学习采用细菌核糖体小亚基 16SrDNA 基因序列，来分析土壤中微生物群落组成技术的基本原理和实验过程。

二、实验原理

大量的研究表明微生物的多样性十分丰富，土壤中可培养的微生物的数量只占总数的不到 1%。而微生物的群落结构在土壤的物质转化中具有重要的作用，采用常规活菌计数的方法限制了人们对土壤微生物功能群的了解。近些年来对土壤微生物群落结构的免培养分析技术得到了迅猛的发展，其基本原理是基于 16SrDNA 序列的保守性。16SrDNA 被称为细菌进化的分子钟，其序列在所有的原核生物中具有极高的保守性，可以为细菌的系统发育分析提供有用的信息。本实验从土壤中直接提取微生物 DNA，采用通用引物扩增 16SrDNA，通过 16SrDNA 序列或结构的分析可以获得关于土壤微生物群落结构的信息。对 16SrDNA 序列的进一步分析可以通过几种途径进行，可以采用 ARDRA（Amplified ribosomal DNA restriction analysis）、变性胶梯度电泳分析（DGGE）、温度梯度电泳分析（TGGE）、T-RFLP（末端限制性片段多样性分析）等技术。本实验采用 ARDRA 分析技术来研究污染土壤中微生物群落结构的变化。

三、实验材料和用具

1. 样品

农药或多环芳烃污染的土壤样品，pMD-T 载体。

2. 试剂及溶液

蛋白酶 K10mg/mL、*Taq*DNA 聚合酶、HhaⅠ、RasⅠ、连接酶、氯仿：异戊醇（24：1）混合液、20% SDS、dNTP（脱氧核苷酸混物）25mmol/L、无水乙醇、DNA 提取液（100nmol/L Tris-HCl，100nmol/L EDTA，100mmol/L 磷酸钠，1.5mol/L NaCl，1% CTAB，pH8.0）、电流缓冲液、0.7%和 0.1%琼脂糖、无菌去离子水、DL2000 Marker。

3. 仪器及其他用具

PCR 扩增仪、台式高速离心机、高速冷冻离心机、涡旋混合仪、电泳仪、透析袋（分子量小于 14000）。

四、实验方法

1. 土壤DNA的提取方法

称取5g污染土壤样品，与13.5mLDNA提取液混合，再加入100μL蛋白酶K，于225r/min摇床上37℃摇动30min；接着加入15mL 20% SDS，65℃水浴2h，每隔15～20min轻轻颠倒几下，室温6000g离心10min。收集上清液，转移到50mL离心管中。土壤沉淀再加入45mL提取液和5mL 20%的SDS，涡旋10s，65℃的水浴10min，室温6000g离心10min，收集上清液合并于上次上清液。重复上述操作，收集上清液与前两次上清液合并。上清液与等体积的氯仿：异戊醇（24：1体积比）混合，离心，吸取水相转移至另一50mL离心管中，以0.6倍体积的异丙醇室温沉淀1h，室温16000g离心20min。收集核酸沉淀，用冷的70%乙醇洗涤沉淀，重悬于灭菌的无离子水中，最终体积为500μL。

2. 土壤DNA的纯化

提取的粗DNA用0.7%琼脂糖凝胶在150V电泳1h，使得DNA与杂质尽量分开。凝胶EB染色后在紫外灯下切割含有DNA条带的胶块，置于透析袋中（尽量避免袋中有气泡），100V电泳2h，使DNA从胶中洗脱。倒转电极电泳15min，停止电泳，吸取透析袋中液体加入1/3体积乙酸钠，加入2倍体积无水乙醇沉淀DNA，70%乙醇洗涤、干燥后溶于200μL无菌水中备用。

3. 纯化后的土壤总DAN中PCR扩增16SrDNA

从土壤DNA扩增16SrDNA的引物：引物1序列为5′-AGAGTTTGATCCTGGCTCAG′-3(*E. coli* bases 8to27)，引物2序列为5′-TACCTTGTTACGACTT′-3(*E. coli* bases 1507to1492)。

PCR扩增反应体系：10×缓冲液5μL，dNTP4μL，引物1(25pmol/μL)2μL，引物2(25pmol/μL)2μL，Mg^{2+}(25mmol/L)4μL，模板（土壤DNA）10μL，*Taq* DNA聚合酶2.5U，ddH_2O 22.5μL，总体积50μL。

反应参数：95℃变性10min，95℃ 2min，42℃ 30s，72℃ 4min，35个循环，72℃延伸20min。

4. 电泳检测扩增产物

取1μL扩增液进行1%琼脂糖凝胶电泳，同时上DL2000 Marker作为对照，100V电泳30min后染色观察。

5. 16SrDNA文库的构建

*Taq*酶在进行扩增的时候，倾向于在产物末端多加1个腺苷酸（A），因此可以与末端带有胸腺嘧啶（T）载体进行连接。酶连体系如下：pMD-T载体1μL；16SrDNA扩增产物2μL；DNA连接酶1μL；连接缓冲液1μL；ddH_2O 5μL。

总体系10μL，14℃酶连过夜。按每微升酶连产物转化200μL感受态细胞进行转化，转化后的大肠杆菌细胞涂氨苄青霉素阳性平板，37℃培养16h后挑取转化子（尽可能多），并检查外源片段插入情况。

6. 16SrDNA酶切分析

采用通用引物1-GGAAACAGCTATGACCATGATTAC和引物2-CGACGTTGTAAAACGACGGCCAGT，从转化子中重新扩增插入的16SrDNA序列，对每个序列分别用HhaⅠ和RasⅠ进行酶分析。根据酶切图谱进行聚类分析，确定土壤中微生物的群落结构。

五、实验报告

1. 计算无声无息土壤中微生物DNA提取的量及每克土壤的DNA产量。
2. 16SrDNA酶切分析结果（附电泳图谱）及微生物的发育类型（phylotype）。

六、注意事项

本实验采用的16SrDNA分析技术只能对土壤原核生物群落组成进行分析，而无法对真菌等微生物进行分析（其核糖体小RNA为18S)。如需分析真菌群落组成需要用18SrDNA引物，但会受到其他真核生物DNA污染的干扰。由于土壤中原核生物的种类繁多，要分析较为完全的群落结构，需要建立大的16SrDNA文库，因此在挑取转化子时应尽可能多地挑取。

七、思考题

查阅相关文献分析传统微生物培养技术与现代分子生态学技术对土壤微生物群落组成分析的优缺点以及现代分子生态分析技术需要进一步改进的方向。

第十三章　空气中微生物的监测

第一节　空气的采样方法及保存

空气并不是微生物良好的生境，只是微生物扩散的介质。大气中微生物生存的主要场所是大气圈的对流层。空气中的微生物来自土壤（尘埃）、水和动植物。空气中的细菌，部分以繁殖型存在，部分以芽孢型存在，霉菌则常以孢子形式存在。微生物一般很少单个游离存在于空气中，而是存在于飞沫气溶胶、污水气溶胶或附着在尘埃上。

室外空气中微生物数量取决于人和动物的密度、植物的数量以及地表水产生气溶胶的可能性。室外空气微生物绝大多数属于非致病性的，常见的有微球菌属、芽孢杆菌属、棒状杆菌属、芽枝霉属、交链孢霉属、青霉属、曲霉属等。

室内空气中除了具有室外空气中的微生物外，还有来自人体的致病菌，如白喉杆菌、化脓性链球菌、结核杆菌、嗜肺流感病毒等。室内空气中微生物数量与室内陈设、人口密度、通风情况等有关。

空气中的微生物可借气流传播到很远处，在太空中也有微生物存在。

一、样品的采集方法

空气微生物是以微小气溶胶粒子的形式，稀疏地弥散在空气中。因此，要了解空气环境中是否存在微生物、存在的是哪些微生物、它们的数量有多少以及它们在不同空间和不同时间中的变化规律，就必须要将这些稀疏弥散的微生物气溶胶粒子（以下简称微生物粒子）采集到一定的表面或小体积的介质中，以便观察和分析，这就需要有针对微生物粒子的特点而特殊设计的空气微生物采样器（以下简称采样器）。

100 多年来，曾经设计过多种采样器。归纳起来可以分为五类，即惯性撞冲类、过滤阻留类、静电沉着类、温差迫降类和生物采样类。在每一类中，又根据不同研究对象、目的和使用条件，设计了不同形式采样器。

（一）惯性撞击类采样器

这类采样器是利用不同形式的外力，使悬浮在空气中的微生物粒子产生一定速度的运动，使微生物粒子沉着于一定采集面积或小体积的介质中。根据所利用的外力种类不同，又可分为重力沉降采样、射流撞击采样和离心分离采样三种形式的采样器。

1. 重力沉降采样器

重力沉降采样根据所用的采集界面的不同，又分为沉降平板法、沉降玻片法和沉降漏斗法，其中前两种比较常用。这种采样方法的突出特点是设备简单、方便易行。只需将含有营养琼脂（或其他采样介质）的平皿打开盖子置于需要采样的地点，放置一定时间，由于重力的作用，该处空气中的微生物粒子就逐步沉降到营养琼脂面上。然后盖上平皿盖置于所需培养温度下培养一定时间后计数其上长出的菌落数，或将平皿中采集的样品用其他介质洗脱下，作微生物学检测。这种方法的缺点是易受气流状态和微生物粒子大小不同的影响，而使分析结果不确切。

2. 射流撞击式采样器

这是当今空气微生物采样中应用最广泛、品种最多的一类采样器。原理是利用各种抽气装置，以每分钟恒定的气流量，使含有微生物粒子的空气通过狭小的喷嘴，以便空气和悬浮于其中的微生物粒子形成高速运动，在离开喷嘴时产生射流，当此射流射向采集面时，气体将沿采集面拐弯而去，而在运动中获得一定动能并足以克服喷嘴出口与采集面之间气垫的阻力的粒子，则因其惯性而继续照直前进，直至与采集面相撞并黏着于其上。

射流撞击采样器根据其所用的撞击面的不同，又分为固体撞击式采样器和液体撞击式采样器两种。

① 固体撞击式采样器的采集面为固体表面，如营养琼脂，或涂覆有一薄层黏性介质的固体表面。除了采集病毒和立克次氏体标本需要经洗下作接种外，其他微生物粒子采集在营养琼脂上后，可直接放于温箱中培养后观察结果。由于这种方法使用方便，采样效率高和能作空气微生物的定量测定，因此，它是射流类撞击采样器中应用最广泛的一种。

② 液体撞击采样器的采集面是液体，可以将微生物粒子采集于小体积的液体中。它与固体撞击式采样器相比，具有以下优点：a. 当空气中微生物密度较高时，用液体撞击采样器采样，其精确度要比固体撞击采样器高；b. 采样后的样本液可以分成几份，同时供几种方法测定，便于比较分析。

3. 离心撞击式采样器

离心撞击式采样器是利用气体在旋转经路中运动时所产生的离心力，使粒子获得一定动能，并因其惯性而偏离气体流线，撞击沉着于附近的采集面上。利用这种原理已生产出多种类型的采样器，如旋风分离器、Wells 空气离心器、Reuter 离心式空气采样器等。

① 旋风分离器。主要应用于工业除尘方面，但是由于其具有采气量大、压降小和对吸气源的要求不高的特点，因此，多用于现场和野外采集低密度的空气微生物样品。

② Wells 空气离心器。采气量为 30～50L/min。通过涂有营养琼脂衬里的圆柱形玻璃管，以 3500～4000r/min 转速的旋转，带动其中空气旋转，其所产生的离心力使悬浮于空气中的细菌粒子甩于圆管内壁的营养琼脂面上。采样后，将管子两端密封，放入温箱中培养一定时间后，观察计数生长的菌落。但是用这种采样器只能采集到$\geqslant 2.3\mu m$ 的含菌粒子，对更小粒子的采集效率低。

③ Reuter 离心式空气采样器（简称 RG）。这种采样器的特点是：体积小，重量轻，噪声小，使用方便。其形状如大手电筒。吸气装置是由微型直流电机驱动的翼轮，置于平底圆形杯中，采样片则沿杯内壁插入。采样片多为 $21mm\times 25mm$ 的塑料片，片上具有多个小碟，碟中加入营养琼脂。用前塑料片要经 γ 射线灭菌。这种采样器不适于作空气微生物定量分析，它的性能和沉降平板类似。

（二）过滤阻留类采样器

过滤阻留采样，简单地说就是利用抽气装置，使空气通过滤材，而微生物粒子阻留在滤材上，供进一步分析。到目前为止，可以把它们归纳为深层过滤器和膜式过滤器两种类型。过滤阻留采样器特点是能在低温条件下采样和对空气中微生物粒子的高效采集。

1. 深层型空气微生物过滤采样器

深层过滤采样器是指由纤维型或颗粒型介质制成的厚度较大和孔径较粗的一组过滤器。经常使用的滤材有棉花、羊毛、玻璃纤维、海藻酸钠粉等。这种深层滤器主要是靠粒子在滤器中的多次惯性撞击而采集于滤材的表面，因而阻留微生物粒子的效率高，但是，由于阻留于滤材上的微生物不能供直接培养检查，必须经过洗脱才能培养检查，而黏着其中的微生物又难以洗脱完全，所以就限制了这类采样器的使用范围。

2. 膜式空气微生物过滤采样器

膜式采样器是将空气中的微生物粒子阻留在滤膜的表面，因而可把采样后的滤膜直接置于营养琼脂或营养纸垫上培养，因此，在使用方面就非常便利。膜式滤器用得最多的是微孔滤膜。这种滤膜是用硝酸纤维素酯或醋酸纤维素酯制成的。但是，这种滤膜的缺点是在采样过程中孔隙不断被采集的粒子所堵塞，难以保持稳定的合适采气速率。

（三）静电沉着类采样器

静电沉着采样器是利用高压静电场，使空气微生物粒子带上一定量的电荷后，被带相反电荷的采集面所吸着。这种采样器对气流阻力很小，采气量可高达10000L/min，另外，还可将如此大量空气中的微生物粒子浓集于少量的采样液中，这对于检测空气中含量极少的微生物是非常有效的方法，这也是静电沉着类采样器的突出优点。

静电沉着类采样器常用的采集面有平面式和圆管式两种。

（四）温差迫降类采样器

温差迫降采样器是基于粒子的热泳原理，使热空气中的微生物粒子沉着于采集面上。采样器结构包括一个加热面或加热线、一个冷却面和一个狭窄的空气通道，使粒子从温度高的区带向低温区带运动。这种采样器主要适用于低浓度气溶胶的快速采集。缺点是采气量太小，目前只能用在实验室工作中。

（五）生物类采样器

以上介绍的采样器全部是用机械设备才能完成的空气采样器，考虑到人和动植物的呼吸系统也能阻留或捕获一些空气微生物，且能使其繁殖和（或）致病，因此，现在有人开始寻找一些敏感的动物或植物来进行空气微生物的监测，这就是生物类采样器。目前这类采样器虽然取得了一些进展，监测出机械类采样器所无法采集到的菌类，但是，这类采样器受到动物和植物特殊生活场所的限制，目前还处于开发研究阶段。

第二节 空气中微生物数量的监测

实验 13.1 空气中细菌数量的监测

一、实验目的

了解一定环境空气中微生物的分布情况，学习并掌握检定和计数空气微生物的基本方法。

二、实验原理

空气中没有可为微生物直接利用的营养物质和足够的水分，它不是微生物生长繁殖的天然环境，因此空气中没有固定的微生物种类。它主要通过土壤尘埃、小水滴、人和动物体表的干燥脱落物、呼吸道的排泄物等方式被带入空气。由于微生物能产生各种休眠体，故可在空气中存活相当长的时期而不至死亡。空气中微生物的种类，主要为真菌和细菌，其数量则取决于所处的环境和飞扬的尘埃量。

三、实验材料和用具

1. 培养基（具体配方见实验4.1）

（1）牛肉膏蛋白胨琼脂培养基（培养细菌）

（2）高氏一号琼脂培养基（培养放线菌）

（3）查氏培养基（培养霉菌）

2. 用具

灭菌稀释水、灭菌吸管、灭菌培养皿、土壤样品、天平、称量纸、恒温箱、气体流量计。

四、实验方法

1. 沉降法

① 将牛肉膏蛋白胨琼脂培养基、查氏琼脂培养基、高氏一号琼脂培养基溶化后，各倒四个平板。

② 将上述三种培养皿各取两个，在室外打开皿盖，分别暴露于空气中 5min、10min，另两个培养皿在实验室空气中分别暴露 5min、10min。

③ 牛肉膏蛋白胨平板于 37℃，倒置培养 1d；查氏琼脂平板和高氏一号琼脂平板倒置于 28℃培养，分别培养 3～4 天和 7～10d 后各自计算其菌落数，观察菌落形态、颜色。

④ 计算每立方米空气中微生物的数量。奥梅梁斯基曾建议：面积为 $100cm^2$ 的平板培养基，暴露在空气中 5min 相当于 10L 空气中的细菌数。计算公式如下：

$$X=\frac{N\times100\times100}{\pi r^2}\ (个/m^3\ 空气)$$

2. 筛孔采样法

将四个细菌培养基平板和采样仪器带到受试环境，开启采样仪，调好空气流量，根据流量确定采样时间，关上电源。

将细菌培养基平板放入采样器中，调好采样时间后立即接通电源。到时后，取出平皿，并立即盖好皿盖。

将平板放于培养箱内 37℃培养 1 天，观察计数平皿中的菌落数。

根据下式计算 $1m^3$ 空气中细菌数。

$$X=\frac{N\times100}{L}$$

式中，X 为 $1m^3$ 空气中的细菌数；N 为平皿上的平均菌落数；L 为采样空气体积，升。

五、实验报告

根据沉降法，记录空气中微生物的种类和相对数量，填写表 13-1，推算出 $1m^3$ 空气中细菌数。

表 13-1 空气中微生物的种类和数量

环境＼菌落数		细菌	霉菌	放线菌	环境＼菌落数		细菌	霉菌	放线菌
室内	5min				室外	5min			
	10min					10min			

六、注意事项

1. 根据空气污染程度确定暴露时间，如果空气污浊，暴露时间宜适当缩短。

2. 在野外暴露取样时，应选择背风的地方，否则影响取样效果。

七、思考题

1. 空气中微生物的分布和数量与什么因素有关？空气中的微生物如何进行测定？

2. 比较空气微生物检测两种方法的优缺点。

第十四章　生物毒理学检测与评价

实验 14.1　发光菌的生物毒性测试方法

一、实验目的

1. 了解利用发光菌进行污染物生物毒性的测定原理及方法。

2. 掌握生物毒性测定仪的基本结构、原理，并能正确地操作使用。

二、实验原理

随着工农业生产的增长，进入环境的污染物质数量及品种在不断增长，成分亦越来越复杂，因而给环境监测工作带来许多困难。常用的物理和化学测试方法，往往只能测定成分单一的污染物的浓度，而对组分复杂的工业废水和大气污染对环境的综合影响和对生物及人的危害就很难客观地反映出来。常用的生物监测法往往用鱼、水蚤等水生生物，以其反常的生理反应或者通过生物的死亡作为指示来反映水体环境污染程度。用地衣、苔藓等植物以其叶色、形态的变化作为指标来反映大气的污染状况，这些方法是有效的，但往往费时较多，操作繁琐、价格较贵、重现性差而难以普遍推广应用。

发光细菌是一类非致病的革兰阴性兼性厌氧细菌，它们在适当的条件下经培养后，发射出肉眼可见的蓝绿色的光：

$$FMNH_2 + O_2 + RCHO \xrightarrow{\text{发光细菌荧光酶}} FMN + RCOOH + H_2O + \text{光}$$

当发光细菌接触到环境中有毒污染物质时，可影响或干扰细菌的新陈代谢，从而使细菌的发光强度下降或消失，这种发光强度的变化可以用测光仪定量地测定出来。有毒物质的种类越多、浓度越大，抑制发光的能力也越强，对于气体中可溶性有毒物质可以通过把它吸收溶解到液体中，然后测试其对发光细菌发光的影响。在一定的浓度范围内，有毒污染物浓度与发光强度呈一定的函数关系，因此可利用发光细菌来监测环境中的有毒污染物。

三、实验材料与器皿

1. 发光细菌

明亮发光杆菌（*Photobacterium phosphoreum*）

2. 发光细菌琼脂培养基

酵母膏 5.0g；胰蛋白胨 5.0g；甘油 3.0g；NaCl 30.0g；Na_2HPO_4 5.0g；KH_2PO_4 1.0g；琼脂 20.0g；蒸馏水 1000L；pH 6.5。

3. 稀释液

NaCl 30.0g；Na_2HPO_4 5.0g；KH_2PO_4 1.0g；蒸馏水 1000mL。

4. 器皿

① 生物毒性检测仪，测试玻璃小管若干。

② 气体采样器、多孔玻璃吸管、气体取样袋。

③ 移液管、试管、滤纸、漏斗、坐标纸、恒温水浴。

四、实验方法

1. 发光细菌新鲜菌悬液的制备

① 从明亮发光杆菌的斜面菌种管中桃取一环细菌接种于一新的发光细菌琼脂斜面上，

置于22℃下培养12～16h。

② 待斜面长满菌苔并明显发光时，加入适量稀释液并制成菌悬液。

③ 吸取0.1mL菌悬液，接入盛有50mL发光细菌液体培养基（在发光细菌琼脂培养基中不加琼脂即成）的250mL锥形瓶中，22℃摇床振荡培养。

④ 待培养到对数生长期（12～14h），发光细菌发光明亮时停止培养，注意培养时间不可过长，否则会使发光强度逐渐下降，从而使试验重现性下降。

⑤ 用稀释液稀释成 5×10^7 个细胞/毫升菌悬液，置于4℃下保存备用。

2. 测定工业废水的生物毒性

① 从各种不同的工业废水排污口采集废水水样各10mL，编号并注明采集地点。

② 悬浮物多的水样须用滤纸过滤以除去颗粒杂质。

③ 在废水水样中按3%比例投加NaCl（因明亮发光杆菌是一种海洋细菌，在此盐度下发光强度最大）。

④ 取6支测试管，按下表所列数量，依次在各管中加入稀释液和待测水样（表14-1）：

表14-1　发光强度测试管试剂加量（测工业废水用）

测试管编号	1	2	3	4	5	6
稀释液/mL	0.90	0.80	0.72	0.58	0.40	0
废水水样/mL	0	0.10	0.18	0.32	0.50	0.90
发光细菌悬液/mL	0.10	0.10	0.10	0.10	0.10	0.10

⑤ 将加有稀释液和废水样品的测试管放入测光仪的测试室中，预热（或冷）到（20±0.5）℃。

⑥ 在测试管中加入0.1mL发光细菌悬液0.1mL，在准确作用5min后，迅速读数，记录该管的发光强度值。由于测试室中可容纳数支测试管，上述操作可同时交叉进行，每隔30s加菌液至一个测试管中，5min后可每隔30s读数各管的发光强度。

3. 测定气体中有毒物质的生物毒性

① 气体样品的采集。点燃一支香烟，用气体取样袋（或以普通无毒塑料袋）罩住收集气体，5min后扎紧袋口。然后将气体采样器的气管嘴插入袋中，开动采样器，以 $0.2m^3/min$ 的速度抽气5min。在采样器的多孔玻璃吸收管中盛有5mL稀释液，以吸收香烟烟雾中的有毒物质。对照样品以同样的方法及同样的抽气时间和速度抽取相对清洁的空气（亦可采集不同牌号汽车尾气，以鉴定汽油完全燃烧程度）。

② 取6支测试管，按表14-2体积依次加入稀释液和样品液。

表14-2　发光强度测试管试液加量（测气体用）

测试管编号	1	2	3	4	5	6
稀释液/mL	0	0.7	0.5	0.3	0.1	0
样品液/mL	0.9①	0.2	0.4	0.6	0.8	0.9
发光细菌悬液/mL	0.1	0.1	0.1	0.1	0.1	0.1

① 为清洁空气的对照样品液，其他均为香烟烟雾样品液。

③ 将加有稀释液和样品液的测试管放入仪器的测试室中，预热（或冷）至（20±0.5）℃。

④ 各管在加入0.1mL发光细菌悬液，准确作用5min后，依次测得其发光强度。

五、实验报告

1. 工业废水的生物毒性

① 将各废水水样的发光强度值填入表14-3，并按公式算得相对抑光率：

$$相对抑光率=\frac{对照光强-样品光强}{对照光强}\times 100\%$$

式中，对照光强是每个水样中废水浓度为0的“1”号测试管中测得的发光强度值。

表 14-3 工业废水生物毒性测定结果

水样编号	A						B					
测试管编号	1	2	3	4	5	6	1	2	3	4	5	6
废水水样/mL	0	0.10	0.18	0.32	0.50	0.90	0	0.10	0.18	0.32	0.50	0.90
水样浓度/%	0	10	18	32	50	90	0	10	18	32	50	90
发光强度												
相对抑光率												
EC_{50}值(废水浓度/%)												
对生物的毒性												

② 以水样浓度为横坐标，以相对抑光率为纵坐标作图，连接各点成线。自相对抑光率50%处作垂线与曲线相交，再从交点向横坐标作垂线，垂线在横坐标上的交点即为该水样的EC50值，亦即发光强度为最大发光强度一半时的废水浓度值。

③ 按下表查出该水样对生物的毒性（表14-4）。

表 14-4 生物毒性分级

EC_{50}值(废水浓度/%)	毒性级别	等级	EC_{50}值(废水浓度/%)	毒性级别	等级
25	很毒	1	75	微毒	3
25～75	有毒	2	求不出 EC_{50}值①	无毒	4

① 指废水不稀释时，发光强度仍大于最大发光强度的50%以上。

2. 气体中有毒物质的生物毒性

① 将香烟烟雾吸收液（样品液）浓度及发光强度值填入下表，以“1”号测试管的发光强度作为对照光强（内中为洁净空气的样品液），算得相对抑光率（表14-5）。

表 14-5 气体生物毒性测试结果

项　目	1	2	3	4	5	6
样品液/mL	0.9①	0.2	0.4	0.6	0.8	0.9
烟雾吸收液浓度/%	0	20	40	60	80	90
发光强度						
相对抑光率						

① 为洁净空气对照样品液。

② 以香烟烟雾吸收液百分浓度为横坐标，以相对抑光率为纵坐标作图，将各点连接成线。分析香烟烟雾吸收液浓度同发光强度之间的关系。

六、注意事项

1. 对有色样品测定，若用常规方法测定会有干扰，因此需校正。

2. 水环境污染后的毒性测定，应在采样后6h内进行，否则应在2～5℃下保存样品，但不得超过24h，报告中应标明采样时间和测定时间。

七、思考题

1. 叙述发光菌的生物毒性测试方法的基本原理和测试条件。

2. 与传统的生物学检测方法（如鱼类急性毒性试验）相比，发光菌的生物毒性测试方法具有哪些优点？

3. 对于有色样品怎样用发光菌生物毒性测试方法进行测定？

实验 14.2 根据硝化细菌的相对代谢率检测环境污染物的综合生物毒性实验

一、实验目的

学习并掌握利用硝化细菌的相对代谢率检测环境污染物综合生物毒性的试验原理和方法，并据此评价其综合生物毒性。

二、实验原理

硝化细菌是化能自养菌，专性好氧，从氧化 NO_2^- 的过程中获得能量。以二氧化碳为唯一碳源，作用产物为 NO_3^-，它要求中性或弱碱性的环境（pH 为 6.5～8.0）。亚硝酸盐被氧化成硝酸盐，靠硝酸盐细菌完成，主要有硝化杆菌属（*Nitrobacter*）、硝化刺菌属（*Nitrospina*）和硝化球菌属（*Nitrococcus*）中的一些种类。硝化作用形成的硝酸盐在有氧环境中被植物、微生物同化，但在缺氧环境中则被还原成为氮分子释放进入空气中。

硝化细菌是对各种毒物都比较敏感的细菌，毒物的存在会影响其代谢活性。在有毒物存在的情况下，硝化细菌的代谢活性降低，其氧化亚硝酸盐为硝酸盐的速率随之降低。因此可根据硝化细菌转化的亚硝酸盐的量来表示毒物对硝化细菌代谢的影响，并根据其相对代谢率的公式计算出实验条件下的相对代谢率，由于各种污染物，如有机污染物、重金属和络合阴离子等，对硝化细菌都有毒害作用，因此，此方法可以用于水、土壤等多介质中多种污染物的综合毒性评价。本实验须采用一种有机物（氯仿）和一种重金属（镉）为受试污染物。

三、实验材料和用具

1. 菌种

硝化细菌

2. 培养基与试剂

硝化细菌培养基，磷酸缓冲液（pH7.4），亚硝酸盐显色剂，亚硝酸盐氮标准储备溶液（0.25g/L）。

亚硝酸盐氮标准中间液，50.0mg/L。取亚硝酸盐氮标准储备液 50.00mL 置于 250mL 容量瓶中，用水稀释至标线，摇匀。此中间液储于棕色瓶内，保存于 2～5℃，可稳定一周。

亚硝酸盐氮标准使用液，1.0ng/L。取亚硝酸盐标准中间液 10.00mL 置于 250mL 容量瓶中，用水稀释至标线，摇匀。此溶液使用时，当天配制。

氯化镉溶液，1mg/L、10mg/L。精确称取 0.5g 分析纯氯化镉，加去离子水 500mL，完全溶解后吸取此溶液 1mL，以去离了水稀释至 100mL，此溶液浓度为 10mg/L。吸取 10mg/L 的氯化镉溶液 10mL，以去离子水稀释至 100mL，此溶液浓度为 1mg/L。

氯仿溶液，14.8mg/L、148mg/L。精确吸取 0.5mL 氯仿（分析纯），加去离子水稀释至 500mL，其浓度为 1480mg/L，作为储备液。吸取储备液 10mL，以去离子水稀释至 100mL，此溶液浓度为 148mg/L。吸取 148mg/L 的氯仿溶液 10mL，以去离子水稀释至 100mL，此溶液浓度为 14.8mg/L。

高锰酸钾标准溶液，0.050mol/L。溶解1.6g高锰酸钾（$KMnO_4$）于1.2L蒸馏水中，煮沸0.5～1h，使体积减少到1L左右，放置过夜，用G-3号玻璃砂芯滤器过滤后，滤液储存于棕色试剂瓶中避光保存。

草酸钠标准溶液0.0500mol/L。溶解经105℃烘干2h优级纯无水草酸钠（3.3500±0.0004)g于750mL水中，定量转移至1000mL容量瓶中，用稀释至标线，摇匀。

酚酞指示剂，去离子水。

3. 仪器及其他用具

恒温振荡器，高压蒸汽灭菌锅，离心机，分光光度计，电子天平，三角瓶（250mL、500mL)，容量瓶（100mL、500mL)，移液管（0.5mL、1mL、2mL、5mL、10mL)，试管（12mm×75mm)，洗耳球，试管架，滤纸，酒精灯。

四、操作步骤

1. 硝化细菌的培养

取菜园土10g置于90mL无菌水中制成土壤悬液，取10mL土壤悬液接种在有90mL硝化细菌培养基的500mL三角瓶中30℃振荡培养15d。

2. 亚硝酸钠标准曲线的绘制

在一组50mL比色管中分别加入0mL、1.0mL、3.0mL、5.0mL、7.0mL和10.0mL亚硝酸盐氮标准使用液，用稀释至标线，加入1.0mL显色剂，密塞，混匀。静置20min后，在2h内，于波长540nm处，用光程10mm比色皿，以水为参比，测量吸光度。从测得的吸光度中扣除空白，将校正的吸光度对亚硝酸盐氮含量（μg）绘制标准曲线。

3. 硝化细菌对亚硝酸钠的代谢

① 将振荡培养后的硝化细菌以2000r/min离心10min，倾去培养基，用磷酸缓冲液制成菌悬液。

② 取15只250mL三角瓶分为5组，每组3瓶。5组分别为对照组、1mg/L氯化镉溶液组（A)、10mL/L氯化镉溶液组（B)、14.8mg/L氯仿溶液组（C)、148mg/L氯仿溶液组（D)，各瓶加入溶液具体见下表。将加好的三角瓶置于恒温振荡器中，37℃振荡培养，定时(0h、2h、4h）取样分析。

③ 取3～5mL水样，经过滤后，取滤液1mL，用蒸馏水稀释至50mL，置于50mL比色管中，加1.0mL显色剂，然后按标准曲线绘制的相同步骤操作，测量吸光度，从标准曲线上查得亚硝酸盐氮量。

对照组	亚硝酸盐氮标准中间液8mL，菌悬液12mL	30mL去离子水
A组		1mg/L氯化镉溶液30mL
B组		10mg/L氯化镉溶液30mL
C组		14.8g/L氯仿溶液30mL
D组		148g/L氯仿溶液30mL

五、实验报告

亚硝酸盐氮含量的计算：

$$c=\frac{m}{v}$$

式中，c为水中亚硝酸盐氮的含量，mg/L；m为由水样测得的校正吸光度，从标准曲线上查得的相应的亚硝酸盐氮含量，μg；v为水样的体积，mL。

相对代谢率的计算：

$$T=\frac{C_{初}-C_{试}}{C_{初}-C_{对}}\times 100$$

式中，T 为相对代谢率，%；$C_{初}$ 为初始时亚硝酸盐氮的含量，mg/L；$C_{试}$ 为实验组取样测得的亚硝酸盐氮的含量，mg/L；$C_{对}$ 为对照组取样测得的亚硝酸盐氮的含量，mg/L。

根据相对代谢率评价该浓度氯化镉和氯仿的综合毒性。

六、注意事项

1. 硝化细菌的最佳培养条件是采用灭菌培养基，培养基 pH 为 7.0～9.0，接种量 90mL，培养基中接入富集培养得到的硝化细菌种子液 10mL，培养温度为 28～30℃，振荡培养。

2. 异养菌的存在对硝化速率影响。硝化作用需要高度的好氧条件以及中性至微碱性的 pH 值。异养菌的存在若引起溶解氧（DO）下降或 pH 值改变，就会降低硝化速率，因为硝化细菌对这些因素敏感，但只要 DO、pH 等条件合适，即使存在有机物和异养菌，硝化作用也能够快速进行。

3. 硝化反应速度受温度影响很大，因为温度对硝化细菌的增殖速度和活性影响很大，硝化细菌的最适宜温度为 30℃左右。

4. 溶解氧浓度影响硝化反应速度和硝化细菌的生长速度，硝化过程的溶解氧浓度，一般建议应维持在 1.0～2.0mg/L。

5. 进行亚硝酸盐含量测定时，当试样 pH≥11，可能遇到某些干扰。遇到这种情况，可向试样中加入酚酞溶液 1 滴，边搅拌边逐滴加入磷酸溶液，至红色消失。经此处理，则在加入显色剂后，体系 pH 值为 1.8±0.3，而不影响测定。试样如有颜色和悬浮物，可向每 100mL 试样中加入 2mL 氢氧化铝悬浮液，搅拌，静置，过滤，弃去 25mL 初滤液后，再取试样测定。

6. 亚硝酸盐氮中间标准液和标准使用液的浓度值，应采取储备液标定后的准确浓度的计算值。

7. 利用硝化细菌代谢率可以定量监测污染物 Cd、Pb、Cu、Zn、As、Cr、Hg 和 B 等的毒性，随着上述重金属浓度的增加，硝化细菌对亚硝酸盐的代谢率降低。生物毒性增强，若以抑制硝化细菌代谢率 25%为生物临界浓度，上述重金属的生物临界浓度分别大约为 Hg 0.03mg/L、Cd 0.8mg/L、Cu 1.0mg/L、As 4.0mg/L、Cr 10.0mg/L、B 42mg/L、Pb 55mg/L 和 Zn 90mg/L，毒性顺序为 Hg>Cd>Cu>As>Cr>B>Pb>Zn。

七、思考题

1. 进行亚硝酸盐含量测定时，当试样 pH>11，可能遇到某些干扰，遇到此情况应如何处理？若试样里有颜色或悬浮物，该如何处理？

2. 思考硝化作用的生物化学原理。

实验 14.3　采用细菌脱氢酶检测化合物毒性——水质毒性快速测定仪法

一、实验目的

1. 学习并掌握采用细菌脱氢酶检测化合物毒性的实验基本原理和方法。

2. 了解水质毒性快速测定仪的结构、原理，并学会正确操作和使用仪器。

二、实验原理

微生物新陈代谢过程中，脱氢酶将有机质的氢脱下，使有机质氧化，并将氢转移给氧化型化合物，在无氧条件下亚甲基蓝（蓝色）接收氢转化还原型亚甲基蓝（无色）。

$(CH_3)_2N$—亚甲基蓝—$N(CH_3)_2Cl$（蓝色） + 底物 $\xrightarrow{\text{脱氢酶}}$ $(CH_3)_2N$—还原型亚甲基蓝（N—H）—$N(CH_3)_2Cl$（无色） + 产物

因此，在无氧反应系统中，亚甲基蓝的脱色速度可表征酶的活性大小。脱氢酶受毒物作用活性降低，降低的程度与毒物毒性成正相关关系，所以可以用毒物对脱氢酶活性的影响确定其毒性大小。

亚甲基蓝的褪色速度是用水质毒性快速测定仪通过比色测定的。仪器主要由三部分组成，包括主机、光电检测器和预恒温器，光电检测器和预恒温器都被恒温至（37±1）℃。光电检测器包括光路系统和比色槽，比色槽下有一个磁力搅拌器。主机内包括恒温控制电路、信号放大电路和微机系统。光源采用橙色发光二极管，其最大发光光谱带为610～620nm，亚甲基蓝的吸收光谱为620～660nm，两者正好匹配并有较佳的灵敏度。采用占空比为1∶10的脉冲发生器来点燃发光二极管，可在平均电流不超过发光二极管的额定耗散功率下大大提高其脉冲发光强度，改善信噪比。光线通过样品池后，其强度为光敏三极管所检测，经交流放大和相敏解调为直流信号，再直流放大成为可测量信号。由于光电检测器测量的是脉冲信号，操作可以在不避光的条件下进行。采用单片机系统检测信号的变化，判断并记录亚甲蓝最大褪色速率，获得信号变化一定范围所需要的时间，用于计算样品的相对毒性和EC_{50}值。

三、实验材料和用具

1. 细菌悬浮液

2. 培养基及试剂

待测物［单一化合物（重金属）或废水］，液体培养基（牛肉膏0.5g，蛋白胨2.5g，氯化钠2.5g，葡萄糖1.0g，磷酸二氢钾0.82g，磷酸二氢钠1.32g，蒸馏水500mL，pH7.2），0.01％的亚甲基蓝溶液，液体石蜡。

3. 仪器及其他用具

水质毒性快速测定仪，恒温振荡器，手提式高压灭菌锅，三角瓶，移液管，烧杯。

四、实验方法

1. 细菌悬浮液的制备

取5mL天然地表水，加入装有100mL上述培养液的250mL三角瓶中，于37℃（100r/min）振荡培养7h左右，使菌悬液呈半透明混浊，4℃冷藏备用。

2. 预备试验

为确定正式试验的浓度范围，应先进行预备试验。

① 单一化合物试验浓度的选择。根据毒物的化学性质，选择高、中、低三个试验浓度进行预试验，以期得到完全抑制酶活性和完全不抑制酶活性时的浓度。在接近这两个浓度之间增设3～5个试验浓度，或按等倒数间距取值。另设一个蒸馏水的空白对照，必要时，再设一特殊溶剂对照组，进行正式试验，浓度单位一般选用mL/L。

② 废水试验浓度的选择。以采集的原综合废水为最高浓度，以逐级10倍稀释法选择高、中、低限浓度进行预试验，获得完全抑制酶活性和完全不抑制酶活性时的浓度。在接近这两个浓度之间增设3～5个试验浓度，另设一个蒸馏水的空白对照进行正式试验，综合废水一般采用百分浓度（％）。

3. 细菌脱氢酶检测方法

① 吸取待测液 5mL 于 10mL 比色皿中，另取 5mL 蒸馏水作空白对照组。

② 吸取 1mL 菌液加入待测比色皿中，并加入一个搅拌子，最后轻轻滴加液体石蜡 1mL 作为液封，于 37℃恒温 20min，使细菌活化并除氧。

③ 将比色皿放入比色槽中，加入 0.01%亚甲基蓝 0.1mL，于 620nm 处进行比色，用水质毒性快速测定仪测定亚甲基蓝的褪色时间。

每个浓度设三管重复。

五、实验报告

结果计算和数据处理可由仪器直接完成，其计算方法与原理如下。

相对毒性 A(%) 采用如下公式计算：

$$A=\left(\frac{T_s}{T_w}-1\right)\times 100\%$$

式中，T_s 为样品溶液响应值即加入样品的亚甲基蓝溶液褪色时间；T_w 为空白溶液响应值即加入蒸馏水的亚甲基蓝溶液褪色时间。

仪器中是通过检测电路（图 14-1）来测定亚甲基蓝的褪色速度。它主要包括用来点燃发光二极管的脉冲电压发生器，光敏三极管及交流放大电路，相敏调节、滤波、直流放大电路，褪色速度测量电路。

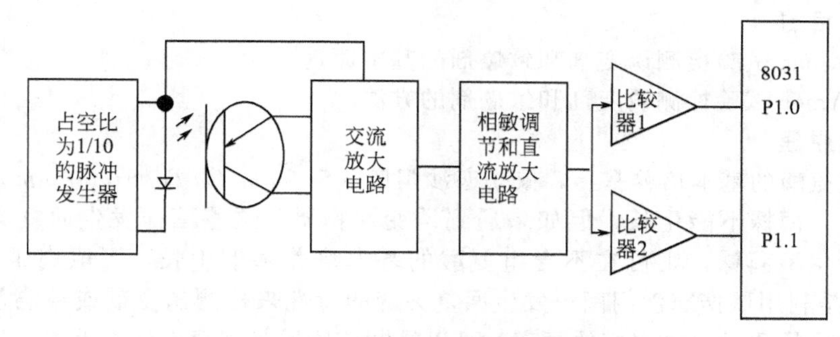

图 14-1 检测电路原理框图

比较器 1 和 2 设定在不同的翻转电压，当测定亚甲基蓝褪色速度时，单片机连续检测 P1.0 的电压。亚甲基蓝未褪色时，直流输出很小，两个比较器都处于正饱和。随着亚甲基蓝的褪色，直流输出逐渐变化，当达到比较器 1 的翻转电压时，比较器 1 输出低电压。当 8031 检测到 P1.0 的低电压时，启动定时器 T0 计时，直至检测 P1.1 的低电压，停止计时，用所记时间衡量亚甲基蓝的褪色速度。

根据毒性物质在不同浓度下的 A 值，对浓度-毒性响应曲线用下面经验公式将剂量相应曲线转化成直线，进行线性回归，用回归方程计算毒物的半数效应浓度 EC_{50} 值。定义 $T_s=2T_w$ 即 $A=100$ 时毒性物质的浓度为毒物的半数效应浓度 EC_{50} 值。

$$A=\frac{BC}{C_0-C}\text{或}\frac{1}{A}=\frac{C_0}{B}\times\frac{1}{C}-\frac{1}{B}$$

式中，C 为毒物浓度；对某一样品，C_0 和 B 为常数，与 $1/C$ 和 $1/A$ 呈线性关系

在此方法中，用褪色时间的倒数作为检测效应浓度的指标（导致某种特殊反应的毒物浓度），即以 $1/T_s$ 趋于 0(T_s 无穷大）时的毒物浓度为效应浓度 EC，无毒物出现时检测指标值为 $1/T_w$，EC_{50} 表示 $1/T_s=50\%\times 1/T_w$ 时毒物浓度，此时 $T_s=2T_w$。

六、注意事项

1. 细菌的生长对培养温度的依赖性较强，培养温度必须保持在 37℃左右，才能培养具

有一定活性的细菌悬浮液。

2. 培养基的 pH 值在 7.0～7.5 之间，培养 7h 可以得到最大活性菌悬液。而偏酸或偏碱的情况下需要较长培养时间，若培养时间过长，培养液会越来越混浊而影响比色。

3. 实验中每次需加入的菌量为 1.0～2.0mL，但需保证在空白实验中亚甲基蓝的褪色时间控制在 15～25s。

七、思考题

1. 将该方法与传统生物毒性试验（如鱼类毒性试验）及发光菌的生物毒性测试方法做比较，比较它们的优点。

2. 了解细菌培养时间、温度与菌液活性关系，分析其原因。

3. 为何选混合细菌做指示生物，而不是用单一细菌来评价。

实验 14.4 用 Ames 法检测环境中致癌物

关于人类癌症的起因众说纷纭，一般认为化学物质是主要的诱导因素。目前，世界上已有数万种化学物质，而且还在迅速增加。对数量如此之巨的化学物质逐一进行致癌性检测，采用传统的动物实验法很难做到，为此，一些快速准确的微生物检测法应运而生。Ames 试验就是其中应用较广的一种。

一、实验目的

1. 了解 Ames 试验检测诱变剂和致癌剂的基本原理。

2. 学习 Ames 试验检测诱变剂和致癌剂的方法。

二、实验原理

在不含组氨酸的基本培养基上，鼠伤寒沙门菌（*Salmonella typhimurium*）组氨酸营养缺陷型（his^-）菌株不能生长，但如果遇到诱变性物质，这些菌株发生回复突变（$his^+ \rightarrow his^-$）形成野生型菌株，则可在不含组氨酸的基本培养基上生长，形成肉眼可见的菌落。Ames 试验就是利用鼠伤寒沙门菌可发生回复突变的特性来检测诱变剂或致癌剂的。根据存在和不存在被检物质时回复突变的频率，可以推断该物质是否具有诱变性或致癌性。

将哺乳动物的肝细胞磨成匀浆，可以分离得到小球状的内质网碎片，称为微粒体。一些化学物质只有经过微粒体中相关酶的激活，才能显现诱变性或致癌性。在进行 Ames 试验中，一般需要添加哺乳动物微粒体作为体外活化系统（S-9 混合液）。因此，Ames 试验也称为鼠伤寒沙门菌/哺乳动物微粒体试验。

三、实验材料和用具

1. 菌种

鼠伤寒沙门菌 TA100 菌株（组氨酸-生物素缺陷型，测试菌株），野生型 S-CK 菌株（对照菌株）。

2. 培养基

（1）氯化钠琼脂培养基 50mL　配方：NaCl 0.25g，琼脂 0.30g，蒸馏水 50mL。加热熔化后，分装于 15 只小试管，每支小试管分装 3mL，0.07MPa 灭菌 20min。

（2）组氨酸-生物素混合液 40mL　L-盐酸组氨酸 31mg，生物素 49mg，溶于 40mL 蒸馏水，备用。

（3）上层培养基 50mL　配方：NaCl 0.25g，琼脂 0.40g；组氨酸-生物素混合液 5mL；蒸馏水 45mL。分装于 15 支小试管中，每支小试管分装 3mL，0.07MPa 灭菌 20min。

（4）下层培养基 1000mL　1000mL 配方：葡萄糖 20.0g，柠檬酸 2.0g，$K_2HPO_4 \cdot 3H_2O$ 3.5g，$MgSO_4 \cdot 3H_2O$ 0.2g，琼脂 15.0g，蒸馏水 1000mL，pH7.0。分装于锥形瓶

中，0.056MPa 灭菌 20min。

（5）牛肉膏蛋白胨培养液 50mL，分装于 10 支试管中，每只试管分装 5mL，0.1MPa 灭菌 20min。

（6）牛肉膏蛋白胨培养基 450mL，分装于锥形瓶中，0.1MPa 灭菌 20min。

3. 鼠肝匀浆（S-9 上清液）

选取成年健壮大白鼠 3 只（每只体重约 200g 左右），按 500mg/kg 剂量，一次腹腔注射五氯联苯玉米油溶液（五氯联苯浓度为 200mg/mL），提高肝细胞的微粒体活性。注射后第 5 天断头杀鼠，杀死前 12h 开始禁食。取出 3 只大白鼠的肝脏合并称重，用冰冷的0.15mol/L KCl 溶液洗涤 3 次，剪碎。按 1g 肝脏（湿重）加 3mL 0.15mol/L KCl 溶液的配比，在匀浆器中制成匀浆，用高速冷冻离心机（9000r/min）离心 20min，将上清液（即 S-9 上清液）分装于安瓿管中，每管 1～2mL，液氯速冻，－20℃冷冻保藏。使用前取出，在室温下融化并置于冰浴中，再按下法配制 S-9 混合液。

4. 鼠肝匀浆混合液（S-9 混合液）

（1）0.2mol/L pH 7.4 磷酸缓冲液　称取 35.61g $Na_2HPO_4 \cdot 2H_2O$ 溶解于蒸馏水中，定容至 1000mL 制成 A 液；称取 27.60g $NaH_2PO_4 \cdot H_2O$ 溶解于蒸馏水中，定容至 1000mL 制成 B 液；按 A 液 81.0mL 和 B 液 19.0mL 的比例混合，即成 0.2mol/L pH7.4 磷酸缓冲液。

（2）Mg-K 盐溶液　$MgCl_2$ 8.1g，KCl 12.3g，蒸馏水 100mL。0.1MPa 灭菌 20min。

（3）0.1mol/L NADP-G-6-P 溶液　辅酶Ⅱ(NADP)297mg，葡萄糖-6-磷酸钠盐 152mg，0.2mol/L pH 7.4 磷酸缓冲液 50mL，Mg-K 盐溶液 2mL，加无菌水定容至 100mL。用滤膜滤菌器过滤除菌，检查无菌后，分装至小瓶中，每瓶 10mL，－20℃冷冻保藏。

（4）S-9 混合液　取 2mL S-9 上清液，加入 10mL NADP-G-6-P 溶液，然后加 1mL Mg-K 盐溶液，混合，置冰浴中待用。

5. 待测样品

可选致癌性化工厂排放液作为检测样品。将待测样品溶于无菌蒸馏水，配成系列浓度(几十到几百 μg/L)，最高浓度不得超过该物质的抑制浓度。若样品不溶于水，则需用其他溶剂（例如二甲基亚砜、乙醇、丙酮、甲酰胺、四氢呋喃等）溶解。

6. 试剂

① 黄曲霉素 B1 溶液配制 5μg/mL 和 50μg/mL 两种浓度。

② 0.85%生理盐水，配制 150mL。

7. 器皿

培养皿（Φ90mm），移液管（0.1mL、1mL、5mL、10mL），试管，Φ6mm 厚圆滤纸若干，匀浆器，恒温水浴锅，高速冷冻离心机，安瓿瓶，剪刀，镊子，解剖刀，注射器(5mL)，天平。

四、实验方法

1. 菌株鉴定

（1）制作菌悬液　从测试菌株 TA100 和对照菌株斜面上各取 1 环菌种，分别接种于牛肉膏蛋白胨培养液中，37℃培养 16～24h，离心分离菌体并用生理盐水洗涤 3 次，然后制成菌悬液（浓度 1×10^9～2×10^9 个/mL）。

（2）制作底层平板　将分装于锥形瓶中的下层培养基（不含组氨酸-生物素）融化，冷却至 50℃左右，倾入 4 个培养皿内，冷凝后制成底层平板，倒置过夜。

（3）制作上层平板　取 4 支分装氯化钠琼脂培养基（不含组氨酸-生物素）的试管，融化其中的培养基并冷却至45℃左右，保温，取2支试管各加0.1mL测试菌株悬液，另取2支试管各加0.1mL对照菌株悬液，迅速搓匀并倾在4个制好的底层平板上铺匀，制成上层平板。

(4) 添加试剂　用记号笔在4个培养皿背面分别标出A、B、C三点，翻转培养皿，打开皿盖，在A点放置微量组氨酸颗粒，在B点滴加1小滴组氨酸-生物素混合溶液，在C点不加任何物质作为对照，合上皿盖。

(5) 恒温培养　将4个培养皿置于37℃恒温培养箱内培养48h。

(6) 结果观察　要求对照菌株S-CK在A、B、C三点都长成菌落，而测试菌株TA100（组氨酸和生物素双缺陷型）只在B点长成菌落，A和C点没有菌落。

2. 样品致突变性的检测

若样品为化工厂的致癌性废液，则Ames试验的操作程序为如图14-2所示。

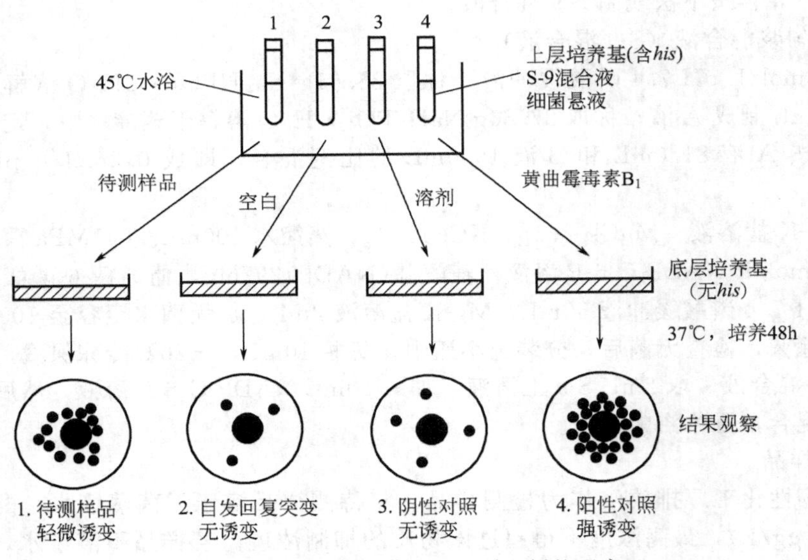

图14-2　用Ames试验检测诱变剂的程序

(1) 制备测试菌株悬液　活化TA100菌株并制成浓度$1\times10^9\sim2\times10^9$个/mL菌悬液。

(2) 制作底层平板　融化下层培养基，制作8个底层平板，分成4组（每组两个重复），依次标记为1～4号。

(3) 制作上层平板　①融化8管上层培养基，冷却至45℃左右，每管加0.1mL测试菌悬液，分成4组（每组2个重复），依次标记为1～4号。②在第1、第2组试管中各加5μg/mL检测样品0.2mL(终浓度为1μg/皿)，在第3、第4组试管中各加50μg/mL检测样品0.2mL(终浓度为10μg/皿)。③配好S-9混合液，并在第1、第3组试管内各加0.5mL S-9混合液，第2、第4组试管内不加S-9混合液。④将8支试管中的各种成分混匀，按组号分别倾在8个制好的底层平板上，制成上层平板。

(4) 恒温培养　将培养皿置于37℃恒温培养箱内培养48h。

(5) 结果观察　记录各培养皿上的回变菌落数（诱变菌落数），并算出两个重复的诱变菌落平均数（Rt，由于实验中设两种浓度，因此有两个平均数），用于评估菌落突变率。

3. 对照设计

(1) 自发回复突变对照　试验操作与样品检测相同（设两个重复），在上层平板中只加0.1mL菌悬液和0.5mL S-9混合液，不加样品液。经37℃培养48h后，在底层平板上长出的菌落即为该菌自发回复突变后生成的菌落。记录各培养皿上的自发回复突变菌落数，并算出两个重复的自发回复突变菌落平均数（R_c），用于评估菌落突变率。

（2）阴性对照　为了排除样品所呈现的 Ames 试验阳性与配制样品液所用的溶剂有关，需以配制样品用的溶剂（例如，水、二甲基亚砜、乙醇等）做平行试验（阴性对照试验，设两个重复）。

（3）阳性对照　为了确认 Ames 试验的敏感性和可靠性，则需在检测样品的同时，检测一种已知具有突变性的化学物质（如黄曲霉毒素 B1），作为平行试验（阳性对照试验，设两个重复）。

4．结果评估

根据样品所致的诱变菌落平均数（R_t）和自发回复突变菌落平均数（R_c），可按下式算出菌落突变率：

$$\text{突变率(MR)}=\frac{\text{每皿诱变菌落平均数}(R_t)}{\text{每皿自发回复突变菌落平均数}(R_c)}$$

当突变率大于 2 时，可直接判定样品 Ames 试验阳性。当突变率小于 2 时，则需考虑样品中的被检物浓度，若被检物浓度低于 500μg/皿，必须提高被检物浓度重新检测；若被检物浓度已达到或超过 500μg/皿，则可判定样品 Ames 试验阴性。

五、实验报告

计算样品所致菌落的突变率，判断样品的致突变性。

六、注意事项

1．在鼠肝匀浆（S-9 上清液）的制备过程中，一般操作均应在低温（0～4℃）的无菌条件下进行。

2．为了保证 Ames 试验的可靠性，在检测样品的同时，需做自发回复突变对照、阴性对照和阳性对照试验。

七、思考题

1．在 Ames 试验系统中，添加 S-9 混合液有什么意义？

2．实验操作过程中要注意哪些事项？

第四部分　污染物微生物处理与资源化技术

第十五章　污染物微生物处理技术

随着人口的增长及工农业生产的发展，废弃物的排放量也在逐年增加。大量未经处理的污水、垃圾、粪便、被雨水冲淋而流失的农肥、农药进入江河、湖泊、海洋以及土壤和空气中，使排入环境的这些物质超过了环境所耐受的容纳量，即超过了环境的自净能力时，就破坏了自然界的生态平衡，其结果使这些物质大量累积于自然环境中，于是造成了环境污染。

微生物是生态圈中的分解者，在自然界物质循环中起着重要的作用。由于微生物个体微小、繁殖迅速、代谢活性强、食性广、容易变异，甚至可以对付众多“陌生的”人造化合物，在对污染物的降解、转化和治理中具有巨大的潜力。研究微生物对各种污染物的降解，特别是探索对难以分解的一些人工合成污染物进行降解、代谢和转化的可能性，筛选某些能降解特殊污染物的微生物，将有利于人类应付日益增长环境污染的挑战。

第一节　废水生物处理中的活性污泥

活性污泥是微生物群体及它们所依附的有机物质和无机物质的总称。微生物群体主要包括细菌、原生动物和藻类等，其中，细菌和原生动物是主要的二大类。活性污泥主要用来处理污废水，是一种好氧生物处理方法。

活性污泥中复杂的微生物与废水中的有机营养物形成了复杂的食物链。最先担当净化任务的是异氧菌和腐生性真菌，细菌特别是球状细菌起着最关键的作用。优良运转的活性污泥，是以丝状菌为骨架由球状菌组成的菌胶团，沉降性好，随着活性污泥的正常运行，细菌大量繁殖，开始生长原生动物，它们是细菌一次捕食者。活性污泥常见的原生动物有鞭毛虫、肉毛虫、纤毛虫和吸管虫。活性污泥成熟时固着型的纤毛虫、钟虫占优势；后生动物是细菌的二次捕食者，如轮虫、线虫等只能在溶解氧充足时才出现，所以当出现后生动物时说明处理水质好转。

实验 15.1　活性污泥微生物的显微镜观察及微型动物的计数

一、实验目的

1. 学习观察活性污泥（或生物膜）及其生物相的方法。

2. 初步掌握根据活性污泥（或生物膜）及其生物相，推断污水生物处理系统工作状态的技能。

二、实验原理

活性污泥和生物膜是生物法处理废水的主体。污泥中微生物的生长、繁殖、代谢活动以及微生物之间的演替情况往往直接反映了处理状况。因此，我们在操作管理中除了利用物理、化学的手段来测定活性污泥的性质以外，还可借助于显微镜观察微生物的状态来判断废水处理的运行状况，以便及早发现异常情况，及时采取适当的对策，保证稳定运行，提高处理效果。为了监测微型动物演替变化状况还需要定时进行计数。

三、实验材料和用具

1. 样品

取自城市污水处理厂的活性污泥（或生物膜）（至少 2 种）。

2. 染色液

石炭酸复红染色液。

3. 仪器及相关用品

显微镜，香柏油，二甲苯（或 1∶1 的乙醚酒精溶液），擦镜纸，微型动物计数板，目镜测微尺，台镜测微尺。

4. 其他用品

载玻片，盖玻片，吸水纸，酒精灯，火柴，接种环，镊子，滴管。

四、实验程序

1. 压片标本的制备

① 取活性污泥法曝气池混合液一小滴，放在洁净的载玻片中央（如混合液中污泥较少，可待其沉淀后，取沉淀的活性污泥一小滴放在载玻片上；如混合液中污泥较多，则应稀释后进行观察）。

② 盖上盖玻片，即制成活性污泥压片标本。在加盖玻片时，要先使盖玻片的一边接触水滴，然后轻轻放下，否则会形成气泡、影响观察。

③ 在制作生物膜标本时，可用镊子从填料上刮取一小块生物膜，用蒸馏水稀释，制成菌液。以下步骤与活性污泥标本的制备方法相同。

2. 显微镜观察

(1) 低倍镜观察　要注意观察污泥絮粒的大小、污泥结构的松紧程度、菌胶团和丝状菌的比例及其生长状况，并加以记录和作必要的描述。观察微型动物的种类、活动状况，对主要种类进行计数。

污泥絮粒大小对污泥初始沉降速率影响较大，絮粒大的污泥沉降快，污泥絮粒大小按平均直径可分成三等：大粒污泥，絮粒平均直径大于 500μm；中粒污泥，絮粒平均直径在 150～500μm 之间；细小污泥，絮粒平均直径小于 150μm。

污泥絮粒性状是指污泥絮粒的形状、结构、紧密度及污泥中丝状菌的数量。镜检时可把近似圆形的絮粒称为圆形絮粒；与圆形截然不同的称为不规则形状絮粒。絮粒中网状空隙与絮粒外面悬液相连的称为开放结构；无开放空隙的称为封闭结构。絮粒中菌胶团细菌排列致密，絮粒边缘与外部悬液界限清晰的称为紧密的絮粒，絮粒边缘界线不清的称为疏松的絮粒。实践证明，圆形、封闭、紧密的絮粒相互间易于凝聚，浓缩、沉降性能良好；反之则沉降性能差。

活性污泥中丝状菌数量是影响污泥沉降性能最重要的因素，当污泥中丝状菌占优势时，可从絮粒中向外伸展，阻碍了絮粒间的浓缩，使污泥 SV 值和 SVI 值升高，造成活性污泥膨胀。根据活性污泥中丝状菌与菌胶团细菌的比例，可将丝状菌分成五个等级：0 级，污泥中几乎无丝状菌存在；±级，污泥中存在少量丝状菌；＋级，存在中等数量的丝状菌，总量少于菌胶团细菌；＋＋级，存在大量丝状菌，总量与菌胶团细菌大致相等；＋＋＋级，污泥絮粒以丝状菌为骨架，数量超过菌胶团而占优势。

(2) 高倍镜观察　用高倍镜观察，可进一步看清微型动物的结构特征。观察时注意微型动物的外形和内部结构，如钟虫体内是否存在食物胞、纤毛环的摆动情况等。观察菌胶团时，应注意胶质的厚薄和色泽、新生菌胶团出现的比例。观察丝状菌时，注意丝状菌生长、细胞的排列、形态和运动特征，以判断丝状菌的种类，并进行记录。

(3) 油镜观察　鉴别丝状菌的种类时，需要使用油镜。这时可将活性污泥样品先制成涂片后再染色，应注意观察丝状菌是否存在假分支和衣鞘、菌体在衣鞘内的空缺情况、菌体内有无贮藏物质的积累和贮藏物质的种类等，还可借助鉴别染色技术观察丝状菌对该染色的反应。

3. 微型动物的计数

① 取活性污泥法曝气池混合液盛于烧杯内，用玻棒轻轻搅匀，如混合液较浓，可稀释成1∶1的液体后观察。

② 取洗净的滴管1支（滴管每滴水的体积应预先测定，一般可选一滴水的体积为1/20mL的滴管），吸取搅匀的混合液，加一滴到计数板的中央方格内（图15-1）。然后加上一块洁净的大号盖玻片，使其四周正好搁在计数板四周凸起的边框上。

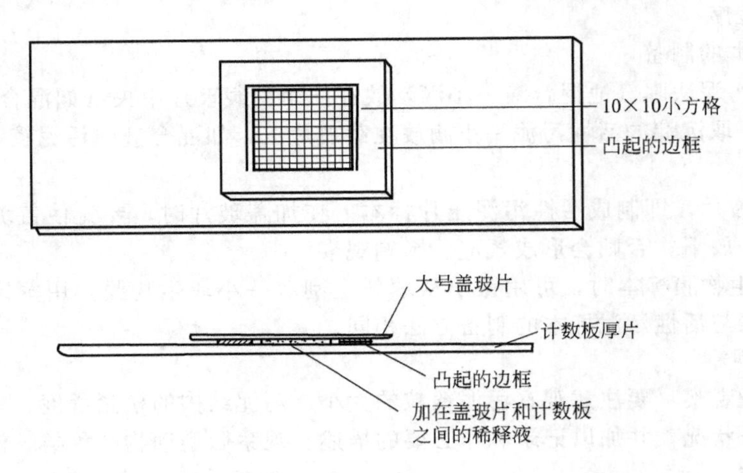

图15-1　微型动物计数板

③ 用低倍镜进行计数。注意所滴加的液体不一定布满整个100格小方格。计数时，只要把充有污泥混合液的小方格挨着次序依次计数即可。观察时，同时注意各种微型动物的活动能力、状态等。若是群体，则需将群体上的个体分别计数。

五、实验报告

1. 计算

设在一滴水中测得钟虫50只，样品按1∶1稀释，则每毫升混合液中含钟虫数应为：

$$50只\times20\times2=2000只$$

2. 将观察结果填入下表（表15-1），在符合处打"✓"表示。

六、注意事项

1. 在观察污泥絮粒的形态和大小时，可先加水稀释或用水洗涤，否则絮粒粘连在一起，不易测定。

2. 在观察污泥絮粒中的丝状细菌数量时，应注意它们与菌胶团细菌的相对比例。

七、思考题

1. 怎样通过了解微型动物种类或数量变化，来反映废水处理情况？

2. 试比较生活污水中活性污泥与工业废水处理系统中的活性污泥性状以及微型动物的种类、数量等有何差异？

表 15-1　活性污泥镜检记录

样品名称：　　　　　　　　　　　　　　　　观察人：　　　日期：

絮体大小		大，中，小，　平均　μm
絮体形态		圆形，　不规则形
絮体结构		开放，　封闭
絮体紧密度		紧密，　疏松
丝状菌数量		0　±　+　++　+++
游离细菌		几乎不见，　少，　多
微型动物	优势种（数量及状态）	
	其他种（种类、数量及状态）	

八、附录

（一）活性污泥中常见的原生动物

1. 活性污泥生长良好时出现的原生动物

活性污泥生长良好时，呈浓褐色，有压密性，大小在 500～800μm 范围，污泥絮体之间不存在细碎的小絮体。

在曝气池中，原生动物以纤毛虫居多数，其中又以有柄固着型纤毛虫［如钟虫（Vorticella）（图 15-2）］、累枝虫（Epistylis）（图 15-3）、盖虫（Opercularia）、独缩虫（Carchesium）和聚缩虫（Zoothamnium）（图 15-4）占首位。在这些固着型纤毛虫中，钟虫出现频率较高，数量较大，他们在生物群落演替中呈现较强的规律性。因此，常以钟虫［如钟型钟虫（Vorticella canpanula）和小口钟虫（Vorticella microstoma）］作为污水处理系统工作效能的指示生物。

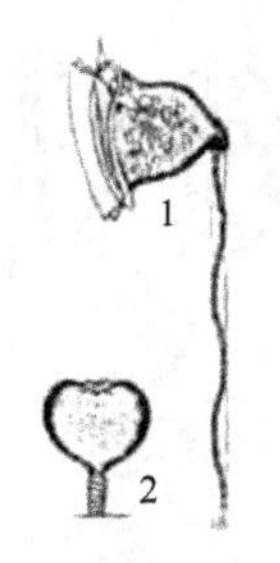

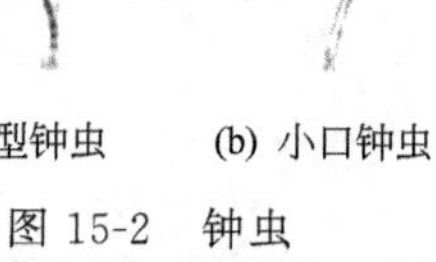

(a) 钟型钟虫　　(b) 小口钟虫

图 15-2　钟虫

1—伸展的个体；2—收缩的个体

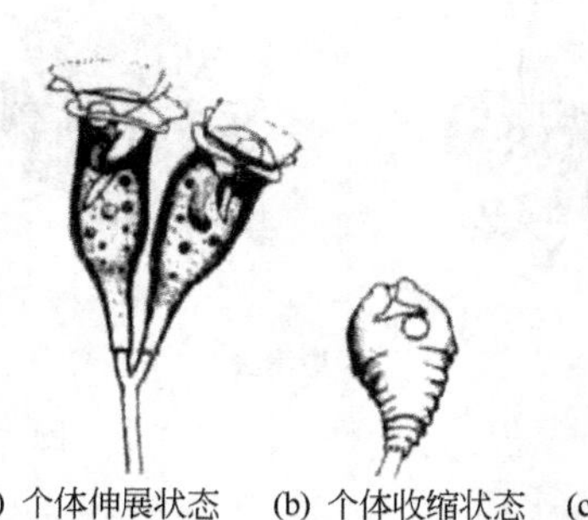

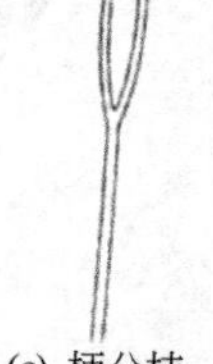

(a) 个体伸展状态　(b) 个体收缩状态　(c) 柄分枝

图 15-3　累枝虫

固着型纤毛虫的生态习性是：以体柄分泌的黏液固着在污泥絮体上，以水中分散的游离细菌作为主要食料。在活性污泥中观察到固着型纤毛虫，说明活性污泥絮体结构稳固，能够为这些原生动物的固着提供支撑。与游泳性纤毛虫相比，固着型纤毛虫因固着生长而耗能较少，能够生活在游离细菌含量较低的水体中，见到固着型纤毛虫还说明曝气池中水质较好。此外，根据钟虫的生活状态还可以推断曝气池的工况。镜检可以发现，当环境条件适宜时，钟虫纤毛摆动较快，食物泡数量较多，个体较大。若环境缺氧，钟虫顶端会长出气泡。如果环境条件不适，钟虫会脱去尾柄，虫体变成圆柱体，并越变越长，直至死亡。在恶劣环境条件下，钟虫还能改变生殖方式，由无性裂殖变成接合生殖，甚至形成孢囊。

2. 活性污泥恶化时出现的原生动物

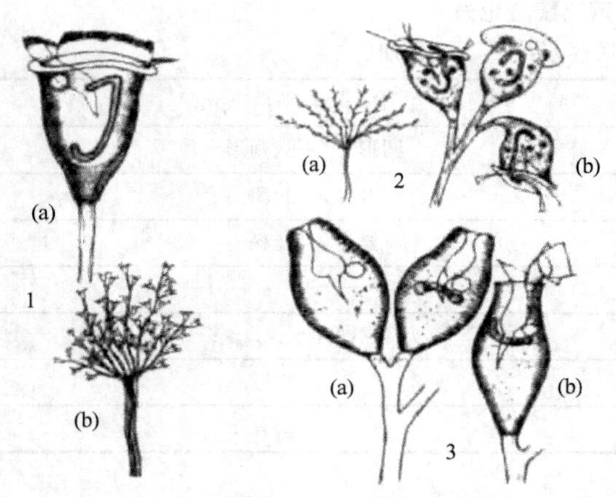

图 15-4 聚缩虫、独缩虫和盖虫

1. 树桩聚缩虫（Zoothamnium arbuscula）：
(a) 个体；(b) 群体，示柄的分枝
2. 螅状独缩虫（Carchesium polypinum）：
(a) 群体，示柄的分枝；(b) 群体的一部分
3. 彩盖虫（Opercularia phryganeae）：
(a) 个体收缩状态；(b) 个体的伸展状态

活性污泥恶化多发生在有机负荷增高、溶解氧含量较低的场合。此外，曝气池中存在大量有机污染物，细菌快速生长并呈游离状态。污泥恶化的主要标志是颗粒细碎，直径降至 100μm 左右。

滴虫（Monas）、屋滴虫（Oikomonas）和波豆虫（Bodo）（图 15-5）个体较小，虫体常只有 10～20μm，这几种原生动物以细菌为主要食料，兼行植物性腐生营养，从生态习性上看，适宜中污性和多污性水域。当曝气池负荷高，供氧不足时，有机物腐败状态，可经常观察到这几种原生动物。在有机物浓度很低时，污泥解体，但污泥絮体碎块周围聚集大量处于内源呼吸状态的细菌时，也会出现滴虫属。

膜袋虫（Cyclidium）和尾丝虫（Uronema）（图 15-6）的个体也小，虫体长 25～50μm，以分散细菌为食，适宜生活于β-中污性或α-中污性水域，也能适应多污性水域，并可存活于寡污性水域。在曝气池内，这两种原生动物多出现于高负荷的情况下，且多与波豆虫和屋滴虫同时出现，膜袋虫的出现频率高于尾丝虫。

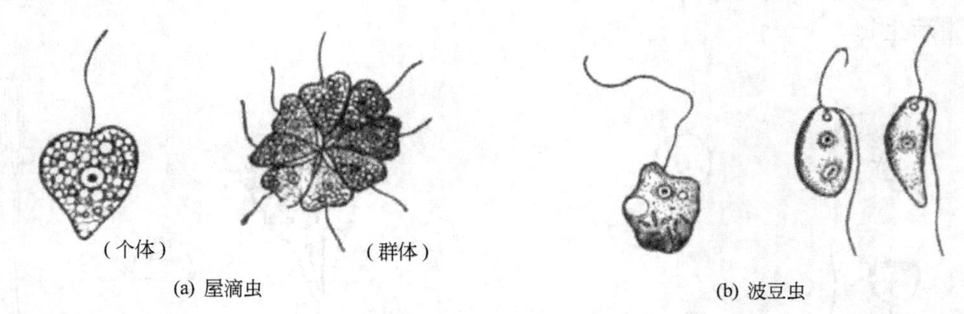

图 15-5 屋滴虫和波豆虫

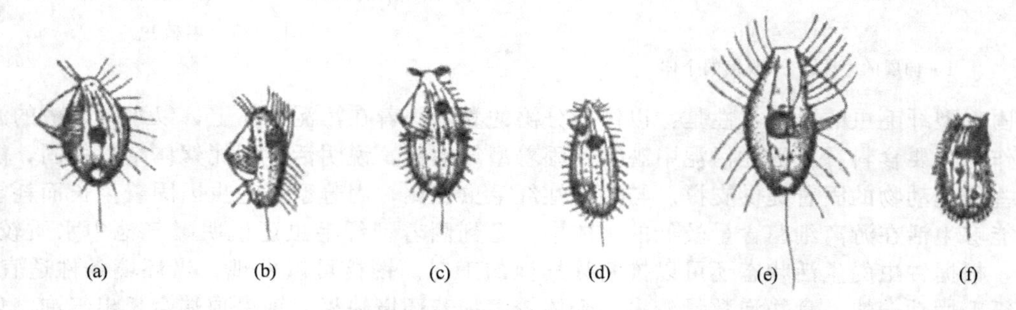

图 15-6 膜袋虫和尾丝虫

(a)，(b)，(c)，(d)，(e) 瓜形膜袋虫；(f) 尾丝虫

肾形虫（Colpoda）和豆形虫［Calpidium（图 15-7）］的个体稍大，虫体长 30～150μm，

生态习性适宜多污性水域，也可出现于β-中污性或α-中污性水域，在寡污性水域较少见。在曝气池内，当污泥负荷达0.6～0.7kgBOD/(VS·d)时，肾形虫和豆形虫常常出现，肾形虫多于波豆虫和滴虫相伴出现，存在时段较短，对环境条件的改变反应敏感。豆形虫适宜生活于pH较高的水域，在氨氮较高的环境中容易看到。

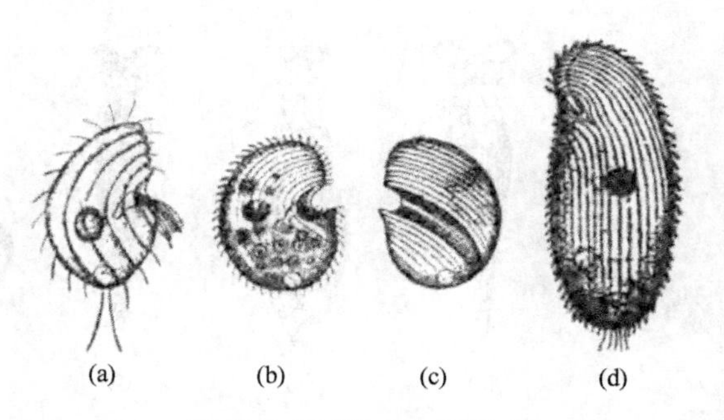

图15-7 肾形虫和豆形虫

(a)，(b)，(c) 肾形虫；(d) 豆形虫

草履虫（Paramecium）（图15-8）个体较大，虫体长300μm，生态习性适宜于β-中污性或α-中污性水域，在多污性和寡污性水域也能出现。在曝气池中，草履虫多出现于从负荷高、水质差逐渐向正常状态过渡的时期，持续时间较短。曝气池处理效率较高，水质较好时，草履虫极少出现。

3. 活性污泥解体时出现的原生动物

活性污泥解体的程度相差较大，从完全没有压密性到还有部分压密性，他们的共同特征是絮体之间存在大量碎块。

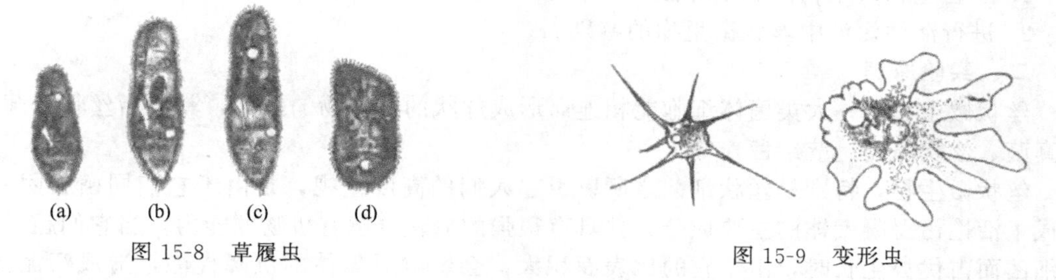

图15-8 草履虫　　图15-9 变形虫

变形虫（Amoeba）（图15-9）有小型和大型两种，小型变形虫体长小于50μm，大型变形虫体长大于50μm。变形虫多以细菌、单细胞藻类和小型鞭毛虫为食料，生态习性适宜于β-中污性水域。在曝气池中，变形虫通常在絮体周边匍匐爬行，在活性污泥解体时，变形虫急剧增殖，导致污泥更加分散而失去压密性。

（二）活性污泥中常见的后生动物

1. 轮虫

轮虫（Rotaria）（图15-10）和旋轮虫（Philodina）是后生动物。个体远大于一般的原生动物，体长为350～1460μm，它们以破碎的有机质为主要食料。在曝气池内以吞噬污泥碎片为主，也可吞噬菌胶团和丝状菌等较大的活体。在曝气池运行正常、处理效果良好、水中有机物含量低、老化污泥陆续解体时，轮虫因食物丰富而大量繁殖。

2. 颗体虫

颗体虫（Aeolosoma）（图15-10）个体较大，体长最长可达10000μm，多数体长为1000～3000μm。颗体虫是典型的杂食性生物，主要摄食污泥中的有机碎片和细菌，也能吞食微小的原生动物和轮虫等微型动物。在活性污泥系统中，颗体虫多出现在负荷低、曝气量少的场合，它特别喜欢在沉淀污泥中徘徊，依靠口前叶两侧的纤毛运动，将污泥送入口中。当沉淀污泥呈厌氧状态时，颗体虫可上浮到溶解氧较高的表面。

3. 线虫

线虫（Nematoda）（图15-10）也是一种较大的微型动物，体长500～3000μm。线虫消

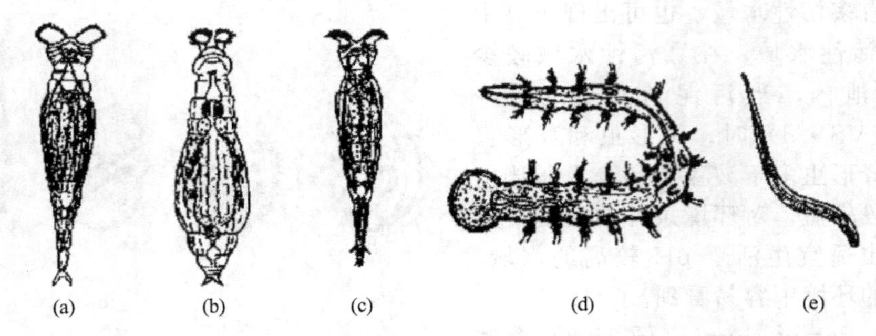

图 15-10 轮虫、颗体虫和线虫

(a)，(b)，(c) 轮虫；(d) 颗体虫；(e) 线虫

化器适于吞咽大块和硬块食料，它具有适宜在污泥碎屑中钻进钻出的体形。在曝气池中，线虫主要出现于有较多污泥堆积的部位，与曝气池负荷以及水质没有直接的关系。

实验 15.2 活性污泥中丝状微生物的鉴别

一、实验目的

1. 学会丝状微生物的鉴别方法。

2. 进行活性污泥中丝状微生物的鉴别。

二、实验原理

丝状微生物是一大类菌体细胞能相连而形成丝状的微生物的统称，其包括丝状细菌、丝状真菌、丝状藻类（蓝细菌）等。

丝状微生物，特别是丝状细菌之所以引起人们的高度重视，是由于它们同菌胶团一起，构成了活性污泥凝絮体的主要成分，并具有很强的氧化分解有机物的能力，当它们超过菌胶团细菌而占优势生长时，由于它的比表面积大，会影响凝絮体的沉降性能，造成污泥膨胀，以致严重影响水处理的效果。

Eiketlboom(1975，1981) 对丝状微生物的鉴别做了大量工作，他从产生膨胀的活性污泥中采数个样品，按照以下几个方面，将活性污泥中的丝状微生物区分成 29 个类型，其中大多为丝状细菌：①是否存在衣鞘；②滑行运动；③真或假分支；④丝状体的长短、形状和性质；⑤细胞的直径、长短和形状；⑥革兰染色反应；⑦纳氏染色反应；⑧有无胞含体(PHB、硫粒和多聚磷酸盐等)。本试验依照 Eiketlboom 的方法对活性污泥中的丝状微生物作一鉴别。

三、实验材料和用具

1. 显微镜、载玻片、盖玻片、目微尺、台微尺、香柏油、二甲苯。

2. 染色液

(1) 革兰染液

(2) 纳氏染液

① A 液。亚甲基蓝 0.1g；冰醋酸 5mL；酒精 (95%) 5mL；蒸馏水 1000mL。

② B 液。结晶紫（取 0.33g 结晶紫溶于 3.3mL 96%的酒精中)3.3g；酒精 (96%)5mL；蒸馏水 100mL。

③ C 液。1%碱性菊橙水溶液 (chrysoidin，Y,2,4'-二氨基偶氮苯，商品名为柯衣定) 33.3mL；蒸馏水 66.7mL。

3. Na_2S 溶液（积硫试验用）

$Na_2S \cdot 7H_2O$ 0.2g；蒸馏水 100mL；使用时配制。

四、实验方法

（一）形态特征观察

借助显微镜，观察丝状微生物的长度、直径、分枝的有无、横隔和运动状态等。

（1）长度、直径　用目微尺度量。

（2）分支　某些丝状微生物的丝体有时有分支，分支有真分支和假分支之分。细胞是分支的，称真分支。有鞘细胞可产生假分支，它的游离细胞若附着在鞘上，可生长成新的丝体，有时鞘有损伤，外侧形成开口，开口附近的细胞则进一步生长而形成分支，这即为假分支。

（3）运动性　只有少数滑行细菌能作蛇样的滑行运动，其必然游离于污泥絮粒之间。

（4）内含物　某些丝状菌细胞内可含有贮藏物质，因折光性与细胞中其他部分不同，很易察见。常见的有聚-β-羟基丁酸（PHB）及硫粒。两者的区别是滴加酒精后，硫粒溶于酒精，而 PHB 依然完整。

（5）横隔　相邻两个细胞间的壁。

（6）丝体的形状　一般分下列三种：笔直丝体（在丝体较长时亦可略有弯曲）、弯曲丝体以及扭曲或卷曲的丝体。

（7）附着生长物　丝状菌表面通常很“光滑”，如在丝体表面附有细菌或小絮体，称为“附着生长物”。

（8）缩缢　某些具有连续外壁的丝状菌在横隔处因外壁收缩而形成的凹缢。

（9）细胞的形状　可分为球状、杆状、螺旋状和弧状。有时丝体外壁无缩缢，这类细胞也可称为方形或长方形细胞。

（10）鞘　为具鞘的丝状细菌细胞体外圆柱形的管状结构，染色片中往往可明显地看到鞘。

（二）染色技术

不同的丝状微生物对某些特定的染色反应各不相同，据此，我们可很容易地将它们区分开来。

1. 革兰染色

这是鉴别细菌的一个重要的方法。

2. 纳氏染色

步骤如下：

① 制备涂片。

② 取两份纳氏染色 A 液与一份纳氏染色 B 液相混，染色 10～15s，水冲，干燥。

③ 取纳氏染色 C 液染色 45s。

④ 水冲，干燥后镜检。

纳氏染色阴性的丝状菌菌体呈浅棕色至微黄色，阳性菌丝体体内含有深色颗粒或整个丝状体完全染成蓝灰色。

3. 积硫试验

步骤：取少量活性污泥与等体积 Na_2S 溶液混合，放置 15min，不时摇动，使污泥保持悬浮。制成湿装片，镜检细胞中是否有黑色的硫粒。

（三）活性污泥的常见的丝状菌

1. 球衣细菌

球衣细菌（图 15-11、图 15-12）是导致活性污泥丝状菌性膨胀的主要诱发细菌，具有衣鞘是球衣细菌的典型特征。许多细胞由衣鞘覆盖而形成丝状体。衣鞘柔软可弯曲成很小的角度而不折裂，衣鞘具有黏性，可彼此粘连而形成假分枝。当培养物老化时，细菌可从衣鞘内游出，使丝状体内出现空缺，甚至形成空鞘；从衣鞘中游出的菌体可黏附在丝状体上，其细胞内含有许多不能着色的聚β-羟基丁酸颗粒。

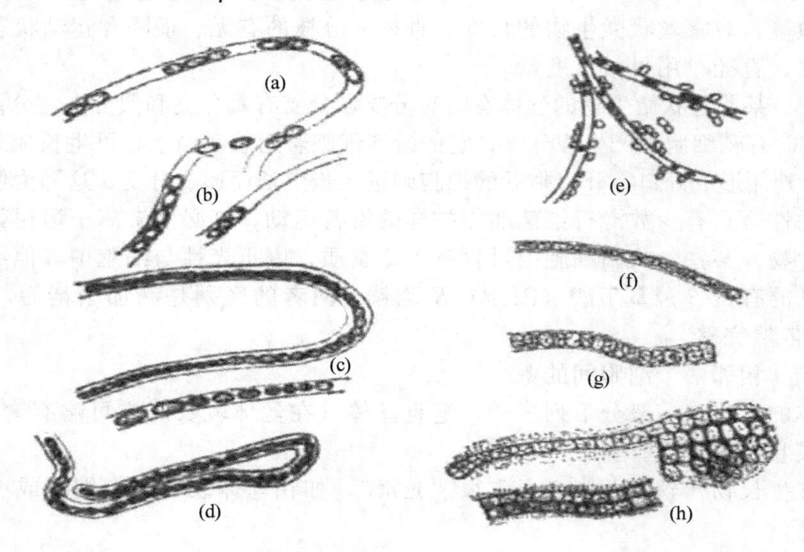

图 15-11 球衣细菌的形态图示

(a) 丝状体内出现菌体空缺；(b) 菌体从衣鞘中游出，形成空鞘；(c)，(d) 旺盛生长时，不发生菌体异常和排列紊乱；(e) 从衣鞘中游出的菌体黏附在丝状体上，衣鞘彼此粘连形成假分枝；(f)，(g)，(h) 旺盛生长时，菌体内充满不能着色的颗粒

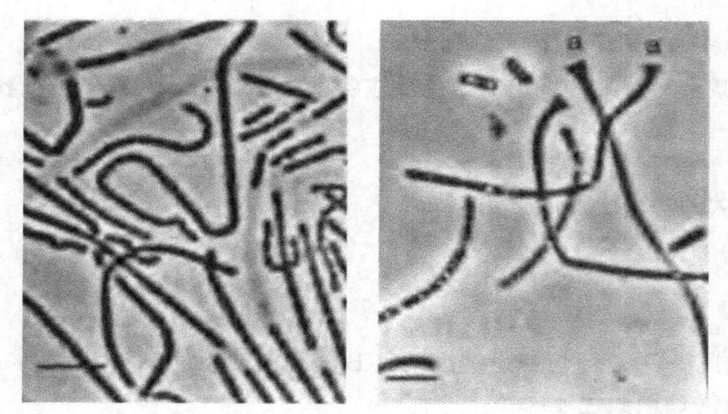

图 15-12 浮游球衣细菌

左：空衣鞘和细胞链；右：附着器 (a) 和聚β-羟基丁酸颗粒

2. 贝氏硫细菌

贝氏硫细菌（图 15-13）也是导致活性污泥丝状菌性膨胀的主要诱发细菌。它是较长的丝状体，长度可达 1cm，宽度均匀，上下没区别。丝状体分散不相连，也不固着于介质上。菌体外面无衣鞘，细胞排列紧密。丝状体能匍匐滑行，滑行时菌体扭曲，穿插匍行于污泥之中，能氧化硫化物并在体内积累硫粒。

3. 发硫细菌

发硫细菌（图 15-14）与贝式硫细菌相似。其丝状体的顶端和基部出现分化，基部有吸盘，可使丝状体固着在介质上。细菌细胞排列成链，菌体外面包裹很薄的衣鞘。在曝气池

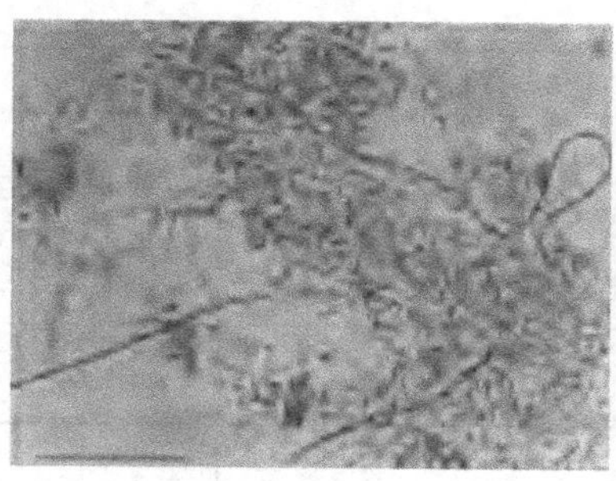
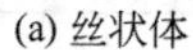

(a) 丝状体

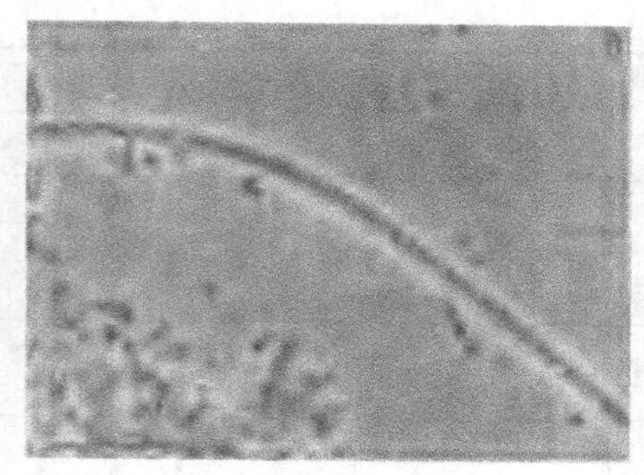

(b) 硫粒

图 15-13　贝式硫细菌

中，该菌有时附着在较粗硬的纤维上，菌丝体左右平行伸展，呈羽毛状；有时在活性污泥内向四周呈放射性伸展；有时菌丝体集结在一起，自成中心，再向四周伸展形成玫瑰饰，这是发硫细菌的生长特性，易于辨认。

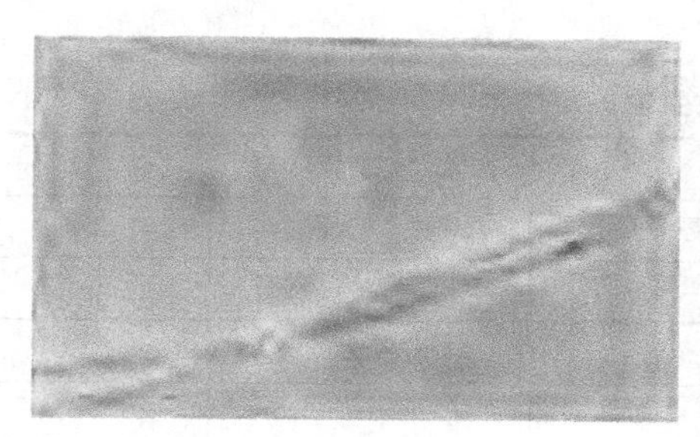

(a) 硫粒

(b) 玫瑰饰和硫粒

图 15-14　发硫细菌

五、实验报告

1. 将活性污泥样品中不同丝状微生物的特征记录于表 15-2，鉴定结果记录于表 15-3。
2. 比较不同工业废水处理系统中的丝状微生物种类和数量的差别。

表 15-2　丝状微生物特征观察记录表

观察项目	特征	丝状微生物编号						备注
		1	2	3	4	5	6	
分支	不分支 假分支 真分支							
滑行运动	是(+)否(−)							
硫粒	可见(+) 无(−)							
横隔	可见(+) 不可见(−)							
丝状体形态	笔直 弯曲 盘旋状或螺旋状							
纳氏染色	颗粒或细胞蓝灰色(阳性,+) 浅棕色至微黄色(阴性,−)							
革兰染色	阳性(+),阴性(−)							

续表

观察项目	特征	丝状微生物编号						备注
		1	2	3	4	5	6	
丝状体直径	<1.0μm 1.0～2.2μm >2.2μm							
附着生长物	有(+) 没有或很少(−)							
细胞相连处下陷	可见(+);无(−)							
细胞形态	盘状 球形或椭圆形 杆形 正方形 长方形							
衣鞘	有(+);无(−)							

注：特征观察多项选择的以“√”表示，两项选择的以“+”或“−”表示

表 15-3 丝状微生物鉴定结果

丝状微生物编号	种名	优势度		
		优势种	中等	偶见

六、思考题

试述丝状微生物在污水处理体系中的作用。

实验 15.3 活性污泥脱氢酶活性的测定

一、实验目的

了解活性污泥中脱氢酶活性的测定原理及方法。

二、实验原理

有机物在生物处理构筑物中的分解，是在酶的参与下实现的。在这些酶中脱氢酶占有重要的地位，因为有机物在生物体内的氧化往往是通过脱氢来进行的。生物污泥中脱氢酶的活性与水中营养物浓度成正比。在处理海水过程中，生物污泥脱氢酶活性的降低，直接说明了污水中可利用物质营养浓度的降低。此外，由于酶是一类蛋白质，对毒物的作用非常敏感。当污水中有毒物存在时，会使酶失活，造成污泥活性下降。在生产实践中，我们常常在设置对照组、消除营养物浓度变化影响因素的条件下，通过测定活性污泥在不同工业废水中脱氢酶活性的变化来评价工业废水成分的毒性，评价对不同工业废水的生物可降解性。

脱氢酶是一类氧化还原酶，它的作用是催化氢从被氧化的物体（基质 AH）上转移到另一个物体（受氢体 B）上：

$$AH+B \rightleftharpoons A+BH$$

为了定量地测定脱氢酶的活性，常通过指示剂的还原变色速度来确定脱氢过程的强度。常用的指示剂有2、3、5-三苯基四唑氯化物（TTC）或亚甲基蓝，它们从氧化状态接受氢而被还原时具有稳定的颜色，我们即可通过比色的方法，测量反应后颜色深度，来推测脱氢酶的活性，例如：

$$C_6H_5-C\begin{matrix}\nearrow N-N(Cl)-C_6H_5\\ \searrow N=N-C_6H_5\end{matrix} \xrightarrow[+2H^+]{+2e} C_6H_5-C\begin{matrix}\nearrow N-N(H)-C_6H_5\\ \searrow N=N-C_6H_5\end{matrix} + HCl$$

TTC(无色)　　　　TF(红色)

三、实验材料和用具

1. 72型分光光度计、超级恒温器、离心机、15mL离心管、移液管、黑布罩

2. 试剂

（1）Tris-HCl缓冲液（0.05mol/L） 称取三羟甲基氨基甲烷6.037g，加1.0mol/L HCl 20mL，溶于1L蒸馏水中，pH为8.4。

（2）氯化三苯基四氮唑（TTC）（0.2%～0.4%） 称取0.2g或0.4g TTC溶于100mL蒸馏水中，即成0.2%～0.4%的TTC溶液（每周新配）。

（3）亚硫酸钠（0.36%） 称0.3657g亚硫酸钠溶于100mL蒸馏水中。

（4）丙酮（或正丁醇及甲醇）（分析纯）。

（5）连二亚硫酸钠、浓硫酸。

（6）生理盐水（0.85%） 称取0.858NaCl，溶于100mL蒸馏水中。

四、实验方法

1. 标准曲线的制备

（1）配制1mg/mL TTC溶液 称取50.0mg TTC，置于50mL容量瓶中，以蒸馏水定容至刻度。

（2）配制不同浓度TTC液 从1mg/mL TTC溶液中分别吸取1mL、2mL、3mL、4mL、5mL、6mL、7mL放入每个容量为50mL的一组容量瓶中，用蒸馏水定容至50mL，各瓶中TTC浓度分别为20μg/mL、40μg/mL、60μg/mL、80μg/mL、100μg/mL、120μg/mL、140μg/mL。

（3）每只带塞离心管内加入Tris-HCl缓冲液2mL＋2mL蒸馏水＋1mL TTC液（从低到高浓度依次加入）；对照管加入2mL Tris-HCl缓冲液＋3mL蒸馏水，不加TTC，所得每只离心管内TTC为20μg、40μg、60μg、80μg、100μg、120μg、140μg。

（4）每管各加入连二亚硫酸钠10g，混合，使TTC全部还原，生成红色的TF。

（5）在各管加入5mL丙酮（或正丁醇及甲醇），抽提TF。

（6）在分光光度计上，于485nm波长下测光密度。

（7）绘制标准曲线。

2. 活性污泥中脱氢酶活性的测定

① 活性污泥悬浮液的制备。取活性污泥混合液50mL，离心后弃去上清液，再用0.85%生理盐水（或磷酸盐缓冲液）补足，充分搅拌洗涤后，再次离心弃去上清液；如此反复洗涤三次后再以生理盐水稀释至原来体积备用。

② 在三组（每组三支）带有塞的离心管内分别加入以下材料与试剂（表15-4）。

表 15-4 脱氢酶活性测定中各组试剂加量

组别	活性污泥悬浮液/mL	Tris-HCl缓冲液/mL	Na_2SO_3液/mL	基质(或污水)/mL	TTC液/mL	蒸馏水/mL
①加基质	2	1.5	0.5	0.5	0.5	—
②不加基质	2	1.5	0.5	—	0.5	0.5
③对照	2	1.5	0.5	—	—	0.5

③ 样品试管摇匀后置于黑布袋内，立即放入37℃恒温水浴锅内，并轻轻摇动，记下时间，反应时间依显色情况而定（一般采用10min）。

④ 对照组试管，在加完试剂后立即加一滴浓硫酸，另两组试管在反应结束后各加一滴浓硫酸中止反应。

⑤ 在对照管与样品管中各加入丙酮（或正丁醇 & 甲醇）5mL充分摇匀，放入90℃恒温水浴锅中抽提6～10min。

⑥ 在4000r/min中离心10min。

⑦ 取上清液在485nm波长下比色，光密度（OD）读数应在0.8以下，如色度过浓应以丙醇稀释后再比色。

⑧ 在标准曲线上得TF的产生值，并算得脱氢酶的活性。

五、实验报告

（一）标准曲线的制备

1. 将标准曲线测定时的数据填入表15-5。

表 15-5 标准曲线 OD 实测值

TTC/μg	OD值			
	1	2	3	平均
20				
40				
60				
80				
100				
120				
140				

2. 根据上表数据以TTC为横坐标，OD为纵坐标绘制标准曲线。

（二）活性污泥脱氢酶活性的测定

1. 将样品组的OD值（平均值），减去对照组OD值后，在标准曲线上查TF的产生。

2. 算得样品组（加基质与不加基质）的脱氢酶活性 X[以产生 μgTF/(mL活性污泥·小时）表示]

$$X[\mu gTF/(L 活性污泥 \cdot 小时)] = A \times B \times C$$

式中，X 为脱氢酶活性；A 为标准曲线上读数；B 为反应时间校正（60分钟÷实际反应时间）；C 为比色时稀释倍数。

六、注意事项

在活性污泥悬浮液的制备过程中，防止温度过高，有条件可在低温（4℃）下进行，生理盐水亦预先冷至4℃。

七、思考题

1. 为什么说活性污泥在不同工业废水中脱氢酶活性的变化可以用来评价工业废水成分的毒性？

2. 简述脱氢酶活性测定原理。

实验 15.4　活性污泥耗氧速率、废水可生化性及毒性的测定

一、实验目的

掌握活性污泥耗氧速率及毒性测定方法，以判断废水的可生化性及废水毒性的极限程度。

二、实验原理

活性污泥的耗氧速率（OUR）是评价污泥微生物代谢活性的一个重要指标。在日常运行中，污泥 OUR 的大小及其变化趋势可指示处理系统负荷的变化情况，并可以此来控制剩余污泥的排放。活性污泥的 OUR 若大大高于正常值，往往提示污泥负荷过高，这时出水水质较差，残留有机物较多，处理效果亦差。污泥 OUR 值长期低于正常值，这种情况往往在活性污泥负荷低下的延时曝气处理系统中可见，这时出水中残存有机物数量较少，处理完全，但若长期运行，也会使污泥因缺乏营养而解絮。处理系统在遭受毒物冲击，而导致污泥中毒时，污泥 OUR 的突然下降常是最为灵敏的早期警报。此外，我们还可通过测定污泥在不同工业废水中的 OUR 值的高低，来判断该废水的可生化性及废水毒性的极限程度。

三、实验材料和用具

1. 试剂

（1）0.025mol/L，pH 值为 7 磷酸盐缓冲液　称取 KH_2PO_4 2.65g、Na_2HPO_4 9.59g 溶于 1L 蒸馏水中即成 0.5mol/L、pH 值为 7 的磷酸盐缓冲液，备用。

使用前将上述 0.5mol/L 的缓冲液以蒸馏水稀释 20 倍，即成 0.025mol/L、pH 值为 7 的磷酸盐缓冲液。

（2）10%$CuSO_4$。

2. 用具

电极式溶解氧测定仪（图 15-15）、电磁搅拌器、恒温水浴、离心机、离心管、充气泵、BOD 测定瓶（300mL 左右）、烧杯、橡皮滴管、250mL 广口瓶等。

四、实验方法

1. 测定活性污泥的耗氧速率

① 将 250mL 广口瓶两个，配好橡皮塞并编号，在其容积的一半处做一记号，然后将饱和溶氧自来水用虹吸的方法装至广口瓶记号处，再用活性污泥混合液装满。

② 装满后向 1 号瓶中迅速加入 10%$CuSO_4$ 溶液 10mL，盖塞紧，混匀。

③ 同时将 2 号瓶盖塞紧，不断颠倒瓶子，使污泥颗粒保持在悬浮状态。10min 后，向 2 号瓶加入 10%$CuSO_4$ 溶液 10mL，盖塞紧，混匀后静止。

④ 分别测定 1 号、2 号瓶中的溶氧浓度，通过下式计算耗氧速率（r）：

$$r=(a-b)\times\frac{60}{t}\times 2[\mathrm{mg/(L\cdot h)}]$$

式中，a 为 1 号瓶中的溶氧浓度；b 为 2 号瓶中的溶氧浓度；t 为 2 号瓶反应时间，min。

2. 工业废水可生化性及毒性的测定

① 对活性污泥进行驯化，方法如下：取城市污水厂活性污泥，停止曝气 0.5h 后，弃去少量上清液，再以待测工业废水补足，然后继续曝气，每天以此方法换水 3 次，持续 15～

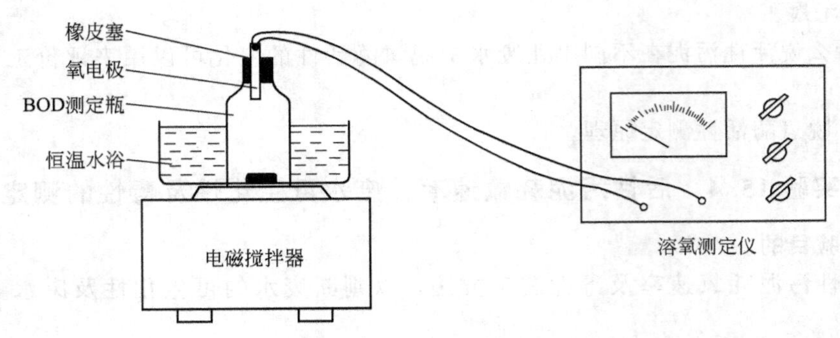

图 15-15 耗氧速率测定装置

60d 左右。对难降解废水或有毒工业废水，驯化时间往往取上限。驯化时应注意勿使活性污泥浓度有明显下降，若出现此现象，应减少换水量，必要时可适量增补些 N、P 营养。

② 取驯化后的活性污泥放入离心管中，置于离心机中以 3000r/min 转速离心 10min，弃去上清液。

③ 在离心管中加入预先冷至 0℃的 0.025mol/L、pH 值为 7 的磷酸盐缓冲液，用滴管反复搅拌并抽吸污泥，使污泥洗涤后再离心，并弃去上清液。

④ 重复步骤③洗涤污泥两次。

⑤ 将洗涤后的污泥移入 BOD 测定瓶中，再以 0.025mol/L、pH 值为 7 的溶解氧饱和的磷酸盐缓冲液充满之，按以上耗氧速率测定法测定污泥的耗氧速率，此即为该污泥的内源呼吸耗氧速率。

⑥ 按步骤①～④，将洗涤后的污泥以充氧至饱和的待测废水为基质，按步骤⑤测定污泥对废水的耗氧速率。将污泥对废水的耗氧速率同污泥的内源呼吸耗氧速率相比较，数值越高，该废水的可生化性越好。

$$相对耗氧速率=\frac{污泥的呼吸耗氧速率}{内源性呼吸耗氧速率}\times 100\%$$

⑦ 对有毒废水（或有毒物质）可稀释成不同浓度，按上述步骤测定污泥在不同废水浓度下的耗氧速率，并分析废水的毒性情况及其极限浓度。

五、实验报告

评价工业废水的可生化性和毒性：根据污泥的内源呼吸耗氧速率以及污泥对工业废水的耗氧速率和对不同浓度有毒废水的耗氧速率算得相对耗氧速率，然后依据图 15-16 评价该废水的可生化性或毒性，以供制订该废水处理方法和工艺时参考。

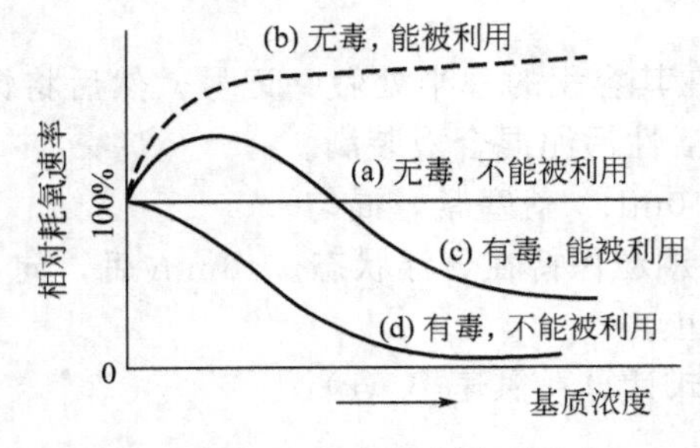

图 15-16 污泥相对耗氧速率与废水毒性、可降解性的关系

六、注意事项

1. 在反应瓶中加入 10% $CuSO_4$ 溶液后，应及时混合均匀，以减少误差。

2. 在耗氧速率的测定过程中，溶氧仪的电极应插入待测液体中，连接电极的橡皮塞应密封良好，以防空气中的氧气进入，影响测定结果。

七、思考题

1. 什么是可生化性，它的含义是什么？

2. 试述采用活性污泥耗氧速率评价污泥可生化性及毒性的基本原理。

3. 还可以采用什么方法来评价废水的可生化性？

第二节　微生物在污染物降解中的应用

微生物对物质具有巨大的降解转化潜力。首先，微生物个体微小，比表面积大，代谢速度快；其次，微生物种类繁多，分布广泛，代谢类型多样；第三，微生物繁殖快，易变异，适应性强；第四，微生物中的质粒能快速转移，使别的细菌获得新的降解能力；第五，微生物之间的相互作用和微生物对污染物的共代谢也促进了污染物的降解。因此，在环境保护中，利用微生物来消除污染物是被广泛采用的一种方法，无论是在处理系统中、还是在自然界中，微生物对污染的降解和转化都起着重要的作用。我们了解微生物对污染物降解转化的规律，对我们更好地利用微生物来保护环境具有非常重要的意义。

实验 15.5　光合细菌的培养及其对高浓度有机废水的净化作用

一、实验目的

1. 了解光合细菌的培养方法。

2. 测定光合细菌对高浓度有机废水的处理效果。

二、实验原理

光合细菌是一大类具有光合色素、能在厌氧、光照条件下进行光合作用的原核生物的总称。光合细菌中的红螺菌科细菌，在光照厌氧或黑暗好氧条件下，都具有降解高浓度有机物的能力，它们既不像好氧的活性污泥微生物那样受污水中溶解氧浓度的限制，又不像严格厌氧的甲烷细菌等对氧的存在非常敏感，即使生境中氧量增加，其降解有机物的活性也不受抑制，产生的菌体又可作为重要的资源加以利用。因此，这种适宜于处理高浓度有机废水的光合细菌处理法（简称 PSB 处理法）正引起人们的高度重视。目前，PSB 法已用于处理豆制品废水、浓质粪便水、羊毛洗涤废水、淀粉废水及抗生素发酵工业废水。

本试验可使我们进一步了解光合细菌的培养及其对高浓度有机废水的净化作用。

三、实验材料与用具

1. 菌种

球形红假单胞菌（*Rhodopseudomonas sphaeroides*）

沼泽红假单胞菌（*R. palustris*）

2. 培养基

（1）M 琼脂培养基（Molisch 琼脂培养基）　蛋白胨 10g；甘油（或糊精）5g；$MgSO_4$ 0.5g；KH_2PO_4 0.5g；$FeSO_4$ 痕量；琼脂 18g；pH 7.2；0.1kPa、121℃高压灭菌 15min。

（2）范尼尔氏液体培养基（van Niei 培养基）　酵母膏 1～2g；NH_4Cl 1g；$MgCl_2$ 0.2g；K_2HPO_4 0.5g；NaCl 1g；$NaHCO_3$ 5g；蒸馏水 1000mL；pH 中性。如要高压灭菌，$NaHCO_3$ 应做抽滤除菌后添加。

3. 厌氧培养缸。

4. 灭菌的具塞 100mL 锥形瓶、灭菌的具塞 250mL 锥形瓶、200mL 烧杯、100mL 量筒。

5. 真空泵。

6. 焦性没食子酸、碳酸钠、石蜡

四、实验方法

1. 光合细菌的菌种培养

① 取球形红假单胞菌和沼泽红假单胞菌原种培养物，分别在 M 琼脂培养基琼脂柱中进

行穿刺接种，每种接两支。

② 把经过穿刺接种的试管，每种取一支，加入混合石蜡液（由液体石蜡和固体石蜡以1∶1比例，加热后混合配制而成）于试管顶部。作为与氧隔离的封盖，置于28℃下，用2000～5000lx的光照进行培养。

③ 另两支接种的试管，放入厌氧缸内，用焦性没食子酸和碳酸钠反应来吸氧，一般1g焦性没食子酸在1个大气压下，具有吸收100mL空气中的氧气的能力，据此可推算出不同大小厌氧缸中吸氧剂的加量。立即将厌氧缸缸盖紧闭，用真空泵抽气5min左右，使厌氧缸内空气减至1/3左右。有条件的还可将过滤除菌的氮气或氩气充入厌氧缸内，使厌氧缸内造成个理想的厌氧环境。

④ 与石蜡封盖试管相同，置于28℃，光照下培养4～5天，观察在沿穿刺线上长出鲜紫红色或橘红色的菌苔，即为已生长成功，对两种方法的结果加以比较。

⑤ 在厌氧缸中的培养管琼脂顶部，加入1～2mL灭菌的液体石蜡，进行接种。

2. 光合细菌的增殖培养

① 将范尼尔液体培养基加至已灭菌的磨口具塞的250mL锥形瓶内，使之接近瓶颈部。

② 取上述穿刺培养的光合细菌菌种管用接种环挑取部分培养物，转接入瓶内。每种菌各接一瓶，然后再用液体培养基加满至瓶颈口，小心用瓶盖轻轻盖紧，使多余培养液溢出，注意加塞时不要使瓶内留有气泡。

③ 将上述锥形瓶，在28℃、2000～5000lx光照下培养，逐日观察瓶内光合细菌生长情况和出现的颜色变化。

④ 挑取菌种管中部分剩余的培养物，制成涂片，在简单染色后视察，比较两种菌株形态上的差别，并结合穿刺培养和液体培养的特征，列表记录。

3. 光合细菌对高浓度有机废水的降解作用

① 取豆制品厂黄泔水（或淀粉废水、抗生素发酵废水、羊毛洗涤废水等类高浓度有机废水）80mL放入200mL烧杯内。

② 把上述增殖培养好的球形红假单胞菌菌液（或沼泽红假单胞菌菌液），吸取80mL放入烧杯内，与废水充分搅匀相混，调整pH至7.2～7.5。

③ 取出混合液50mL，测定其COD_{Cr}、BOD_5，作为试验起始时的水质。

④ 将剩下的混合液加到灭菌的100mL具塞锥形瓶内，加至瓶颈口，盖上瓶塞，使余液溢出，注意勿使瓶内留有气泡。

⑤ 在28℃，光照培养至24h(或48h）后取出，测定瓶内混合液的COD_{Cr}和BOD_5，对照0h的COD_{Cr}和BOD_5值，算得有机物的去除率。

五、实验报告

将两株光合细菌菌株的形态、穿刺培养物和液体培养物特征以及对各种高浓度有机废水的净化效果列表比较。

六、注意事项

注意光合细菌应进行厌氧培养。

七、思考题

和活性污泥法相比，利用光合细菌处理高浓度废水有什么优点？

实验15.6 酚降解微生物的分离和解酚能力的测定

一、实验目的

1. 掌握酚降解微生物的分离方法。

2．了解微生物对酚降解能力的测定方法。

二、实验原理

在工业废水的生物处理中，对污染成分单一的有毒废水常可选育特定的高效菌种进行处理。这些高效菌具有处理效率高、耐受毒性强等优点。本试验通过筛选酚分解微生物来掌握特定高效菌种的常规分离方法。

筛选所得高效酚分解菌种除了具有较强的分解酚能力外，还必须能形成菌胶团，才能在活性污泥或生物膜中保存下来。因此本试验还必须进一步对入选菌种进行菌胶团形成能力的鉴定。

三、实验材料和用具

1．培养基

（1）营养肉汤液体培养基

（2）营养肉汤琼脂培养基

（3）尿素培养基　尿素（10%的尿素 5mL）0.5g；葡萄糖 1g；K_2HPO_4 0.1g；$MgSO_4$ 0.05g；蒸馏水 995mL；pH 7～7.5。

配置：除尿素外，其他成分混合在蒸馏水中，调 pH 至 7～7.5，0.075kPa 灭菌 10min。待培养基稍凉，以无菌操作加入事先灭菌（过滤除菌）的尿素溶液，备用。

（4）蛋白胨培养基　蛋白胨 0.5g；葡萄糖 1g；K_2HPO_4 0.1g；$MgSO_4$ 0.05g；pH7～7.5。

2．测酚试剂及需用的仪器

3．摇床、恒温培养箱

4．250mL 锥形瓶、玻璃珠及石英砂、无菌培养皿、9mL 无菌稀释水试管。

四、实验方法

1．采样

为了获得酚分解能力较强的菌种，可在高浓度含酚废水流经的场所采样，如排放含酚废水下水道的淤泥、沉渣等，在这些地方的微生物往往降解酚能力较强。为了获得既能降解酚又有良好的形成菌胶团能力的微生物，也可在处理含酚废水的构筑物中取活性污泥或生物膜进行分离。

2．单菌株分离

① 将上述采得样品，分别置于装有玻璃珠及石英砂的 250mL 无菌锥形瓶中，在摇床上振荡片刻，使样品分散、细化。

② 分别以稀释平板法和划线分离法在营养肉汤琼脂平板上对样品进行分离。为了减少无关杂菌的生长，可在培养基内添加少量酚液，方法为在无菌培养皿中加入数滴浓酚液，再将加热熔化并冷却至 48℃ 左右的营养肉汤琼脂倾入平皿内，使培养基内最终酚浓度为 50mg/L 左右，然后再作划线分离或稀释分离。

③ 倒置平皿，在 28℃ 下培养 48h 和 72h，分别挑取单菌落，接入营养肉汤琼脂斜面上，28℃ 培养 48h。

④ 将斜面培养物再次在营养肉汤琼脂平板上作划线分离，培养后长出单菌落外观一致证明无杂菌后，接入斜面，培养后置于冰箱中待测。

3．酚分解能力的测定

① 将所分得的菌株在营养肉汤琼脂培养基中振荡培养直对数生长期（28℃，约 16～24h）。

② 在培养物中加入少量浓酚液，使培养液内酚浓度达到 10mg/L 左右，进行酚分解酶

的诱发。

③ 继续振荡培养 2h 后再次加入浓酚液，使培养液酚浓度提高到 50mg/L 左右，继续振荡培养 4h。

④ 用四氨基安替比林比色法（测酚方法请参见“中国医学科学院卫生研究所编著，水质分析法，P191，人民卫生出版社，北京，1972”）测定培养浓中残留酚的浓度，并算出酚的去除率。

4. 菌胶团形成能力试验

① 将已选得的酚分解能力较强的斜面菌株，分别接种在盛有 50mL 灭菌的尿素培养基和蛋白胨培养基的容量为 250mL 的锥形瓶内。

② 28℃摇床上震荡培养 12～16h，凡能形成菌胶团的菌株，培养物形成絮状颗粒，静置后沉于瓶底，液体澄清。

凡酚分解能力较强且又能形成菌胶团的菌株即为入选菌株，经扩大培养后即供生产上使用。

五、实验报告

1. 将所分离到菌株的酚分解能力和形成菌胶团能力列表记录，并说明其中哪些菌株有提供生产性应用的价值。

2. 请为您所筛选到的高效酚分解菌种设计一个扩大培养并在生物转盘上挂膜的方法。

六、注意事项

在实验过程中应逐步提高酚浓度，以诱发菌体内酚降解酶量和活性。

七、思考题

设计一套从自然界筛选分离一株特殊污染物降解能力强的菌株的方案。

实验 15.7 微生物对有机磷农药的降解

一、实验目的

1. 了解微生物对有机磷农药的降解原理。

2. 学会微生物对有机磷农药降解的测定方法。

二、实验原理

作为一种毒性很强的有机磷农药，对硫磷被广泛应用于防治棉花害虫。它可被微生物降解，形成毒性较低的产物，其原理如下：经过驯化的 *Pseudomonas* sp. CTP-01 菌，在对硫磷的诱导下能产生对硫磷水解酶，使该分子上的 P—O 键裂解，生成二乙基硫代磷酸和对硝基酚：

$$(C_2H_5O)_2P(=S)-O-C_6H_4-NO_2 \xrightarrow{\text{对硫磷水解酶}} (C_2H_5O)_2P(=S)-OH + HO-C_6H_4-NO_2$$

对硝基酚在碱性条件下以盐的形式存在，在波长 410nm 处有强烈吸收峰，能够通过分光光度计定量检测。本实验是以对硝基酚的生成量为指标，测定微生物对该有机磷农药的降解速率。

三、实验材料与用品

1. 菌种

Pseudomonas sp. CTP-01。

2. Burk 无机盐培养液

K_2HPO_4 0.5g；KH_2PO_4 0.2g；$MgSO_4 \cdot 7H_2O$ 0.2g；$(NH_4)_2SO_4$ 0.5g；$CaCl_2$ 0.05g；Na-

$MoO_5 \cdot 2H_2O$ 0.0033g；$FeSO_4 \cdot 2H_2O$ 0.005g；蒸馏水 1000mL。

3. 溶液

① 5%对硫磷溶液。100mL 丙酮中含 5g 对硫磷。

② 10mmol/L 对硫磷溶液。100mL 丙酮中含 291mg 对硫磷。

③ 10mmol/L 对硝基酚标准液（储液）。1L 蒸馏水含对硝基酚 1.39g，用 NaOH 调 pH 值为 7.5。

④ 100μmol/L 对硝基酚工作液。将储液稀释 100 倍，调 pH 值至 7.5。

⑤ 14% NaOH 溶液。

4. 仪器及用品

分光光度计（具有波长 410nm）、离心机（4000r/min）、电动搅拌器、恒温水浴、通气泵、摇床、2000mL 玻璃缸、250mL 三角瓶、试管、吸管等。

四、实验方法

1. 菌体的驯育与收集

① 将 *Pseudomonas* sp. CTP-01 的斜面菌种接入装有 100mL Burk 培养液的三角瓶中，加入 0.01mL 5%对硫磷溶液，置摇床上 30℃培养 5 天。

② 将培养 5d 的菌液全部接种于装有 2000mL Burk 培养液的玻璃缸中，加入 0.5mL 对硫磷溶液，在通气、搅拌条件下，30℃保温培养。

③ 细菌生长过程中，由于对硫磷被细菌利用，使培养液颜色变黄，待黄色消失，再补加 1mL 5%对硫磷溶液。严格控制培养液的 pH 值，使其保持在 7.5 左右。

④ 如果培养物生长迅速，可以观察到培养液的颜色变化很快，就必须适当增加对硫磷补加量，一次可加入对硫磷原油 1～3 滴，按步骤③反复补加与培养。直到培养液的混浊度在分光光度计波长 500nm 时，光密度达到 0.2 左右。

⑤ 离心收集菌体，转速为 4000r/min，离心 20min，收集菌体称其湿重，并重新悬浮于 50mL 新鲜 Burk 无机盐培养液中，定容至 50mL，于 4℃保存备用。

2. 对硫磷降解速率的测定

① 取试管 4 支，分别加入 10mL Burk 培养液及 0.1mL 10mmol/L 对硫磷溶液，将试管于 30℃恒温水浴上保温 10min。

② 将其中 3 支试管分别加入 0.2mL 菌液，另 1 支加 0.2mL Burk 培养液，在加入菌液的同时开始计算反应时间，反应 20min。

③ 反应结束应立即在分光光度计波长 410nm 时读其光密度值，以未加菌液的试管为空白对照。

④ 结果取三个平行试验的平均值，必须注意严格控制反应过程的温度、pH 值和反应时间，如果光密度值极低可以适当增加菌液量或延长反应时间。

3. 对硝基酚标准曲线的制备

将对硝基酚工作液稀释至 6μmol/L、5μmol/L、4μmol/L、3μmol/L、2μmol/L、1μmol/L 的浓度，注意调节 pH 值至 7.5。以蒸馏水为对照，在分光光度计波长 410nm 时测各稀释液的光密度值（OD）。将测定结果绘制标准曲线，并求出曲线的斜率 K，即

$$K=\frac{\text{对硝基酚的浓度}(\mu\text{mol/L})}{\text{OD}_{410}}\text{（计算 6 个点的平均值）}$$

4. 对硫磷降解速率计算

$$\text{对硫磷降解速率}[\mu\text{mol/(mg}\cdot\text{min)}]=\frac{\text{OD}_{410}\times K\times\text{反应液体积(mL)}}{\text{反应时间(min)}\times\text{菌体量(mg)}\times 1000}$$

反应液体积＝培养液＋底物量＋菌液量

菌体量为加入菌液的毫升数换算成菌体的湿重。

五、实验报告

1. 绘出对硝基酚的标准曲线。

2. 计算所驯化微生物对对硫磷的降解速率并阐述在降解过程中应注意的事项。

六、注意事项

1. 注意在细菌培养驯化过程中，要严格控制培养液的pH值，使其保持在7.5左右。

2. 在对硫磷降解反应过程中要经常摇动试管，使反应液均匀。

七、思考题

阐述微生物对有机磷农药的降解及测定原理。

实验 15.8　微生物对表面活性剂的降解

一、实验目的

学会微生物对有机物降解的实验方法及降解效率的测定方法。

二、实验原理

表面活性剂是合成洗涤剂的主要有效成分，目前应用较多的是直链型烷基苯磺酸盐类(LAS)。研究表明，环境中表面活性剂的消失几乎全靠微生物的作用，但是微生物的降解能力受到菌株类型、表面活性剂浓度及其他多种物理化学因素的影响。本实验应用一株由处理洗涤剂工业废水的塔式生物滤池中分离得到的LAS降解菌，考查不同起始浓度LAS对微生物降解率的影响。

三、实验材料与用具

1. 菌种

气单胞菌D-4(*Aeromonas* sp. D-4)。

2. 培养基

蛋白胨0.5g；NH_4NO_3 0.5g；KH_2PO_4 0.1g；KH_2PO_4 0.1g；NaCl 0.5g；合成洗涤剂（含LAS者）0.02～0.12g；蒸馏水100mL；pH 6.7～7.2；121℃高压蒸汽灭菌20min。

分别配制4种不同LAS浓度的培养液，使其LAS含量为40mg/L、120mg/L、180mg/L、240mg/L。可根据所采用的洗涤剂型号中LAS含量抽象算，再经实测。培养液分装于500mL三角瓶，每瓶注100mL，不同LAS浓度标记清楚，121℃高压蒸汽压菌20min备用。

3. 实验溶剂

(1) 亚甲基蓝溶液　称取100mg亚甲基蓝溶于蒸馏水后稀释至100mL。移取该液30mL于1000mL容量瓶中，加6.8mL分析纯浓H_2SO_4及50g $NaH_2PO_4 \cdot 2H_2O$，用蒸馏水溶解后加入容量瓶并稀释至1000mL刻度处。

(2) LAS标准溶液　称取LAS 0.5g(99.5% LAS标准品）溶于蒸馏水，稀释至500mL，此液LAS浓度为1mg/mL。取此液10mL稀释至1000mL，则LAS浓度为0.01mg/mL。

(3) 洗涤液　取6.8mL分析纯浓H_2SO_4及50g $NaH_2PO_4 \cdot 2H_2O$溶于蒸馏水并稀释至1000mL。

4. 实验仪器与用具

恒温振荡器，分光光度计（波长652nm)，离心机，500mL三角瓶，250mL分液漏斗，50mL、100mL、500mL、1000mL容量瓶及量筒，吸管，脱脂棉等。

四、实验方法

1. 接种

取气单胞菌D-4斜面菌种1支，以10mL无菌水洗下菌苔，充分摇匀打散，制成浓菌液。每瓶培养液中接入菌液1mL，每种LAS浓度接2瓶，另设1瓶不接种作对照。

2. 培养

将接种与不接种的对照瓶置振荡器上，控制转速为170～220r/min，于(32±1)℃恒温振荡培养48h。培养结束时，将培养液离心以除去菌体（8000r/min离心10min或4000r/min离心30min），离心后之上清液留作测定LAS用。

3. LAS测定

LAS和亚甲基蓝可生成蓝色化合物，并溶于氯仿等有机溶剂中。

(1) 绘制标准曲线　取0mL、2mL、5mL、10mL、15mL、20mL LAS标准液(0.01mg/mL)分别稀释至100mL制成不同浓度标准液。将标准液100mL装于250mL分液漏斗中，用H_2SO_4调节pH值至微酸性，加亚甲基蓝液25mL。

① 向上述分液漏斗中加氯仿10mL，猛烈振荡30s，静置分层，将氯仿层排入另一个250mL分液漏斗中，如此提取3次。

② 洗涤：在上述接纳了三次氯仿提取液的分液漏斗中加入50mL洗涤液，剧烈振荡30s，静置分层，将分液漏斗中的氯仿层缓缓放下至一个50mL容量瓶中。

③ 再次提取：加氯仿6mL于上述步骤②分液漏斗的水液中，振荡分层后将氯仿层并入上述步骤②容量瓶中。如此提取3次，然后用氯仿将容量瓶中液体稀释至50mL刻度处。

④ 测定LAS：用纯氯仿做空白对照，用分光光度计固定波长为652nm，测定各标准液的光密度值（OD）。以光密度值作纵坐标，LAS的毫克数（LAS原标准液浓度0.1 mg/mL×所取该液的毫升数）作横坐标，绘制标准曲线，并通过图解法求出标准曲线的斜率K。

(2) 培养液测定　吸取离心后的培养液上清液1～10mL，放于250mL分液漏斗中，用蒸馏水稀释至100mL。以下步骤同绘制标准曲线时的步骤，测得样品的氯仿提取液的光密度值。按下式计算样品中LAS浓度。

$$\text{LAS(mg/L)}\frac{\text{OD}_{652}\times 1000}{\text{标准曲线斜率}\times\text{水样体积(mL)}}$$

4. LAS降解度计算

$$D=\frac{C_0-C_t}{C_0}\times 100\%$$

式中，D为降解度，%；C_0为振荡培养开始时的起始LAS浓度，mg/L；C_t为振荡培养若干小时后的残留LAS浓度，mg/L。

如果未接菌液的空白对照经培养后，LAS也有所减少，其差值为C'(mg/L)，则

$$D=\frac{C_0-(C_t+C')}{C_0}\times 100\%$$

五、实验报告

1. 绘出对LAS的标准曲线。
2. 计算微生物对LAS的降解速率并阐述在降解过程中应注意的事项。
3. 分析不同浓度的LAS对微生物的降解速率的影响。

六、注意事项

严格按照LAS的氯仿提取步骤进行提取，否则会影响测定结果。

七、思考题

1. 简述 LAS 测定的原理和步骤，应该注意哪些方面？

2. 不同 LAS 浓度对微生物降解速率有影响吗？为什么？

实验 15.9 微生物细胞的固定化及其在废水生物处理中的应用

一、实验目的

1. 学会微生物细胞固定化方法。

2. 了解不同固定化方法的优缺点。

二、实验原理

早在 1916 年，Nelson 等人曾将蔗糖酶吸附在活性炭和氢氧化铝胶上，首次制备成固定化酶。但直到 20 世纪 50 年代，固定化酶的研究才被人们所关注，20 年代迅速发展起来。制备固定化酶首先需制备微生物细胞，然后再从细胞中提取酶，而从工业生产应用上考虑，固定化酶的稳定性并不十分满意。将微生物细胞直接固定化不仅可克服上述缺点，而且可大大提高酶的得率，降低生产成本，所以近年来微生物细胞固定化的研究越来越引起人们的关注。

废水生物处理是利用微生物体内的酶系（主要为氧化酶、水解酶等）将有机物质氧化、分解。菌体经固定后，细胞内酶系仍能发挥其催化作用，人们可将固定后的菌体接在合适的反应器内，用来处理有机废水。

三、实验材料与用具

1. 培养基

营养肉汤培养基

2. 250mL 锥形瓶、摇床、电磁搅拌器

3. 试剂

N,*N*′-双丙烯酰胺，丙烯酰胺，醋酸丁酯，过硫酸铵，四甲基乙二胺（TEMED），海藻酸，氯化钙，琼脂（优质），明胶，戊二醛，0.05mol/L pH7.5 磷酸盐缓冲液，0.85%生理盐水。

四、实验方法

1. 菌体的制备

① 将实验 15.7 中分离获得的高效酚分解细菌在营养肉汤培养基中进行扩大培养。方法为：配制营养肉汤培养基 10000mL，分装 250mL 锥形瓶，每瓶 50mL，共 200 瓶，121℃高压灭菌 20min。接入酚分解细菌后置于摇床，室温振荡培养 48h。

② 在上述细菌培养液中加 1%醋酸丁酯后，在离心机上离心（3500r/min）15min，弃去上清液，得糊状混菌体，置于冰箱，备用。

2. 聚丙烯酰胺法

① 在 50mL 烧杯 a 中，称取 *N*,*N*′-双丙烯酰胺 0.78g、丙烯酰胺 11.05g，加 0.05mol/L pH7.5 磷酸盐缓冲液 40mL。

② 在另一只 50mL 烧杯 b 中，称取备用酚分解细菌湿菌体，加 0.05mol/L pH7.5 磷酸盐缓冲液 12mL。

③ 将 a 杯内容物倒入 b 杯中，放入冰水浴中搅匀。

④ 加催化剂 TEMED(四甲基乙二胺)0.65mL，再加触发剂 5%过硫酸铵，边加边搅拌，静置片刻，即凝结成块。将块切成片状，用 10 目分样筛过目。

⑤ 将上述固定化酚分解细菌颗粒用生理盐水和 0.05mol/L pH7.5 磷酸盐缓冲液洗涤，

滤干，置于冰箱备用。

3. 海藻酸保埋法

① 取1g酚分解细菌湿菌体均匀混于10mL 3%海藻酸中。

② 用1号注射器将上述混合液注入0.01mol/L或0.02mol/L氯化钙溶液中，酚降解菌即固定于所形成的圆珠形颗粒中。用生理盐水和蒸馏水淋洗，存放冰箱备用。

4. 琼脂包埋法

① 称取3g酚分解细菌湿菌体悬浮于24mL生理盐水中。

② 将48mL9%的琼脂加热熔化后冷至50℃，迅即与细胞悬液搅拌混匀，置于冰箱迅速冷凝，得最终浓度为6.0%的固定化细胞凝胶。

③ 将凝胶切成3～4mm^3的小块，以480mL生理盐水和1500mL蒸馏水依次淋洗，滤干，存放冰箱备用。

5. 明胶戊二醛包埋法

① 将10g湿菌体和5mL10%明胶溶液充分混匀。

② 加入0.5mL 25%戊二醛溶液，待凝结后用10目分样筛过目，浸于1%的戊二醛溶液中，使总体积为50mL，于4℃冰箱放置过夜。

③ 用生理盐水洗涤凝胶块，存放冰箱备用。

6. 固定化细胞酚分解活力的测定

① 取1g未包埋的酚分解细菌湿菌体，置于50mL烧杯中，加入浓度为100mg/L的苯酚溶液50mL。将烧杯置于28℃恒温室中，并以电磁搅拌器搅拌0.5h，测上清液酚含量，计算酚去除率。

② 取由1g湿细胞包埋而成的固定化细胞颗粒，依照上法反应0.5h后测酚含量，计算酚去除率。

③ 计算：

$$\text{固定化细胞酶活力相对回收率}=\frac{\text{菌体固定化后的酚去除率}}{\text{菌体固定化前的酚去除率}}\times 100\%$$

7. 利用固定化细胞柱（反应器）处理含酚废水

将上述制备得到的固定化酚分解细菌颗粒装入玻璃柱中即制成固定化细胞柱。在28℃恒温室中平衡后，向柱中加入浓度为150mg/L的苯酚溶液，控制进水在反应器中停留1h的流速，收集流出液，测定其酚的含量，算得固定化细胞柱对酚的去除率。

五、实验报告

记录并计算各种固定化酚分解细菌制备物的酶活力相对回收率。

六、注意事项

固定化试剂、固定化条件以及固定化过程的放热等因素均影响固定化微生物颗粒的活性，所以在固定化试剂和条件的选择上应注意。

七、思考题

1. 固定化微生物有什么优点？有哪些缺陷？在污染物处理和环境监测上有什么应用前景？

2. 如何提高固定化细胞的酶活力回收率？

实验 15.10 微生物吸附法去除重金属

一、实验目的

了解掌握生物吸附法去除重金属离子的方法。

二、实验原理

生物吸附就是用生物材料（藻类、真菌、细菌及其代谢产物）吸附水溶液中重金属，具有吸附剂来源丰富、选择性好、去除效率高等特点，其在低浓度废水处理中具有独特优势。在后处理时，用一般的化学方法如调节 pH 值、加入较强络合能力的解析剂，就可以解析生物吸附剂上的重金属离子，回收吸附剂，循环利用。

随着经济的快速发展、废水的大量排放、土壤和水体中重金属积累的加剧，重金属污染越来越受到人们的关注，治理和回收重金属也成为一个热点。由于重金属来源不同、种类不同，而且在溶液中存在的形态不同，因而处理方法也不同。含重金属废水的传统处理方法有三类：第一类是废水中重金属离子通过化学反应除去；第二类是使废水中的重金属在不改变其化学形态的情况下进行吸附、浓缩和分离；第三类是借助植物或微生物的吸收、积累、富集等作用除去废水中重金属。具体方法有生物絮凝法、生物吸附法。该法以其原材料来源丰富、成本低、吸附速率快、吸附量大、选择性好等优势受到越来越多的重视。

三、实验材料和用具

1. 菌种

酿酒酵母

2. 培养基及试剂

PDA 液体培养基 50mg/L $Pb(NO_3)_2$ 溶液，0.5% H_2SO_4，0.5% NaOH，1% HCl 溶液，1mol/L HCl 溶液，95%乙醇，双蒸水。

3. 仪器及其他用具

分光光度计，精密 pH 计，高压灭菌锅，天平，离心机，烘箱，三角瓶，烧杯，搅拌棒，离心管。

四、实验方法

1. 菌体的培养

将酿酒酵母斜面菌种接种至种子培养基中，28℃振荡培养 48h，然后转接至液体培养基中，28℃振荡培养 48h，5000r/min 离心 10min，弃去上清，收集菌体待用。

2. 菌体的预处理

用蒸馏水洗涤 3 次然后离心（5000r/min 离心 10min，下同），将 0.095g 的微生物菌体分别浸泡于 0.1mol/L 的 10mL NaOH、0.1mol/L 的 10mL HCl 或 30%的乙醇中 40min（28℃），然后用蒸馏水洗涤 3 次，离心备用，以不经处理的菌体为对照。

3. 吸附实验方法

分别称取 200mg（干重）经预处理过的生物材料于各瓶中，加入 100mL 50mg/L $Pb(NO_3)_2$溶液，然后置于振荡器上振荡 24h（21℃），通过滴加 0.5%NaOH 或 HCl 溶液调节在吸附平衡期间的 pH 值，使 pH 值保持在 5。用 0.45μm 的膜过滤，用原子吸收分光光度计测定滤液中剩余的重金属离子浓度。

4. 重金属解吸实验

将吸附了重金属的菌体投入到 0.1mol/L 的 Na_2CO_3、0.1mol/L CH_3COOK、0.1mol/L EDTA 或 HCl 水溶液中，调节 pH 为 2，在 30℃下解吸 1h，使用蒸馏水对解吸后的菌体洗涤 3 次，离心后备用。

5. 再生菌体和回用实验

重复步骤 3. 和 4.，进行回用实验。

五、实验报告

1. 比较不同处理方法的菌体在重金属处理效率上的差异，为什么会有这种差异？

2. 比较再生菌体和原菌体在去除效率上的不同，为什么会有这种差异？

六、注意事项

菌体培养时间不同会影响到对重金属的吸附效果，所以菌体培养时间应严格控制不可过长。

七、思考题

1. 举例说明现实生活中利用微生物吸附重金属的例子，并说明其原理。

2. 哪些条件影响菌体对重金属的吸附效果？

实验 15.11　生物过滤法对含氨废气的处理

一、实验目的

1. 了解并掌握生物过滤法处理废气的过程和基本方法。

2. 了解生物过滤箱的基本构造和处理废气的基本原理。

二、实验原理

生物过滤箱中的多孔填料表面覆盖有生物膜，废气流经填充床时，通过扩散过程，气相中的污染物通过气液界面进入到附着在滤料表面的生物膜中，与生物膜内的微生物相接触而发生生物化学反应，从而使废气中的污染物得到降解，同时生物量增加。

三、实验材料与用具

1. 生物过滤系统

生物过滤系统包括气源、气体控制系统（流量计、阀、输气管等）、气体混合室和生物过滤箱反应器，见图 15-17。

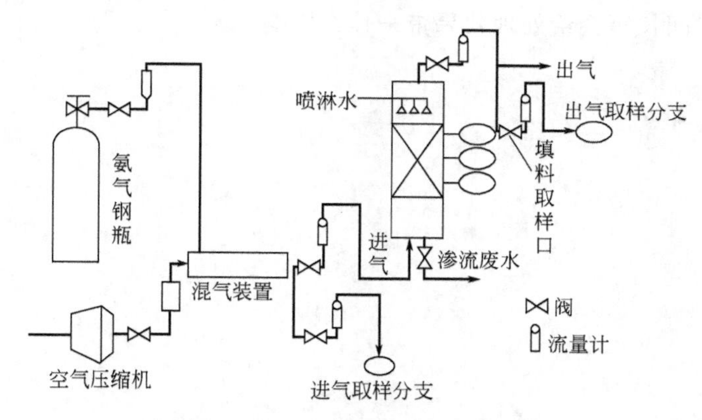

图 15-17　生物过滤系统示意图

生物过滤箱为封闭式装置，主要有箱体、生物活性床层、喷水器组成。床层由多种有机物混合制成的颗粒状载体构成，有较强的生物活性和耐用性。微生物一部分附着于载体表面，一部分悬浮于床层水体中。

2. 仪器

分光光度计

四、实验方法

1. 含氨废气的配置

调节氨气和空气的进气量，使混合气体的氨气浓度约为 150mg/m^3（生物过滤箱处理废气时，进气浓度一般不超过 5g/m^3）。

2. 生物过滤系统的主要参数设计

(1) 停留时间 停留时间是一个重要的操作参数，不同的停留时间决定了系统具有不同的负荷，停留时间越短，系统处理负荷越高。本实验采用的是停留时间为35s。

(2) 进气浓度和流量 反应器中氨气的进气浓度为150mg/m^3，进气流量为0.5g/h。

(3) 生物过滤箱内的pH值 生物过滤箱内的大部分微生物在接近中性的环境中生物活性较高，去除率也较高。

(4) 生物过滤箱床层的高度 床层的高度一般在0.5～1.5m，过高会增加气体流动阻力，太低则易产生沟流现象，可以采用多层床结构以减少占地面积。

(5) 滤料的湿度 生物过滤箱床层湿度对处理效果有很大影响，本层的湿度过高，导致床层减少，氧传递困难，流动阻力损失增加，从而导致处理效果下降。湿度过低会导致气相污染物难以转移到载体表面，填料老化快，床层老化快，床层干裂，微生物活性降低。一般控制床层（填料＋微生物）含水率在40％～60％左右。生物过滤箱系统上方要设置水喷淋器以保持湿度，同时还具有冲洗作用。进气进行加湿处理可以使水分分布均匀。

3. 生物过滤箱处理含氨废气

运行生物过滤箱系统后，对进气和出气进行采样，测定气体中氨的量，计算氨的去除率。

五、实验报告

测定氨的进气和出气浓度，计算氨的去除率。

六、思考题

1. 处理含氨废气时，进气浓度不能过高，为什么？

2. 为什么滤料的湿度要适当？湿度过高或过低会带来什么问题？

3. 废气停留时间长短会给处理效果带来什么影响？

第十六章　固体废物处理与资源化方法

在人类生产和生活过程中，往往有一些固体或泥状物质被丢弃，我们称这些暂时没有利用价值的物质为固体废物。固体废物的种类很复杂，按其化学成分可分为有机废物和无机废物；按其形状可分为固体废物和泥状废物；按其危害状况可分为有害废物和一般废物；按其来源可分为工业废物、城市垃圾和农业固体废物等几类。

随着人类大规模地开发和利用资源以及城市人口剧增，工业固体废物与城市生活垃圾数量逐年增大。这些固体废物的处理花费了巨大的人力、物力和财力，成为人类社会的一种负担，有些含有害物质的固体废物的不适当处理和堆放，还造成了对土壤、水域和大气环境的严重污染。但固体废物一般具有两重性，它在占用大量土地、污染环境的同时，本身又含有多种有用物质，是一种资源。

固体废物处理目的就在于消除污染，将这些物质经无害化处理后归还到生态系统中去，且不危及人体健康。20 世纪 70 年代以前，世界各国对固体废物的认识还只是停留在处理和防止污染上。70 年代以后，由于能源和资源的短缺以及对环境问题认识的逐渐加深，人们已由消极的处理转向废物资源化。资源化就是采取管理或工艺等措施，从固体废物中回收有利用价值的物资和能源。对一些可被微生物分解利用的有机废物，已越来越多地采用微生物学方法处理。

实验 16.1　垃圾堆肥中纤维素分解菌的计数和分离

一、实验目的

了解纤维素分解菌一般的计数和分离的方法。

二、实验原理

纤维素是自然界中存在的最多的一类有机物，它是高等植物主要的组分。垃圾堆肥是使垃圾在微生物的作用下，将其中的有机物降解和转化成腐殖质，同时产生一定的热量，杀除病原微生物的一种处理方法，它是国内外城市垃圾处理和处置中最主要的方法之一。垃圾中含有大量纸、布、竹、木以及厨房废物（植物残渣）等类纤维质物质，不仅数量多，而且难以降解，因此，堆肥时，这类纤维素分解菌的生长繁殖及其对纤维素的分解往往是垃圾腐熟的一个重要标志和必不可少的环节。在垃圾堆制过程中，我们必须了解堆肥中纤维素分解菌的数量、种类及其动态变化状况，此外还可筛选寻找高效的纤维素分解菌以缩短堆肥周期。

三、实验材料和用具

1. 培养基

（1）杜氏（Dubos）纤维素培养基　$NaNO_3$ 0.5g；KCl 0.5g；K_2HPO_4 1g；$Fe_2(SO_4)_3 \cdot 7H_2O$ 痕量；$MgSO_4 \cdot 7H_2O$ 0.5g；滤纸；蒸馏水 1000mL；将滤纸剪成小条放入试管中，使滤纸条稍露出培养基为宜。

（2）不溶性纤维素糊精培养基　在冷的乳钵中加入粉末滤纸 20g，徐徐加入冷硫酸（72%）约 100mL。钵周围用冰冷却，勿使温度超过 10℃，仔细磨碎。放置 1～1.5h，使其充分分散后，投入 600mL 冰水之中，再静置 15～30min，沉淀物即为纤维素糊精。用布氏漏斗过滤，并用水、稀碱、水反复清洗，以此纤维素糊精为基础制备琼脂培养基。

(3) 水溶性纤维素糊精培养基 将在制备不溶性纤维素糊精培养基时得到的滤纸，用碳酸钙或氢氧化钡处理，除去沉淀物之后，将上清液浓缩（1L 浓缩至 200～300mL）。加 95% 酒精，使酒精浓度最终达到 80%，即生成白色水溶性纤维素糊精（酒精中不溶），过滤后作为培养基的原料。

(4) 奥氏（Omeliansky）纤维素培养基 $(NH_4)_2SO_4$ 或 $(NH_4)_2HPO_4$ 10g；K_2HPO_4 1.0g；$MgSO_4 \cdot 7H_2O$ 0.5g；$CaCl_2$ 2.0g；NaCl 痕量；滤纸；蒸馏水 1000mL；pH 7.3；滤纸剪成小条，加入试管后部分稍露出液面。

2. 灭菌 9mL 无菌稀释水、灭菌移液管。

3. 液体石蜡、新华滤纸、吐温 80。

4. 垃圾堆肥。

四、实验方法

1. 好气性纤维素分解菌的计数和分离

① 取垃圾堆肥 10g（注意避免采集含有大石块、泥土、金属的堆肥），放在装有 90mL 无菌水的锥形瓶中，加入吐温 80 表面活性剂少许，充分振荡，摇匀成 10^{-1} 稀释液。

② 按 10 倍稀释法，稀释成 10^{-4}、10^{-5}、、10^{-6}、10^{-7} 的堆肥稀释液。

③ 用灭菌移液管，吸取 1mL 上述稀释液到装有 9mL 杜氏纤维素培养基的试管里，试管里预先装入剪成长方形的滤纸条使其一部分露出液面，置于 40℃下培养。

④ 不断观察，注意液面附近的滤纸变薄或出现的斑点，分解旺盛的滤纸会被完全切断。根据出现生长的试管数及样品稀释倍数，查表 11-2 以计数。

2. 好气性纤维素分解细菌的分离

① 挑选上述计数试管中正在破碎的滤纸，适当稀释。

② 用接种针挑取少量培养物，在不溶性纤维素糊精培养基及水溶性纤维素糊精培养基琼脂平板上划线分离。

③ 在 40℃下培养，待长出菌落后接入斜面保存。

3. 厌气性纤维素分解菌的计数和分离

① 按 1. 所述步骤作计数，但试管中采用奥氏培养基。

② 在试管中加入样品稀释液 1mL 后，再加入液体石蜡密封。

③ 根据滤纸破坏程度，参照 1. 计数。

④ 取上述出现生长的试管，挑取其黄色斑点部位，在纤维素糊精培养基上划线分离，并按常规厌气培养。

4. 纤维素分解真菌的计数和分离

按步骤 1. 进行计数和分离，杜氏培养基 pH 调至 4.0～4.5，使真菌选择性生长。

五、实验报告

将不同垃圾堆肥样品中各类纤维素分解微生物的数量列表记录，结合堆肥进程，了解堆肥过程中各种纤维素分解菌的种类和数量动态变化状况。

六、思考题

1. 本实验培养基中加入滤纸的作用是什么？

2. 培养液中生长出来的微生物是否全是纤维素分解菌，为什么？

实验 16.2 利用酒精废液生产单细胞蛋白

一、实验目的

1. 学习利用酒精废液生产单细胞蛋白的技术。

2. 掌握凯氏定氮法。

二、实验原理

单细胞蛋白（Single Cell Protein，SCP）是通过培养单细胞生物而获得的菌体蛋白质。用于生产单细胞蛋白的单细胞生物包括微型藻类、非病原性细菌、酵母菌类和高等真菌。它们可利用各种基质如碳水化合物、碳氢化合物、石油副产物、氢气及有机废水等在适宜条件下生产单细胞蛋白。菌体中所含蛋白质的含量随菌种的类别及基质而异。一般单细胞蛋白的蛋白质含量可达40%～80%，与传统食品的营养成分比较，蛋白质的含量均高于禾谷类。单细胞蛋白中的赖氨酸含量高，但含硫氨基酸的含量较低。酵母生产的石油单细胞蛋白中各种必需氨基酸与大豆蛋白质的含量极为接近。由此可见，SCP的开发与生产为解决人类食品和饲料问题开辟了新的途径。

单细胞蛋白与动植物蛋白的生产相比有许多优点：

① 微生物的世代时间短，增殖速度快。

② 微生物遗传性状易于改良，较易获得人们需要的突变株。

③ 微生物的蛋白质含量高，以干物质计算，细菌的蛋白质含量可达47%～87%，丝状真菌可达30%～60%，藻类可达40%～64%，酵母的蛋白质含量最高可达75%，另外，这类蛋白质还含有丰富的B族维生素和必需的氨基酸。

④ 原料来源易得，适于生产单细胞蛋白质的原料有矿物资源、纤维素资源、糖类和淀粉资源、石油和甲醇制品以及各种农副产品加工废弃物等。

⑤ 单细胞蛋白质可以连续发酵生产，不受气候条件变化的影响，仅需少量土地和水。据估计，一个年产10万吨的单细胞蛋白工厂，如以粗蛋白含量为45%的酵母计相当于55万亩土地所产大豆蛋白质总量之和。

蛋白来源不足是我国发展畜牧业、饲养业和养殖业的限制因素，据不完全统计，我国蛋白的年短缺量为1000万吨。利用科学技术发展单细胞蛋白生产以解决饲料和食物中蛋白质不足，具有巨大潜力。在世界各国已给予相当的重视，在动物饲料中已开始应用。酵母富含粗蛋白质，氨基酸中的赖氨酸、色氨酸、苏氨酸、异亮氨酸等几种主要必需氨基酸含量较高；酵母也含有丰富的B族维生素，如啤酒酵母含核黄素为38mg/kg，硫胺素94mg/kg；酵母含有大量的磷，其磷的含量仅次于糠麸类饲料，因而酵母已被广泛应用于饲料工业。

酒精废液是一种尚未找到很好处理方法的废水，目前国内酒精厂将废糟沉淀分离，沉淀物再进一步干燥，加工成饲料，而清液就排掉了。这样既浪费了一些有用成分，又污染环境。在啤酒生产中，糖化后的洗糟废水是和其他工序的废水一道进行处理，由于该废水中通常含有较多的糖分，其COD高达3000～7000mg/L，若按传统的方法处理即使达标排放，既增加了处理过程的有机物负荷，又浪费了其中一些可利用的资源。单细胞蛋白作为蛋白饲料在发展畜牧业中的重要作用早已为世人所公认，而利用非食用资源特别是废弃资源作原料，通过微生物的作用以工业方式生产SCP更具有变废为宝的重大意义。

三、实验材料和用具

1. 菌种

热带假丝酵母（*Candida tropicalis*）种内融合株Ct-3，中华人民共和国轻工部QB 596-82标准规定，该酵母菌株系饲料用生产菌株。

2. 培养基

① 麦芽汁液体种子培养基：麦芽汁12°Bx。

② 麦芽汁琼脂培养基：麦芽汁+1.5%琼脂。

③ 酵母复壮培养基：酵母膏1.0g，葡萄糖2.0g，$MgSO_4$ 0.5%，蒸馏水加至1000mL，

pH 自然。

④ 发酵培养基：酒精废液 1000mL，$NaH_2PO_4 \cdot H_2O$ 2g，pH 自然。

⑤ 酒精废液：来自酒厂，含还原糖 0.40%～0.65%，液态氮 0.38～0.40g/L，pH 3.8～4.0，COD 20000～30000mg/L。

3. 指示剂

① 甲基红-溴甲酚绿混合指示剂：3 份 0.1%溴甲酚绿溶液和 1 份 0.2%甲基红溶液混合液。

② 0.2%甲基红溶液：0.2%甲基红溶于 100mL 60%乙醇中。

③ 0.1%溴甲酚绿溶液：0.1%溴甲酚绿溶于 100mL 含有 1.43mL 0.1mol/L 氢氧化钠溶液。

4. 试剂

锌粒，0.85%灭菌生理盐水，硫酸钾，硫酸铜，浓硫酸，40%氢氧化钠溶液，6mol/L 和 0.1mol/L HCl 溶液，4%硼酸溶液。

5. 仪器及其他用具

恒温水浴箱，隔水式培养箱，恒温振荡器，高压灭菌锅，低温冰箱（－80℃），高速离心机，显微镜，培养皿（直径 9cm），试管（1.5cm×10cm），三角瓶（100mL、250mL、500mL、1000mL），烧杯（150mL、500mL），721 分光光度计，pH 计，BOD/COD 快速测定仪，凯氏定氮装置，分析天平，超净工作台，氨基酸自动分析仪。

四、实验方法

1. SCP 的制备

（1）菌种复壮培养　配制复壮培养基，挑取保藏于冰箱中的斜面菌种于复壮培养基中，在恒温振荡器中 28℃、150r/min 振荡培养 36h。

（2）种子培养　配制麦芽汁琼脂培养基，接种复壮培养液，在隔水式培养箱中，28℃培养 36h。配制麦芽汁液体培养基，从麦芽汁培养基上挑取单菌落于麦芽汁液体培养基中，在恒温振荡器中 28℃、150r/min 振荡培养 36h。

（3）菌种的保藏　配制麦芽汁琼脂培养基，制成斜面。从麦芽汁琼脂培养基上接种于斜面，28℃培养 36h 后放置在 4℃保藏。

（4）发酵培养。配制发酵培养基，从麦芽汁琼脂培养基上挑取单菌落于发酵培养基中，在恒温振荡器中 28℃、150r/min 振荡培养 36h。

（5）单细胞蛋白的获得　将发酵培养物在 3500r/min 离心 20min，沉淀物用去离子水洗涤三次，离心去除水溶性氮，取沉淀物 100℃烘干得单细胞蛋白，称量菌体的干重。

2. 单细胞蛋白含量的测定——凯氏定氮法

（1）消化　精密称取经粉碎的 SCP 试样 1.0～1.5g，小心置于一干燥洁净的 500mL 凯氏烧瓶内（注意勿使样品黏附在瓶壁上）；加 5g 硫酸钾和 0.5g 硫酸铜，小心加入浓硫酸 30～40mL；瓶口放一漏斗，斜置烧瓶于电炉。先小心加热，待内溶物完全炭化，大量泡沫消失后，加大火力。在消化中要时常转动烧瓶，使全部样品都浸泡在硫酸中，消化液在轻度回流的状况下维持 2～3h。待消化液变成褐色后，为加速完成消化，可将烧瓶取下，稍冷，加入 40%的氢氧化钠 1～2 滴到烧瓶底部，再继续消化直至消化液由淡黄色变成清晰的淡蓝绿色，取下漏斗，冷却至室温。

（2）蒸馏　按图 16-1 连接好蒸馏装置。将凯氏烧瓶取下，将约 150mL 蒸馏水分次加入瓶中，摇匀冷却。在 250mL 锥形瓶内加入 4%硼酸 50mL、溴甲酚绿-甲基红混合指示剂 3 滴，作吸收瓶用，将冷凝管下端插入吸收瓶液面以下。检查蒸馏装置无漏气后，取下凯氏烧瓶，小心在瓶内加入40%氢氧化钠溶液约120mL，并不断摇匀，至瓶内溶物转为深蓝色或褐色沉淀时，迅速加入2粒锌粒，防止暴沸。连接蒸馏装置，加热蒸馏，至氨被完全蒸出（凯氏烧瓶内的溶液减少为原来的1/2），将冷凝管尖端提出液面，用蒸汽冲洗（此时用pH试纸检测，若为中性，表明氨已蒸出，若为碱性，继续蒸馏），移去接收瓶，停止加热。

（3）滴定　用0.1mol/L HCl标准溶液滴定吸收液至灰红色为终点。记录消耗0.1mol/L HCl标准溶液体积V_1(mL)，以同样的方法，除不加试样外，从消化开始做试剂空白试验。记录空白消耗标准盐酸溶液的体积V_0(mL)。

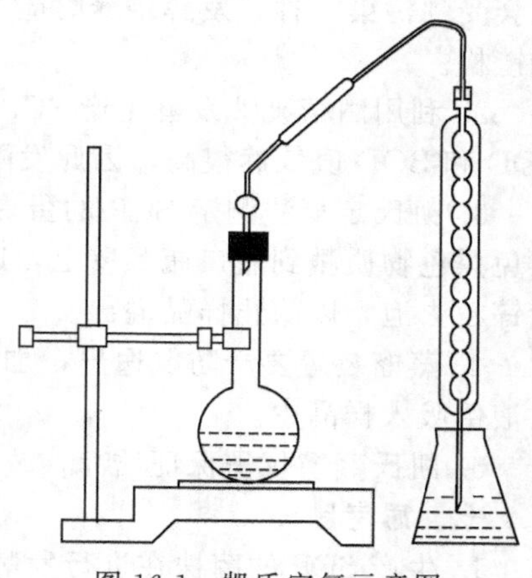

图16-1　凯氏定氮示意图

（4）计算

$$粗蛋白质(\%)=\frac{(V_1-V_0)\times 0.01401}{W}\times 6.25\times 100$$

式中，W为样品的质量，g。

3. 氨基酸组成测定

发酵生产的SCP经6mol/L HCl于110℃氮气保护下水解2h，用氨基酸自动分析仪测定SCP的氨基酸组成。

4. 酒精废液COD和BOD的降解率

利用BOD/COD快速测定仪，测定发酵前后酒精废液的COD_{Cr}和BOD_5。

五、实验报告

1. SCP蛋白质的含量和氨基酸组成（表16-1、表16-2）。

表16-1　热带假丝酵母发酵生产SCP实验结果记录

类别	产量	含量	类别	产量	含量
SCP		（粗蛋白）	Cys		
氨基酸			Ile		
Asp			Leu		
Glu			Lys		
Ser			Arg		
Tyr			Phe		
Gly			Trp		
Gln			His		
Asn			The		
Met			Val		
Pro			Ala		

2. 酒精废液的COD和BOD的降解率。

表16-2　COD_{Cr}和BOD_5降解率结果

项目	发酵	发酵后/(mg/L)	降解率/%
COD_{Cr}			
BOD_5			

六、注意事项

1. 微生物的发酵培养应重视无菌操作，尤其是种子的培养，源头受到污染，整个发酵均会受到污染。种子发酵培养时应严格按照无菌操作要求，在发酵培养之前对种子发酵液进行镜检。

2. 利用酒精废液发酵生产 SCP 后，发酵液的 COD 和 BOD 虽然在明显降低，但废液的 COD 和 BOD 值依然很高，因此发酵结束后的废液，需处理后才能排放。

3. 凯氏定氮法测定 SCP 的蛋白质含量时，初始加热条件需严格控制，火力先小后大，避免黑色物质溅到瓶口瓶颈壁上，以致影响测定结果。消化样品时，如泡沫太多，可加入少量锌粒去泡，以防止样品溢出。

4. 蒸馏装置要严防氨逸出，加样时最好将加热装置撤离。蒸馏过程不能中断，以免吸收液倒吸入样品中。

5. 凯氏蒸馏仪需保证洁净，蒸馏后及时清洗蒸馏仪。

七、思考题

1. 生产 SCP 的菌株在进行发酵培养之前为什么要复壮？斜面菌种可保藏多久？

2. 试阐述利用酒精废液发酵生产 SCP 意义和缺陷。

实验 16.3 固体废物的固体发酵

一、实验目的

学习了解固体发酵处理固体废物的原理方法。

二、实验原理

固体发酵（Solid state fermentation）指利用自然底物做碳源及能源，或利用惰性底物做固体支持物，其体系无水或接近于无水的任何发酵过程，是解决能源危机、治理环境污染的重要手段之一。农业、林业和食品等工业部门的许多废物，常对环境造成巨大的污染，但工农业残渣常含有丰富的有机质，可作为微生物生长的理想基质。所以人们倾向于以工农业残渣做底物，对其加以综合利用，不但可以使废弃物变为有经济价值的资源，而且可以减轻环境污染，化害为利。

固体发酵的一个重要应用领域就是利用微生物转化农作物及其废渣，以提高它们的利用价值，减小对环境的污染。全世界每年由光合作用产生的纤维物质极为丰富，我国纤维素物质亦相当丰富，仅农业生产中形成的农作物废物（如稻草、玉米秸、麦秸等）每年约 4 亿吨，其中水稻秸秆占很大一部分，因此合理开发和科学利用这一丰厚的天然资源是各国政府及科学家一直致力于研究和开发的重点领域。对秸秆通过固体发酵进行处理，可以避免简单秸秆还田在腐解过程中可能对土壤造成的破坏，此外，还可以促进秸秆的快速腐解、降低 C/N。

三、实验材料和用具

1. 菌种

纤维分解菌，自生固氮菌。

2. 培养基及试剂

（1）纤维分解菌 磷酸二氢钾（KH_2PO_4）1g；氯化亚铁（$FeCl_2 \cdot 6H_2O$）0.01g；无水氯化钙（$CaCl_2$）0.1g；硝酸钠（$NaNO_3$）2.5g；硫酸镁（$MgSO_4$）0.3g；氯化钠（NaCl）0.1g；甲基纤维素钠（CMC·Na）10g；蒸馏水 1000mL；0.1MPa 灭菌 20min。

（2）自生固氮菌采用无氮培养基 蔗糖 10g；磷酸二氢钾（KH_2PO_4）2g；硫酸镁（$MgSO_4 \cdot 7H_2O$）0.6g；氯化钠（NaCl）0.1g；碳酸钙（$CaCO_3$）1g；pH 7～7.2，0.1MPa 灭菌 15min。

（3）试剂 0.1mol/L 盐酸，氨氮测定试剂（见实验 12.2），秸秆粉。

3. 仪器及其他用具

天平、广口瓶、灭菌锅、三角瓶、恒温摇床。

四、实验方法

1. 将纤维分解菌和自生固氮菌分别在相应活化培养基上活化。

2. 将活化后的纤维分解菌和自生固氮菌接入液体培养基中，振荡培养，所得菌液用于固体发酵的接种液。

3. 秸秆加盐酸水解

将秸秆用0.1mol/L的盐酸在常压下25℃水解3h，以去除表面蜡质，利于纤维分解菌和固氮菌的利用。

4. 取出秸秆，水洗后，用CaO调节pH值至6.0左右。

5. 调水分至50%～60%左右，此时手抓湿润，但水不流出。

6. 调C∶N，加2%尿素、1%淀粉，装入广口瓶中，灭菌30min。

7. 接入纤维分解菌，培养7d后再接入固氮细菌培养7d，每2d取样测定，并补充适量水分。

8. 分析方法

菌落总数按稀释平板菌落计数法测定。

真菌蛋白样品经三氯乙酸与水洗涤后，取滤渣，按凯氏定氮法测定蛋白含量。

可溶性有机碳和可溶性氯的测定：采样后用蒸馏水浸提振荡8h后过滤，一部分滤液用TOC自动分析仪（Total Organic Carbon Analyzer）测定其TOC含量；另一部分滤液先采用H_2SO_4-H_2O_2消化，然后采用靛酚蓝比色测定其中NH_4^+-N含量即可溶性氮含量。

五、实验报告

计算不同处理菌落总数、蛋白含量及可溶性有机碳和可溶性氮含量，比较其变化。

六、注意事项

1. 在发酵前要调节培养基中的C∶N，因为秸秆的C∶N约为20∶1～25∶1，所以应调节培养基的C∶N，以利于微生物的生长。

2. 发酵过程中的温度、通风量要进行控制，每天应搅拌以利于通风。

3. 发酵过程应每天补水，以保证含水量。

七、思考题

固体发酵有什么特点？如何控制温度和氧？

参考文献

[1] 陈坚．环境微生物实验技术．北京：化学工业出版社，2008．

[2] 钱存柔，黄仪秀．微生物学实验教程．第2版．北京：北京大学出版社，2008．

[3] 张兰英，刘娜，王显胜．现代环境微生物技术．第2版．北京：清华大学出版社，2007．

[4] 管远志，王艾琳，李坚．医学微生物学实验技术．北京：化学工业出版社，2006．

[5] 诸葛健．现代发酵微生物实验技术．北京：化学工业出版社，2005．

[6] 孔志明．现代环境生物学实验技术与方法．北京：中国环境科学出版社，2005．

[7] 俞毓馨．环境工程微生物检验手册．北京：中国环境科学出版社，1990．

[8] 钱存柔，黄仪秀．微生物学实验教程．北京：北京大学出版社，1999．

[9] 赵斌，何绍江．微生物学实验．北京：科学出版社，2002．

[10] 沈萍，范秀容，李广武．微生物学实验．第3版．北京：高等教育出版社，1999．

[11] 任南琪，王爱杰．厌氧生物技术原理与应用．北京：化学工业出版社，2004．

[12] 王家玲．环境微生物学实验．北京：高等教育出版社，1988．

[13] 陈声明，刘丽丽．微生物学研究法．北京：中国农业科技出版社，1996．

[14] 杨文博．微生物学实验．北京：化学工业出版社，2004．

[15] 王传恩．医学微生物学实验指导．广州：中山大学出版社，2002．

[16] 黄秀梨．微生物学实验指导．北京：高等教育出版社，1999．

[17] 杨革．微生物学实验教程．北京：科学出版社，2004．

[18] 陈泽堂．水污染控制工程实验．北京：化学工业出版社，2003．

[19] 孙宝盛，单金林．环境分析监测理论与技术．北京：化学工业出版社，2004．

[20] 杜连祥．工业微生物学实验技术．天津：天津科学技术出版，1992．

[21] 李建政．环境工程微生物学．北京：化学工业出版社，2004．

[22] 肖琳．环境微生物学实验技术．北京：中国环境科学出版社，2004．

[23] 许光辉，郑洪元．土壤微生物分析方法手册．北京：农业出版社，1986．

[24] 刘进元．分子生物学实验技术．北京：清华大学出版社，2002．

[25] 张维铭．现代分子生物学实验手册．北京：科学出版社，2003．

[26] 陈力．生物电子显微术教程．北京：北京师范大学出版社，1998．

[27] 林雅兰，黄秀梨．现代微生物学与实验技术．北京：科学出版社，2000．

[28] 黄培堂译．分子克隆实验指导．第3版．北京：科学出版社，2002．

[29] Denson H J. Microbiology Application，Laboratory Manual in General Microbiology. short Version 8th ed. New York：McGrew Hill，Higher Education，2002.

[30] Sambrook J，Rusell D W.. Molecular Cloning：A Laboratory Manul. 3rd ed. Cold Spring harbor Press，2001.

[31] Akkermans A D L，Van Elsas J D，De Bruiijn F J. Molecular Microbial Ecology Manual. Dordrecht：Kluwer Acadenic Publishers，1995.

[32] Hurst C J，Crawford R L，Knudsen G R，McInerney M J，Stetzenbach L D，Manual of Environmental Microbiology. second edition. Washington D C：ASM Press，2002.

[33] Colwell R R，Grimes D J. Nonculturable Microorganisms in the Environment. Washington D C：ASM Press，2000.

[34] Atlas R M，Parks L C. Handbook of Microbial Media. second edition. Boca Raton：CRC Press，1996.

[35] Ted R Johnson，Christine L Case. Laboratory Experiments in Microbiology. sixth edition. Addison Wesley Longman，Inc，2001.

[36] John P. Harley，Lansing M. Prescott，Laboratory Exercises in Microbiology. Third Edition. Wm C Brown Publishers，1987.

[37] Norris，J R，H. Swain：Staining Bacteria，Methods in Microbiology. Academic Press，London and New York，1971.
[38] Gilstrap M et al. Experments in Microbiology. Philadel phia：Saunds College Publishing，1983.
[39] Seeley H. W. Microbes in Action a Laboratory Manual of Microbiology. San Francisco：W H Freeman and Company，1981.
[40] Cappuccino J G et al. Microbiology；a Laboratory Manual. Menio Park：Addison Wesley Publishing Company，1983.